"十二五"普通高等教育本科国家级规划教材

普通高等学校电气类一流本科专业建设系列教材

电力电子技术

（第三版）

主编　张　兴　黄海宏

参编　马铭遥　李　飞　余畅舟

　　　汪海宁　王佳宁

科学出版社

北京

内 容 简 介

本书是编者根据多年从事电力电子技术教学与科研工作的经验，在学习、借鉴国内外教材及相关参考文献，并征求广大读者和相关高校老师宝贵意见的基础上，对第二版教材进行修订改编而成的。

本书在内容体系的安排上，针对本科生教学的特点，探索采用启发研究型阐述方式，力图避免新技术、新理论的简单罗列。书中结合电力电子技术的应用与发展，在保留一定的晶闸管相控变流内容的同时，较为突出地反映了以全控器件为主的 PWM 理论体系，较为系统地阐述了电力电子器件、DC-DC 变换器、DC-AC 变换器(无源逆变器)、AC-DC 变换器(整流和有源逆变电路)、AC-AC 变换器以及软开关变换器等基本内容，为电力电子技术的应用与研究提供了理论和技术基础。本书相关章节配置了二维码数字教学资源，如知识背景、工程应用、电路仿真、疑难解析、实验技术及教学微课等。

本书可作为高等院校电气工程及其自动化、自动化等相关专业的本科生教材，也可供从事电力电子技术和相关研究的工程技术人员参考。

图书在版编目（CIP）数据

电力电子技术 / 张兴,黄海宏主编. —3 版. —北京:科学出版社,2023.8
"十二五"普通高等教育本科国家级规划教材·普通高等学校电气类一流本科专业建设系列教材
　ISBN 978-7-03-076171-2

Ⅰ. ①电⋯ Ⅱ. ①张⋯ ②黄⋯ Ⅲ. ①电力电子技术-高等学校-教材 Ⅳ. ①TM76

中国国家版本馆 CIP 数据核字（2023）第 153374 号

责任编辑：余 江 / 责任校对：王 瑞
责任印制：赵 博 / 封面设计：迷底书装

科学出版社 出版
北京东黄城根北街 16 号
邮政编码：100717
http://www.sciencep.com

天津市新科印刷有限公司印刷
科学出版社发行　各地新华书店经销
＊

2010 年 7 月第 一 版　开本：787×1092　1/16
2018 年 8 月第 二 版　印张：17 1/4
2023 年 8 月第 三 版　字数：417 000
2025 年 2 月第 21 次印刷

定价：59.80 元
（如有印装质量问题，我社负责调换）

前　言

电力电子技术是在电子、电力与控制技术基础上发展起来的一门新兴交叉学科，被国际电工委员会(IEC)命名为电力电子学。自20世纪80年代以来，电力电子技术已逐步渗透到国民经济各领域，并取得了迅速的发展。作为电气工程及其自动化、自动化或相关本科专业的一门重要的专业基础课，"电力电子技术"课程讲述了电力电子器件、电力电子电路及变流技术的基本理论、基本概念和基本分析方法，为后续专业课程的学习和电力电子技术的研究与应用打下良好的基础。

然而，如何能编好一本适用于本科生课程的电力电子技术教材，编者一直感到是一件非常困难之事。首先，电力电子技术发展日新月异，新内容、新思想、新概念层出不穷，要系统阐述则编者水平远不能及；其次，本科生课程的主要内容应介绍电力电子技术的基础理论，同时也应反映当今电力电子技术的应用，这对于学时少的本科生课程教学来说是一件难以两全之事；再者，如何通过有限内容的阐述与教学使读者掌握电力电子技术研究的思路、方法和规律，进而能举一反三，则更是难上加难之事。

本书在介绍电力电子技术基本理论和基本概念的同时，重视对研究对象的问题提出、方案对比、分析思路等研究能力的训练和培养，并在讲授电力电子基础知识的同时，尝试研究型思维的启发与训练。以学习DC-DC变换器为例，传统教材通常是首先给出电路拓扑，然后给出相应的原理和特性分析等。而本书注重电路拓扑构思推演与电路特性分析两个方面能力的训练：首先，从DC-DC变换器特定变换功能的实际需要出发，提出可能实现这一变换功能电路拓扑的构造思路，通过拓扑推演过程中"不断发现问题和解决问题"的思维启发，使读者在学习知识的过程中，学会以问题为导向，提升在解决问题的过程中不断发现问题和解决问题的研究和思维能力；其次，在介绍变换器的基本理论和分析方法基础上，详细进行变换器的特性分析。另外，在介绍软开关技术时，本书在阐述软开关的基本概念基础上，以一种典型的变换器电路为例，详细讨论了一种典型变换器电路软开关技术的演变过程，在阐述各种软开关技术原理的同时，展示了技术发展过程中精益求精的持续创新理念。这种在阐述相关知识点过程中，训练读者以问题为导向的学习和思维能力，将为读者今后从事电力电子技术研究与创新打下良好基础。

本书第一版于2010年出版，2014年被评为"十二五"普通高等教育本科国家级规划教材；第二版于2018年出版，对第一版的主体内容、习题、图文形式和配套资源进行了全面修订，同时也增加了二维码辅助阅读新形式；第三版是对第二版的进一步修订。值得一提的是，在本书的使用和改版修订过程中，编者组织了数次由多个高校教师参加的"电力电子技术教学与教材研讨会"，各高校授课教师针对本书的内容和使用提出了许多宝贵意见与建议，在此表示衷心感谢。另外，还要特别感谢固纬电子大中华营运总部(苏州)总经理郭国栋先生、安徽芒课教育科技有限公司总经理蔡先保先生，他们在组织"电力电子技术教学与教材研讨会"方面给予了大力支持，同时也对本书的修订提出了相关建议。

为更好地体现启发研究性教学理念，顺应高校新形态教材的发展趋势，第三版教材在参考多方意见和建议的基础上，从教与学两方面对第二版教材的主体内容、习题、二维码数字教学资源进行了进一步完善，调整并删减了部分内容，一些章节进行了重新撰写，同时丰富了二维码数字教学资源的内容。相对于第二版，第三版的主要修订工作如下：

(1) 重新编写了绪论。从电子技术中的电源电路谈起，阐述了电力电子技术与电子技术的关系，以及电力电子技术的内涵和定义，并概述性地介绍了电力电子器件的种类、电力电子变换器的基本类型、电力电子系统的组成，以及电力电子技术的应用等，使读者从一开始就对电力电子技术有一个概要性的了解。

(2) 主要章节增加了例题。为了加深读者对教材内容的理解和知识点的融会贯通，编者在一定知识点深度与广度的基础上，结合相关章节内容和实际应用，编写了相应的例题，便于读者学习和参考。

(3) 新增和丰富了二维码数字教学资源。增加了电力电子的仿真教学视频，以提高读者对电力电子电路原理的理解和抽象理论知识的应用能力，提升读者学习电力电子技术的兴趣；增加了微课视频，通过教师对疑难内容、学习方法以及教学法的精辟讲解和演示，强化了启发式教学理念，使读者在进一步理解知识点的同时，训练了研究性思路。

(4) 结合电力电子技术的发展和应用现状，进行了部分内容调整，并新增一些新技术相关内容。在第 2 章"电力电子器件及应用"中，重点修订 2.9 节和 2.10 节，将第二版 2.10 节调整为 2.9 节，删除其中的"砷化镓材料"，增加了典型宽禁带器件"氮化镓材料"的简介；新增 2.10 节"电力电子器件封装"，完善了电力电子器件相关知识体系；将第二版 2.9 节调整为 2.11 节；修订了电力电子器件实际应用中关键的动态过程和节温计算相应内容。在第 7 章"软开关变换器"中，新增 7.4.2 节"LLC 谐振全桥变换器"，完善了软开关变换器的拓扑和应用体系。

(5) 修订了全部习题。第三版习题由简答题、计算题与设计题构成，重点针对基本概念、技术路线对比、典型电路工作原理、参数设计方法、工程案例应用等不同层次的考核需求进行习题内容设计，适合考查读者对知识的学习理解及能力拓展的基本水平。其中，设计题属于面向应用设计的开放类题目，符合电力电子技术的工程属性，能够促进读者积极思考如何综合运用理论知识有效地解决工程问题。

(6) 修正了第二版教材中存在的不妥之处。

本书由合肥工业大学张兴教授、黄海宏教授主编，马铭遥教授、李飞副教授、余畅舟副教授(合肥学院)、汪海宁副教授、王佳宁教授参与编写。其中，张兴教授编写了全书大纲、绪论以及第 3、4 章；黄海宏教授编写了第 2、5 章，并对第 6 章进行了改编；李飞副教授编写了第 7 章，并负责全书图稿校对和相应的改编、勘误；马铭遥教授设计、编写了全书习题，并负责全书文字内容的审阅和校对；余畅舟副教授提供了二维码数字教学资源中的变换器电路仿真等视频，并参与第 1 章绪论的改编工作；汪海宁副教授编写了全书例题；王佳宁教授修订了第 2 章相关内容，主要增加氮化镓器件简介和器件封装技术相应内容，并对电力电子器件动态过程和节温计算的相应内容进行了修订。另外，本书编者均参与录制了相关微课视频。本书由张兴教授、黄海宏教授统稿。

在第三版的编写过程中，得到了国家级一流本科课程、安徽省高等学校一流教材建设项目、安徽省高等学校课程思政示范课程等的支持。在教材修订过程中，得到了合肥工业大学电气与自动化工程学院苏建徽教授、茆美琴教授、张国荣教授、杨淑英教授、谢震教授、王金平教授、李贺龙教授以及黄云志教授的关心与指导，同时也得到了杜燕、刘芳、赖纪东、陈强、王涵宇、李明、解宝、张毅等老师的帮助，他们提出了很多宝贵意见和建议。在相关内容的整理编写中，还得到了赛米控电子(珠海)有限公司景巍博士、英飞凌科技(中国)有限公司郝欣博士、阳光电源股份有限公司赵为、徐君、陶磊、汪令祥、张显立、孙龙林等的大力支持。另外，在第三版的文档整理、绘图等方面还得到了相关研究生的协助，他们从读者角度提出了一些很好的建议，参与协助的研究生主要有：王平洲、吴新元、常永康、孟铁强、李江源、王潘岚、许乾、孙浩、张东雷、潘翔、李景景等。在此一并向他们表示衷心的感谢！

　　在第三版的编写过程中，还得到了安徽大学的张德祥教授、丁石川教授、胡存刚教授，安徽理工大学的周孟然教授、高俊岭老师，安徽工业大学的王兵教授、郑诗程教授，安徽工程大学的刘世林教授、安芳老师，安徽建筑大学的陈杰教授、李善寿老师，合肥学院的王庆龙教授、刘淳老师，以及广西科技大学、合肥师范学院、蚌埠学院、安徽科技学院、淮南师范学院、滁州学院、铜陵学院、安庆师范学院等兄弟院校的院系领导和授课老师的大力支持，他们针对书中的不妥之处、内容安排、具体授课内容与讲解方法等诸多方面提出了许多宝贵的意见和建议。另外，在本书的编写过程中，还参考了同行和前辈编写的专著、教材和其他文献资料，在此也一并向他们表示衷心的感谢！

编　者
2023 年 4 月于合肥

目　　录

第1章　电力电子技术概述 ……………… 1
1.1　电子技术与电力电子技术 ………… 1
1.2　电力电子技术基本概念 …………… 3
　　1.2.1　电力电子器件 ……………… 4
　　1.2.2　电力电子变流技术 ………… 5
　　1.2.3　电力电子系统的组成与控制 … 8
1.3　电力电子技术的发展 …………… 10
1.4　电力电子技术的应用 …………… 11
　　1.4.1　电源及消费电子 ………… 11
　　1.4.2　变频电源 ………………… 11
　　1.4.3　可再生能源发电 ………… 12
　　1.4.4　新能源汽车 ……………… 12
　　1.4.5　电气牵引系统 …………… 13
　　1.4.6　冶金工业 ………………… 13
　　1.4.7　大功率低速传动 ………… 14
　　1.4.8　电力系统 ………………… 14
　　1.4.9　抽水蓄能电站 …………… 15
1.5　电力电子技术的课程内容 ……… 15
1.6　本书使用指南 …………………… 16
第2章　电力电子器件及应用 ………… 18
2.1　电力电子器件的特点与分类 …… 18
　　2.1.1　电力电子器件的特点 …… 18
　　2.1.2　电力电子器件的分类 …… 19
2.2　电力电子器件基础 ……………… 20
2.3　功率二极管 ……………………… 22
　　2.3.1　结型功率二极管的基本结构
　　　　　和工作原理 ……………… 22
　　2.3.2　结型功率二极管的基本特性 … 23
　　2.3.3　快速功率二极管 ………… 24
　　2.3.4　肖特基势垒二极管 ……… 25
　　2.3.5　功率二极管的主要参数 … 26
　　2.3.6　功率二极管的应用特点 … 28
2.4　晶闸管 …………………………… 29
　　2.4.1　基本结构和工作原理 …… 29

　　2.4.2　晶闸管特性及主要参数 …… 30
　　2.4.3　晶闸管派生器件及应用 …… 33
　　2.4.4　晶闸管的触发 ……………… 35
　　2.4.5　晶闸管的应用特点 ………… 35
2.5　可关断晶闸管 …………………… 36
　　2.5.1　基本结构和工作原理 …… 36
　　2.5.2　可关断晶闸管特性 ……… 37
　　2.5.3　可关断晶闸管的驱动 …… 38
　　2.5.4　可关断晶闸管的应用特点 … 38
2.6　功率场效应晶体管 ……………… 38
　　2.6.1　基本结构和工作原理 …… 39
　　2.6.2　功率 MOSFET 特性
　　　　　及主要参数 ……………… 40
　　2.6.3　功率 MOSFET 的驱动 …… 42
　　2.6.4　功率 MOSFET 的应用特点 … 42
2.7　绝缘栅双极晶体管 ……………… 43
　　2.7.1　基本结构和工作原理 …… 43
　　2.7.2　IGBT 特性及主要参数 …… 43
　　2.7.3　IGBT 的驱动 ……………… 45
　　2.7.4　IGBT 的应用特点 ………… 46
2.8　其他电力电子器件 ……………… 46
　　2.8.1　电力晶体管 ……………… 46
　　2.8.2　集成门极换流晶闸管 …… 46
　　2.8.3　电子注入增强栅晶体管 … 47
2.9　采用新型半导体材料的电力
　　电子器件 ………………………… 47
2.10　电力电子器件封装 …………… 49
2.11　电力电子集成技术 …………… 51
2.12　电力电子器件应用共性问题 … 52
　　2.12.1　电力电子器件的保护 …… 52
　　2.12.2　电力电子器件的散热 …… 54
　　2.12.3　电感和电容 …………… 56

本章小结……………………………58
思考与练习…………………………59

第3章 DC-DC 变换器………………60
3.1 DC-DC 变换器的基本结构………61
　3.1.1 Buck 型 DC-DC 变换器的
　　　　基本结构…………………61
　3.1.2 Boost 型 DC-DC 变换器的
　　　　基本结构…………………63
　3.1.3 Boost-Buck 型 DC-DC 变换器
　　　　的基本结构………………64
　3.1.4 Buck-Boost 型 DC-DC 变换器
　　　　的基本结构………………66
3.2 DC-DC 变换器换流及其特性
　　分析……………………………67
　3.2.1 开关变换器中电容、电感的
　　　　基本特性…………………68
　3.2.2 Buck 变换器换流及其特性
　　　　分析………………………68
　3.2.3 Boost 变换器换流及其特性
　　　　分析………………………73
　3.2.4 Cuk 变换器换流及其特性
　　　　分析………………………78
3.3 复合型 DC-DC 变换器…………82
　3.3.1 二象限 DC-DC 变换器……83
　3.3.2 四象限 DC-DC 变换器……84
　3.3.3 多相多重 DC-DC 变换器…84
3.4 变压器隔离型 DC-DC 变换器…86
　3.4.1 隔离型 Buck 变换器——单端
　　　　正激式变换器……………86
　3.4.2 隔离型 Buck-Boost 变换器
　　　　——单端反激式变换器…90
　3.4.3 隔离型 Cuk 变换器………93
　3.4.4 推挽式变换器……………94
　3.4.5 全桥变换器………………96
　3.4.6 半桥变换器………………98
本章小结……………………………102
思考与练习…………………………102

第4章 DC-AC 变换器(无源逆变器)……105
4.1 概述……………………………105
　4.1.1 逆变器的基本原理………105
　4.1.2 逆变器的分类……………109
　4.1.3 逆变器的性能指标………109
4.2 电压型逆变器…………………110
　4.2.1 电压型方波逆变器………110
　*4.2.2 电压型阶梯波逆变器……118
　4.2.3 电压型正弦波逆变器……125
*4.3 空间矢量 PWM 控制……………146
　4.3.1 概述………………………146
　4.3.2 三相电压型逆变器空间电压
　　　　矢量分析…………………147
　4.3.3 空间电压矢量的合成……150
4.4 电流型逆变器…………………152
　4.4.1 电流型方波逆变器………153
　*4.4.2 电流型阶梯波逆变器……158
本章小结……………………………161
思考与练习…………………………162

**第5章 AC-DC 变换器(整流和有源
　　　逆变电路)……………………164**
5.1 概述……………………………164
5.2 不控整流电路…………………165
　5.2.1 单相不控整流电路………165
　5.2.2 三相不控整流电路………168
　5.2.3 整流滤波电路……………170
　5.2.4 倍压、倍流不控整流电路…172
5.3 相控整流电路…………………174
　5.3.1 移相控制技术……………174
　5.3.2 三相半波相控整流电路……177
　5.3.3 三相桥式相控整流电路……182
　5.3.4 桥式半控整流电路………187
　5.3.5 变压器漏感对整流电路
　　　　的影响……………………188
5.4 相控有源逆变电路……………191
　5.4.1 相控有源逆变原理及实现
　　　　条件………………………191
　5.4.2 逆变失败与最小逆变角……193
5.5 PWM 整流电路…………………196

5.5.1 传统整流电路存在的问题 …196

5.5.2 单相 APFC 整流电路 ………197

5.5.3 电压型桥式 PWM 整流
电路 ………………………199

5.5.4 电流型桥式 PWM 整流
电路 ………………………206

5.6 同步整流电路 ………………207

本章小结 ………………………208

思考与练习 ………………………209

第 6 章 AC-AC 变换器 ………………212

6.1 概述 ………………………212

6.2 交流调压电路 ………………213

6.2.1 相控式交流调压电路 ……214

6.2.2 斩控式交流调压电路 ……220

6.3 交流电力控制电路 ………………221

6.3.1 交流调功电路 ……………221

6.3.2 交流电力电子开关 ………222

6.4 交-交变频电路 ………………223

6.4.1 单相相控交-交变频电路 …223

6.4.2 三相相控交-交变频电路 …226

*6.4.3 矩阵式交-交变频电路 ………227

本章小结 ………………………229

思考与练习 ………………………229

第 7 章 软开关变换器 ………………231

7.1 概述 ………………………231

7.1.1 功率电路的开关过程 ……232

7.1.2 软开关的特征及分类 ……233

7.2 准谐振变换器 ………………234

7.2.1 零电压开关准谐振变换器 …234

*7.2.2 零电流开关准谐振变换器 …237

7.3 PWM 软开关变换器 …………239

7.3.1 零开关 PWM 变换器 ……239

7.3.2 零转换 PWM 变换器 ……245

7.4 软开关全桥变换器 ………………251

7.4.1 移相控制软开关 PWM 全桥
变换器 ………………………251

7.4.2 LLC 谐振全桥变换器 ………256

本章小结 ………………………260

思考与练习 ………………………260

参考文献 ………………………263

第 1 章

电力电子技术概述

1.1 电子技术与电力电子技术

什么是电力电子技术? 要回答这个问题, 首先回顾一下什么是电子技术。

从已学过的电子技术课程可以看出, 其主要内容包括电子器件和电子电路两部分。其中电子器件相关内容主要讨论半导体器件, 包括二极管、结型晶体管和场效应晶体管等, 而电子电路相关内容主要讨论模拟电路和数字电路两部分。

什么是电力
电子技术

模拟电路是模拟运算单元组成的电子电路, 主要对连续信号进行处理和传输, 其中 "模拟" 二字主要指利用电压、电流对连续信号进行一定比例的再现。数字电路是由逻辑运算单元组成的电子电路, 主要是对离散信号进行处理和传输, 其中 "数字" 二字是指由 "0" "1" 两个数字表示的离散状态。无论是模拟电路还是数字电路, 它们都是由二极管、晶体管等有源器件, 以及电阻、电感、电容等无源器件构成, 主要使用电压和电流来完成信号的运算和传输。

在电子电路中, 还有一种较为特殊的电路, 称为电源电路, 这种电源电路并不实现信号的传输、运算, 而是实现电能变换与传输, 如图 1-1 所示的是一种常用的隔离型串联晶体管式稳压电源电路, 用于将交流电转换为稳定的直流电。

假设图 1-1 中的稳压电源是将 220V 交流市电转换为稳定的 24V 低压直流电, 则工作原理如下: 首先, 通过变压器隔离、降压以后, 将 220V 市电降为 30V 低压交流电; 然后, 经由二极管构成的变换电路, 实现交流-直流的变换, 其输出直流电压包含二倍频脉动的交流电压纹波, 为消除交流电压纹波的影响, 可通过电容 C_1 实现电压滤波, 形成 36V 左右的平稳直流电压 u_1。然而, 为确保图 1-1 所示的稳压电路的输出电压稳定, 一方面要避免输入交流电波动对直流电容电压的影响, 另一方面还要克服负载变化对输出电压的扰动。为此, 通过输出电压负反馈来控制输出电压 u_o, 当 u_o 小于指令电压值时, 负反馈控制将调节串联晶体管 VT 基极电流以降低其两端压降 u_{VT} 使 u_o 上升; 而当 u_o 大于指令电压值时, 则负反馈控制调节 VT 两端压降 u_{VT} 使 u_o 下降; 稳态时, u_o 保持为指令电压值。

从图 1-1 所示的稳压电源工作原理可以看出, 输出电压的负反馈控制使串联晶体管始终工作在线性放大区, 以实现对输出电压的稳定控制, 因此, 这种串联晶体管工作在线性放大区的稳压电路通常称为线性稳压电源。

然而, 图 1-1 所示的线性稳压电源由于工作过程中串联晶体管的损耗与输出电流和晶体管电压 u_{VT} 成正比, 影响了电源电路的工作效率。例如, 线性电源的额定输出直流电压为 24V, 额定输出电流为 10A, 直流侧电容 C_1 电压为 36V, 此时, 串联晶体管 VT 的损耗等

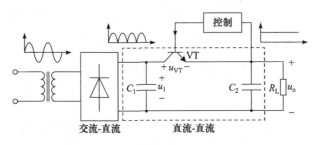

图 1-1   串联晶体管式稳压电源

于 10A × (36V − 24V) = 120W，因此，稳压电源电路的工作效率仅为 120W/360W × 100% ≈ 33.3%。显然，这种线性电源中的晶体管损耗大、效率低，主要应用在微小功率领域，而在大功率电源领域应用时，晶体管因工作在放大区损耗大，导致发热严重，无法实际应用。

为了使晶体管串联式稳压电源能够应用于大功率领域，就必须设法降低晶体管的工作损耗。实际上，晶体管串联稳压电路的损耗主要是因为晶体管工作在放大区所致，为减少串联晶体管的损耗，可以借鉴数字电路中晶体管的工作状态。在数字电路中，晶体管为了表示数字"0"和"1"，通常工作在"关断"和"导通"两种开关状态，而工作在开关状态时的晶体管损耗则远低于工作在放大状态时的损耗。这主要是因为：晶体管工作在"关断"状态时，晶体管两端虽然承受电压，但流经晶体管的电流仅为微小的漏电流，而当晶体管工作在"导通"状态时，虽然有电流流经晶体管，但导通压降却很低。那么如何利用工作在开关状态的晶体管实现串联晶体管式电源的稳压控制呢？

当晶体管串联式稳压电路工作在持续的开关状态时，其晶体管两端的电压 u_{VT} 一定是脉冲序列电压。如果控制该脉冲序列电压的平均值与工作在线性放大状态时的晶体管输出电压相等，则两类不同控制的稳压电源输出电压平均值也相等。然而，输出电压中也含有相应的脉冲序列电压，为此，可以通过滤波缓冲电路消除输出电压中的脉冲分量，实现串联晶体管稳压电源的稳压控制。这种晶体管工作在开关状态的稳压电源，通常称为串联晶体管式开关稳压电源，如图 1-2 所示。

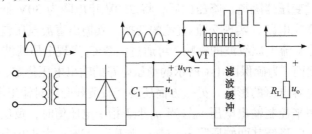

图 1-2   串联晶体管式开关稳压电源

从图 1-1 和图 1-2 的稳压电源电路可以看出，晶体管既可以工作在线性放大区，也可以工作在开关状态，实现了电能的变换与传输。这与关注于信息处理与传输的电子技术显然不同，这类电源技术主要关注的是不同类型和不同功率电能变换的实现与工作效率。显然，这类实现电能变换与传输的电子技术有必要进行专门的研究。

实际上，国际电工委员会(International Electrotechnical Commission，IEC)将这种应用于电能变换和传输的电子技术专门命名为电力电子技术(Power Electronics)。

1.2　电力电子技术基本概念

电力电子技术是通过控制电路中的功率器件实现对电能变换与传输的技术。1974 年，在第四届国际电力电子会议上美国学者 W.Newell(威廉·纽厄尔)[①]首次提出了电力电子技术的定义，并用图 1-3 所示的"倒三角"图形形象表示出了电力电子技术的内涵，即电力电子技术是由电子学、电力学及控制学组成的交叉学科技术，电力电子技术实际上就是一种实现电能变换与传输的专门电子技术。

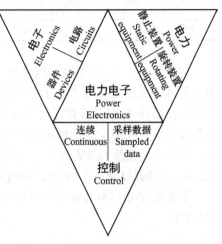

随着电力电子技术的发展，W.Newell 的定义已得到很多学者的认同。而美国电气和电子工程师协会(Institute of Electrical and Electronics Engineers, IEEE)的电力电子学会(The Power Electronics Society, PELS)则将电力电子技术定义为：电力电子技术是有效地利用电子元件、应用电路理论和设计技术以

图 1-3　电力电子的"倒三角"定义

及开发分析工具，实现对电能的高效转换、控制和调节的技术。为了使电力电子技术定义更加具体化，美国著名学者 B.K.Bose 教授于 1980 年对 W.Newell 的定义进行了拓展，提出了电力电子技术的 Bose 定义，如图 1-4 所示。虽然随着电力电子技术的快速发展，其定义也得到不断地拓展和延伸，但 W.Newell 的"倒三角"定义仍充分体现了电力电子技术的本质与内涵。

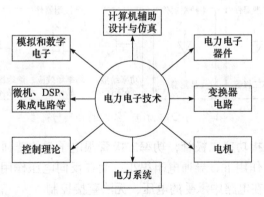

图 1-4　电力电子技术的 Bose 定义

电力电子电路虽然在电路形式上也属于电子电路，但从功率等级、应用场合而言与普通电子电路(模拟电路、数字电路)有显著不同，如表 1-1 所示。

---

① 为了纪念 W. Newell，1977 年 PESC 设立了以他的名字命名的 Annual William E. Newell Power Electronics Award，该奖自 1977 年起每年颁发，用于表彰在电力电子领域取得的杰出成就，这也是 IEEE 电力电子协会最高成就奖。

表 1-1   模拟电子、数字电子、电力电子的比较

	模拟电子 Analog Electronics	数字电子 Digital Electronics	电力电子 Power Electronics
功率等级	小功率		大功率
领域	电信号放大、传输与整流	电信号的逻辑运算、切换、分析、处理	小电流到大电流的控制、转换、整流与逆变
目的	运用半导体器件对信号进行处理		运用电力电子器件对电能进行转换

由表 1-1 可见，电力电子技术重点探讨的是电力电子器件技术和电力电子变流技术。电力电子器件主要是在电力电子中用作开关或整流的器件，这种器件也称为功率器件，主要包括不控器件(功率二极管)、半控器件(晶闸管)、全控器件(双极结型晶体管、功率场效应晶体管及其他复合型全控器件等)等功率半导体器件；而电力电子变流技术则主要研究不同形式电能的高效变换与控制技术，主要包括 DC-DC 变换器、AC-DC 变换器，AC-AC 变换器、DC-AC 变换器以及 AC-DC-AC 等组合变换器等电路的拓扑结构、控制与系统技术。

下面简要介绍电力电子器件和电力电子变流技术的基本概念，以及电力电子系统的组成与控制。

1.2.1   电力电子器件

电力电子器件是一类主要应用于电能变换与传输电路中的半导体器件，与信号处理和传输电路中的半导体器件同宗同源，但在功率等级和制造工艺等方面有其自身的特殊性。

电力电子器件包括三大类：不控型器件、半控型器件和全控型器件，其主要器件的电气符号如图 1-5 所示。

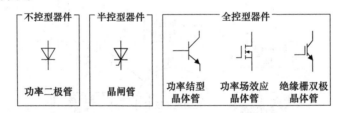

图 1-5   主要电力电子器件的分类与符号

不控型器件主要是指功率二极管，功率二极管跟电子学的普通二极管一样，具有单向导电性，在正向电压的作用下，导通电阻很小；而在反向电压作用下导通电阻极大。二极管的导通与关断取决于在电路中承受的电压，无法直接控制。

半控型器件主要是指晶闸管器件，俗称可控硅，是一种可控的功率二极管，但与功率二极管不同的是，晶闸管承受正向电压时需通过门极触发信号予以导通，承受反向电压时才能关断。由于晶闸管在承受正向电压时可控，而承受反向电压时不可控，因此被称为"半控"器件。

全控型器件主要是指功率晶体管，可以通过驱动信号控制晶体管的"通"与"断"，是一种性能优良的电力电子器件。由于晶体管的"通""断"状态如同开关一样可控，常称为开关管。功率晶体管包括功率结型晶体管、功率场效应晶体管和复合型功率晶体管(如绝缘栅双极晶体管)等。

在电力电子器件中，功率二极管、晶闸管是电压、电流标称值最大的电力电子器件；功率场效应晶体管则是工作频率相对最高的电力电子器件，但电压、电流标称值相对较低；而复合型功率器件在电压、电流标称值和工作频率上具有较好的综合性能。

1.2.2 电力电子变流技术

电力电子器件是电力电子技术发展的核心，而电力电子变流技术是实现电能变换的基础。根据输入与输出电能的形式，基本电力电子变换器可以分为四大类：AC-DC 变换器、DC-DC 变换器、AC-AC 变换器和 DC-AC 变换器。

1) AC-DC 变换器

AC-DC 变换器实现交流电到直流电的变换，也称为整流器。最为简单的整流器电路可以利用具有单向导电性的二极管实现，如图 1-6(a)所示为一种单相不控整流电路，假设其输出连接电阻负载：当输入交流电压正半周时，功率二极管承受正向电压而导通，此时输出电压 $u_o = u_i$，当输入交流电压负半周时，功率二极管承受反向电压而关断，此时 $u_o = 0$，整体输出电压波形如图 1-6(b)所示，是一种波动的直流电压，为了输出平稳的直流电压，可以采用电压滤波方式输出近似的电压平均值。

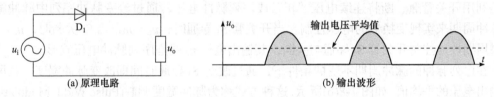

(a) 原理电路   (b) 输出波形

图 1-6 单相不控整流电路

图 1-6 所示的单相不控整流电路虽然能够实现 AC-DC 变换，但输出电压平均值由输入电压唯一决定，无法进行调节。如何通过控制方式来调节单相整流电路的输出电压平均值呢？

一种简单的可控整流电路方案是将单相不控整流电路的功率二极管换成晶闸管加以实现，仍假设其输出连接电阻负载，如图 1-7(a)所示。与功率二极管相比，晶闸管在正向偏置时，其导通可以通过门极施加触发信号进行控制，而关断与二极管类似，无法进行控制。输入电压正半周期间，晶闸管虽然承受正向电压，即晶闸管正向偏置，当其门极未施加触发信号时，晶闸管无法导通，$u_o = 0$，在输入电压正半周期间，当门极施加触发信号时，晶闸管导通，$u_o = u_i$；在输入电压负半周期间，晶闸管因承受反向电压(即反向偏置)而关断，如图 1-7(b)所示。

显然，在晶闸管正向偏置期间，调节晶闸管门极触发的时刻(相角)，可以控制晶闸管整流电路输出的平均值，这种通过移动晶闸管门极触发信号相位来控制输出电压的方式称为"相控"。

实际上，采用功率二极管和晶闸管的整流电路有多种电路拓扑结构形式，且整流电路还可以采用功率晶体管等全控型器件实现。AC-DC 变换器电路及其基本工作原理详见本书第 5 章。

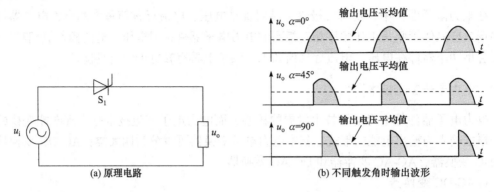

(a) 原理电路   (b) 不同触发角时输出波形

图 1-7 单相相控整流电路

2) DC-DC 变换器

DC-DC 变换器主要实现直流电的变换，完成输入输出直流电的降压、升压以及升降压等功能，DC-DC 变换器电路主要采用全控型器件实现。以最为简单地实现降压功能的DC-DC 变换器电路为例，其原理结构如图 1-8(a)所示，图中以开关符号简化表示全控型开关器件。DC-DC 变换器中的全控型开关器件通常工作在"斩控"方式。所谓"斩控"方式，就是利用开关管通、断将连续电压"斩"成序列脉冲电压，通过改变脉冲序列中脉冲宽度或脉冲周期来实现变换器的电压控制。当开关管 S_1 导通时，$u_p = u_i$，当 S_1 关断时，$u_p = 0$，如果周期性地控制开关管 S_1 导通与关断，其输出电压 u_p 就是序列脉冲电压波形。

在序列脉冲的脉冲周期不变的条件下，通过改变 S_1 导通时间即改变脉冲宽度，就可调节输出电压的平均值，如图 1-8(b)所示，这种方式称为脉冲宽度调制(Pulse Width Modulation, PWM)。另外，也可以在序列脉冲宽度不变的条件下，改变脉冲周期来实现输出电压的调节，如图 1-8(c)所示，即脉冲频率调制(Pulse Frequency Modulation, PFM)。

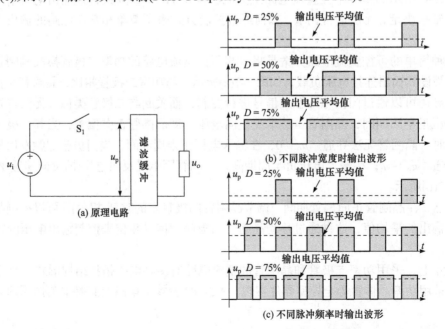

(a) 原理电路   (b) 不同脉冲宽度时输出波形

(c) 不同脉冲频率时输出波形

图 1-8 DC-DC 变换器

为了输出平稳的直流电压并抑制开关管开关过程中的电压、电流冲击，电路中需要增加滤波缓冲环节。

以上仅以 DC-DC 降压变换器的原理电路说明了 DC-DC 变换的基本原理。实际上，DC-DC 变换器还包括 DC-DC 升压变换器、DC-DC 升降压变换器等，典型的 DC-DC 变换电路及其基本工作原理详见本书第 3 章。

3) AC-AC 变换器

AC-AC 变换器主要实现交流电有效值或频率的变换，AC-AC 变换器通常可以采用半控型器件和全控型器件两种方式实现。

采用半控型器件(晶闸管)的单相"相控"AC-AC 调压变换器如图 1-9(a)所示，假设其输出连接电阻负载。图 1-9(a)中采用了反向并联的两个晶闸管控制，其中 S_1 控制交流电正半周，S_2 控制交流电负半周，同步地改变 S_1 和 S_2 的触发相位角，可以控制其输出电压有效值，其输出波形如图 1-9(b)所示。

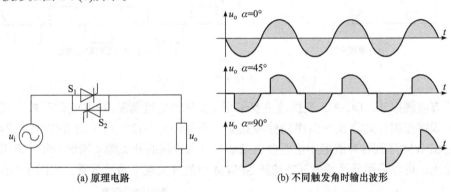

图 1-9　单相相控式交流调压电路

采用全控型器件(功率晶体管等)的单相"斩控"AC-AC 调压变换器如图 1-10(a)所示，假设其输出连接电阻负载。单相斩控 AC-AC 变换器通过控制两个反向并联开关管周期性的导通、关断，将输入电压斩成脉冲宽度或脉冲周期可调的序列脉冲电压，以实现输出交流电压有效值的控制，其输出波形如图 1-10(b)所示。

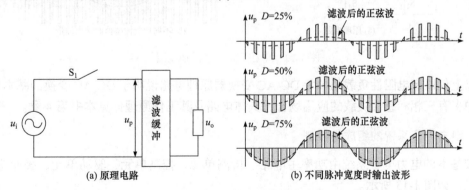

图 1-10　单相斩控式交流调压电路

以上仅以 AC-AC 单相相控和斩控调压的原理电路说明了 AC-AC 变换的基本原理。实际上，AC-AC 变换器还有三相电路以及可实现调频功能的变换电路，详见本书第 6 章。

4) DC-AC 变换器

DC-AC 变换器主要实现直流电到交流电的变换，也称为逆变器。DC-AC 变换器电路主要采用全控型器件实现。如图 1-11(a)所示为一种简单的单相方波逆变电路，输出连接电阻负载。在正半周，开关管 S_1 和 S_4 同时导通时，输出电压 $u_o = u_i$，而在负半周，开关管 S_2 和 S_3 同时导通时，输出电压 $u_o = -u_i$，如图 1-11(b)所示。通过这种周期性交替控制开关管的通断，就能将输入的直流电压调控成交流方波电压。

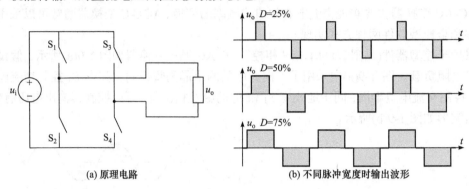

(a) 原理电路   (b) 不同脉冲宽度时输出波形

图 1-11   单相全桥方波逆变器

除了方波调控外，DC-AC 变换器主要采用正弦脉冲宽度调制(SPWM)的斩控方式，即按正弦调制规律控制开关管 S_1~S_4 序列脉冲宽度，获得如图 1-12(b)所示的 SPWM 波形。研究表明，在 SPWM 序列脉冲波形中主要含有基波分量和少量的开关频率谐波分量，为实现基波分量的输出，可以采用低通滤波环节滤除 SPWM 中的开关频率谐波分量，如图 1-12(a)所示。

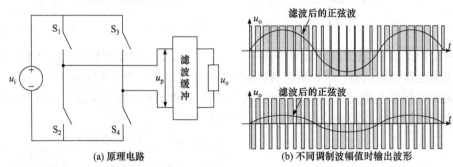

(a) 原理电路   (b) 不同调制波幅值时输出波形

图 1-12   单相全桥正弦波逆变器

以上仅以带电阻性负载的单相DC-AC 变换器原理电路说明了 DC-AC 变换的基本原理。实际中多有三相和感性负载的应用场合，具体电路及其工作原理详见本书第 4 章。

1.2.3   电力电子系统的组成与控制

最基本的电力电子系统由功率主电路、检测单元、控制单元、驱动单元、缓冲滤波单元组成，如图 1-13 所示。

功率主电路是由电力电子器件及储能元件(电感、电容)组成具有特定电压或电流变换功能的电路；检测单元将功率主电路中的高电压、大电流转换为低功率的模拟或数字信号，是实现变换器控制和保护的前提；控制单元按照一定的控制律和调控律(斩控或相控等)输出

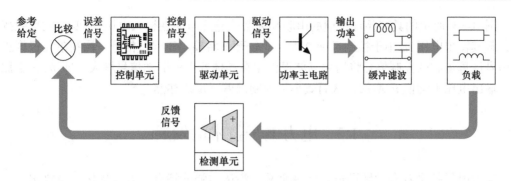

图 1-13　电力电子系统的典型结构

电力电子器件的控制信号；为确保电力电子器件在高电压大电流下的安全、正确地导通与关断，驱动单元将提供必要功率，把来自控制单元的低功率控制信号转换为用于电力电子器件的高功率驱动信号；缓冲单元可提供续流回路，减小电感电流、电容电压突变导致的电压、电流应力，滤波单元用来抑制输出电压、电流脉动。

此外，为防止电力电子变换器的高电压、大电流对低压控制电路的损害，减小电气噪声干扰，同时避免人身触电风险，通常会在驱动单元和检测单元中加入隔离功能，以实现电力电子变换器的安全、可靠和稳定运行。

为了达到电力电子系统的高性能控制要求，通常采用负反馈闭环控制，所谓闭环控制，就是给定参考量，并与被控量检测所得的反馈值进行比较，比较的误差信号输入控制器进行计算，得到控制信号经过驱动单元生成驱动信号，驱动信号作用于功率主电路以输出相应的功率。

例如，为提高图 1-2 所示串联晶体管式开关稳压电源的输出精度，可引入控制环路实现上述闭环控制结构，如图 1-14 所示：根据控制目标设置电压的参考给定值；检测单元对被控量即稳压电源输出电压进行分压并隔离，得到反馈信号；比较环节将参考给定信号与反馈信号作差得到误差信号；控制单元将误差信号按照一定的控制律计算得到控制信号；驱动单元将控制信号隔离并转换为电力电子器件的驱动信号，驱动信号作用于晶体管以输出目标电压。

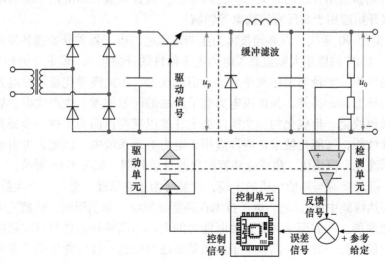

图 1-14　具有闭环反馈的串联晶体管式稳压电源

图 1-14 所示的具有闭环反馈的串联晶体管式稳压电源在输入电压 u_i 变化或负载扰动下，若其输出电压 u_o 小于控制目标 24V，比较环节将输出正误差信号，控制单元根据正误差信号计算得到的控制信号将增大，使得作用在晶体管上的驱动信号增大，即 u_p 占空比增大，输出电压平均值 u_o 增加，从而减小了控制误差。反之亦然。

1.3 电力电子技术的发展

电力电子技术具有发展迅速、学科交叉、渗透力强等特点。大容量化、高效化、小型化、模块化、智能化和低成本化等则是电力电子技术发展的趋势。

电力电子技术起始于 20 世纪 50 年代末到 60 年代初的硅整流器件，其发展先后经历了固态半导体器件诞生期、高功率电力电子器件形成期、当代电力电子器件发展期。如图 1-15 所示。

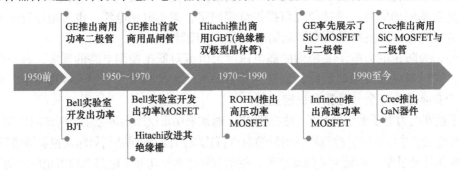

图 1-15 电力电子器件的发展历程

20 世纪 50～60 年代，商用功率二极管、晶闸管、功率 BJT 等相继诞生，采用晶体管的斩波电路逐渐应用于电视、收音机，出现了晶闸管直流驱动的大功率工业磨机，这一时期电力电子技术的研究和应用以低开关频率技术为主。

20 世纪 70 年代进入高功率器件形成期，IGBT、高压功率 MOSFET 等器件相继诞生，这一时期的研究和应用开始向着大功率方向发展，微处理器开始应用于电力电子变换器，电力电子技术开始应用于高压直流输电等领域。

到了 20 世纪 90 年代，以高频技术为主的现代电力电子器件开始蓬勃发展，宽禁带半导体材料 SiC、GaN 的应用大幅提高了电力电子器件的开关频率。理论分析和实验表明：电力电子系统的体积、重量与工作频率的平方根成反比，因此高频化是今后电力电子技术创新与发展的主导方向；另外，为提高电力电子产品的研发速度、生产效率、故障冗余及维护能力，标准模块化、集成化的理念得以提出并加以贯彻；而为了进一步提高电力电子产品的系统整体性能，智能化技术也逐步应用于电力电子系统中。因此，电力电子技术已进入高频化、标准化、模块化、集成化和智能化的发展时期。如图 1-16 所示。

近年来，随着能源与环境危机的出现，能源转型迫在眉睫，党的二十大报告提出，"积极稳妥推进碳达峰碳中和"，电力电子技术在新能源发电、牵引驱动、快速充电与节能等方面得到了快速发展。一方面，具有自关断能力的大功率高频新器件及其应用技术取得了显著而快速的发展；另一方面，同微电子技术紧密结合的新一代智能化功率集成电力电子技术初露锋芒。

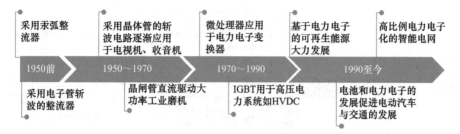

图 1-16　电力电子应用的发展历程

展望未来，随着高可靠性的集成电力电子模块(Integrated Power Electronic Modules, IPEM)技术以及具有导通损耗小、耐压高、高结温等特点的新一代宽禁带器件的应用，电力电子技术必将迎来一个新的革命性变化。同时，更先进控制与智能化技术的应用将会使电力电子技术与计算机、信息技术、控制技术等关键技术共同支撑新一代工程技术装备的科技腾飞，引领新一轮技术飞跃。

1.4　电力电子技术的应用

电力电子技术经过多年迅速发展，已逐步成为集电子、电力及控制技术交叉融合的新兴技术学科。电力电子技术的应用也渗透到经济、国防、科技和社会生活的各个方面，并已成为电气工程技术领域最为活跃、最为关键的核心技术之一。相应的电力电子技术产业也是当今世界发展最快、潜力巨大的产业之一，对国民经济整体水平有着重要的影响。因此，电力电子技术将成为 21 世纪国民经济装备技术领域的关键支撑技术。

下面介绍几种电力电子技术的应用。

1.4.1　电源及消费电子

现代电力电子技术在高质量、高效、高可靠性的电源中起着关键作用，电力电子技术使电源技术更加成熟、经济、实用。高速发展的计算机技术在带领人类进入信息社会的同时也促进了电源技术的迅速发展。20 世纪 80 年代，计算机采用了开关电源，率先完成了电源的换代，接着开关电源技术相继进入通信设备、机房供电、家电、电器供电以及其他商用电子设备领域。

如图 1-17 所示为笔记本电脑供电系统，包含多个电源管理模块，供电系统将市电整流成直流并降压，可实现对内部锂电池的充电，同时通过多个 DC-DC 模块转换成不同电压等级以适配多种外设。

1.4.2　变频电源

变频电源主要用于交流电机的变频调速，是一种高性能的变频变压(VVVF)电源。变频电源广泛应用于大型风机、水泵的节能运行以及工业装备、电力交通、家电等交流调速方面。变频器电源主电路一般采用交流-直流-交流方案，即首先由 AC-DC 变换器(如二极管整流器)将工频电源整流变换成固定的直流电压，然后再由 DC-AC 变换器将直流电压逆变成电压、频率可变的交流输出，进而驱动交流电动机实现无级调速。

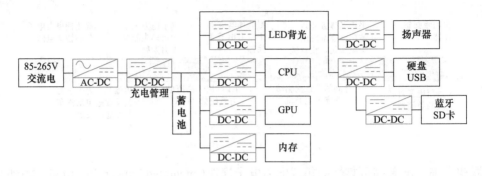

图 1-17　笔记本电脑供电系统

如图 1-18 所示，采用电力电子技术的变频空调可调整压缩机转速，从而实现温度的精准控制与节能。变频空调首先将交流市电整流为直流，并通过逆变实现对压缩机和风机转速的控制。

光伏逆变器
装置介绍

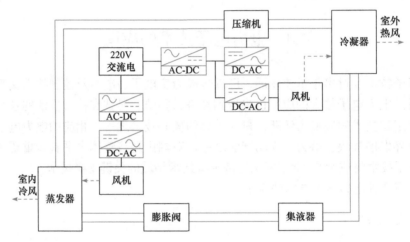

图 1-18　变频空调驱动

1.4.3　可再生能源发电

风电变流器
装置介绍

随着太阳能、风能、燃料电池等可再生能源技术的发展与应用，我国可再生能源已逐步从补充型能源向替代型能源过渡。由于可再生能源发电功率的波动性、间歇性以及电压或频率的变化性，因此必须使用电力电子变换器进行电能变换与控制，从而有效利用可再生能源发电。电力电子技术作为可再生能源发电技术的关键，直接关系到可再生能源发电技术的发展。

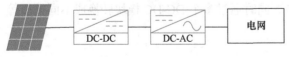

图 1-19　光伏并网发电系统

如图 1-19 所示的光伏并网发电系统，由光伏电池板、并网逆变器及相关配套设备组成，并网逆变器将光伏电池板产生的直流电能升压并转换成交流电能后，输送到电网中。

1.4.4　新能源汽车

随着汽车保有量的大量增加，在车用化石燃料消耗量剧增的同时，汽车尾气排放所造成的环境污染日趋严重，已成为城市大气环境的重要污染源。党的二十大报告提出，我国要"积极参与应对气候变化全球治理"。因此，发展利用新型能源和新型动力系统的新能源汽车已是大势所趋。

新能源汽车逐渐向全电气化方向发展，广泛使用了电力电子技术，实现包括电机驱动、电池(快)充电及辅助供电如空调、LED 灯等。如图 1-20 所示，新能源汽车驱动器将高压电池包的直流电转换为幅值与频率可调的交流电以驱动电机；车载充电器(或充电桩)将交流市电转换成直流电为高压电池充电；DC-DC 等变换器为车载多种辅助设备供电。

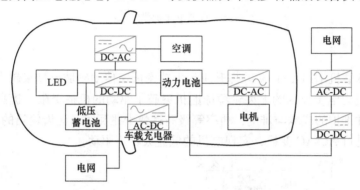

图 1-20　新能源汽车电气系统

1.4.5　电气牵引系统

电气牵引将电能转化为机械能以驱动轨道交通车辆，主要包括变频器、电机等部分，如图 1-21 所示为高铁所采用的电力驱动系统，相对于传统的内燃机驱动方式具有污染小、载客多、动力和重量比大等优点，功率等级达 MW 级。牵引网的单相高压交流电经牵引变压器降压后，通过单相整流成直流进行缓冲，再逆变成三相交流以驱动牵引电机。

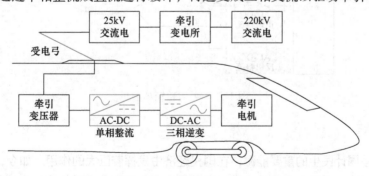

图 1-21　高铁牵引系统结构

1.4.6　冶金工业

随着电力电子技术的发展，冶金工业中的感应加热电源、直流电弧炉等场合越来越多地应用电力电子技术，采用电力电子技术的直流电弧炉可产生稳定持续的高速高温喷射电弧，具有耗电低、电谐波少的优点，功率等级可达数百 MV·A。如图 1-22 所示，相控整流器(桥式晶闸管)将交流电转换为直流电，通过对输出直流电调节以产生稳定的电弧。

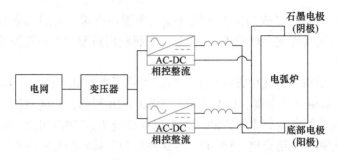

图 1-22　直流电弧炉供电系统

1.4.7　大功率低速传动

无齿轮箱球磨机(图 1-23)、矿井提升机等大功率低速传动领域也越来越多地应用电力电子技术。采用电力电子技术的无齿轮箱球磨机突破了驱动的机械极限,提高了运行效率的同时减少了部件维护的成本与难度,功率等级高达数十兆瓦级,无齿轮箱的驱动器采用正、反组相控整流进行 AC-AC 变换,实现电机的低速大转矩驱动。

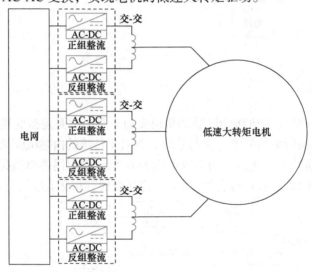

图 1-23　无齿轮箱球磨机

1.4.8　电力系统

电力是关系国计民生的重要能源,在国民经济中发挥着巨大的作用。如今,全球性的能源短缺问题迫在眉睫,而电力系统的规模和容量却在不断变大,同时各行各业对电力供应的可靠性及稳定性的要求越来越高,因此输送大功率、高效、清洁、稳定的电能成为今后输电系统中的关键问题。电力系统这些关键问题的解决离不开电力电子技术,随着大功率电力电子器件技术的不断发展,电力电子技术也将在电力系统的应用领域得到前所未有的扩展。

由于直流输电技术具有输送容量大、受控能力强、稳定性好以及与不同频率电网之间易联络等众多优势,现已成为交流输电技术的有力补充,并在全球范围内得到越来越广泛的推广。"准东-皖南"±1100kV 特高压直流输电工程是目前世界上电压等级最高、输送容量最大、输送距离最远、技术水平最先进的特高压输电工程。如图 1-24 所示，送端电网通过晶闸管整流为直流，经高压输电线路传输到受端电网再逆变为交流。

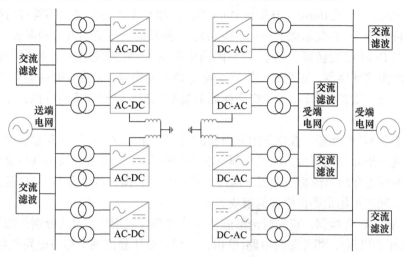

图 1-24　高压直流输电

1.4.9　抽水蓄能电站

抽水蓄能电站是指能向上水库抽水蓄能的水电站，一般用于电网的调峰、调频、调相及事故备用，因具有储能周期长、安全运营周期长，以及稳定性好等诸多优势，被看作目前最经济的储能手段。抽水蓄能电站通过背靠背变流器(整流器与逆变器组合)实现水流的重力势能与电能转换。如图 1-25 所示。

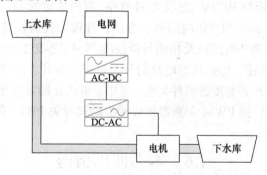

图 1-25　抽水蓄能电站

1.5　电力电子技术的课程内容

根据半导体功率器件、变换器输入输出的关系，本课程分为六个模块进行介绍。

第 2 章电力电子器件及应用，是全书的基础。在总结电力电子器件的特点与分类基础上，详细介绍功率二极管、晶闸管、功率 BJT、功率 MOSFET 以及 IGBT 等主流电力电子器件的基本结构、工作原理、基本特性、主要参数和应用特点。通过本章的学习，读者将深入了解各类电力电子器件的特点和应用场景,从而更好地理解电力电子技术的实际应用。

第 3 章 DC-DC 变换器。在概述 DC-DC 变换器的分类与指标基础上,启发式地引导读者对于降压 Buck、升压 Boost、升降压 Buck-Boost 和 Cuk 电路的基本结构进行推导,并阐述其换流与特性分析。在此基础上,探讨 DC-DC 变换器的能量流通方向和多重多相化问题,并介绍复合型 DC-DC 变换器;同时,针对隔离应用需求,在回顾隔离变压器特性的基础上,进一步介绍反激式变换器、正激式变换器、隔离 Cuk 变换器、推挽式变换器和全桥变换器。通过本章的学习,读者将掌握 DC-DC 变换器的基本原理、结构和换流特性,并掌握其应用场景。

第 4 章 DC-AC 变换器。首先介绍变换器的基本工作原理,并从逆变器输出波形和拓扑结构的角度进一步介绍电压型方波逆变器、电压型 PWM 波逆变器以及多电平逆变器的基本工作原理。最后还介绍电流型逆变器。通过本章的学习,读者将掌握 DC-AC 变换器的特点和应用,为实际应用场景提供更好的解决方案。

第 5 章 AC-DC 变换器。首先讨论整流器的分类和性能指标,然后分别介绍不控整流电路(单相、三相和倍压)、相控整流电路(单相、三相和变压器漏感对整流电路的影响)、相控有源逆变电路以及 PWM 整流电路(电压型桥式和电流型桥式)。此外,还简要介绍其他整流电路,如单相 APFC 整流电路和同步整流电路。通过本章的学习,读者将了解整流器的分类、性能评估指标,以及不同类型整流器电路的应用场景;掌握相控整流电路和相控有源逆变电路的工作原理和特点;掌握 PWM 整流电路的工作原理、优缺点、电压型桥式和电流型桥式的区别。

第 6 章 AC-AC 变换器。在对 AC-AC 变换器概述的基础上,从交流调压、调功和变频三种不同的功能角度出发,分别介绍相控与斩控交流调压电路、采用交流电力电子开关的交流调功电路、相控与斩控(矩阵式)交-交变频电路。通过本章学习,读者将掌握使用 AC-AC 变换器实现交流调压、调功和变频的原理和方法;理解相控与斩控交流调压电路、采用交流电力电子开关的交流调功电路以及相控与斩控(矩阵式)交-交变频电路的工作原理。

第 7 章 软开关变换器。包括功率电路的开关过程、软开关的特征及分类。详细讲解准谐振变换器和 PWM 软开关变换器两种类型。其中,重点介绍零电压开关准谐振变换器、零开关 PWM 变换器、零转换 PWM 变换器和移相控制软开关 PWM 全桥变换器。

1.6　本书使用指南

为了更好地帮助读者理解电力电子技术并学好这门课程,编者在此提出几点建议:

(1) 掌握基本概念。“工欲善其事,必先利其器”,学习过程中,首先应掌握该课程的基本概念,例如,电力电子器件、电力电子电路的基本原理、结构和换流特性等。这些基本概念是理解更深入知识的基础。

(2) 激发思维能力。本书融入了启发式教学的穷举法思想,以电力电子电路问题为导向,确定解决问题的大致方向,并在方向内对所有可能方案逐一分析验证,最终提出有效方案。例如,电力电子器件的组合穷举、DC-DC 变换器基本结构的拓扑推演、软开关技术的条件穷举等。旨在培养读者的启发式思维,激发创新能力并提高解决问题的技能。

(3) 注重仿真训练。仿真可通过数字模型和算法模拟电力电子变换器及系统的工作过程。在学习电力电子技术时结合书中仿真训练能够将理论知识与实际操作紧密结合，深化对电力电子电路原理的理解，提升抽象理论知识的应用能力。此外，因仿真训练可以模拟真实的电力电子系统环境，可帮助读者在无风险的情况下预测和分析系统性能，发现问题并寻找解决方案，从而提高实验技能和创新思维，为其未来的工程实践和科研工作打下坚实基础。

(4) 激发学习兴趣。以提升学习兴趣为导向，读者可结合自身学习状况和学习需求，查阅教材中的拓展知识二维码和标有星号(*)的章节，并参考网络资源、专业书籍和优质学术资料，以深化对电力电子技术的理解。教材中二维码内容采用视频、图片和文献资料等形式，涉及电力电子工程技术与应用、技术背景介绍、难点解析、仿真分析等，能够帮助读者将理论知识与实际问题联系，从而提升综合素质。教材中标有星号(*)的章节提供了对电力电子技术更高级概念的扩展学习或特定内容的深入探讨，这些章节能够帮助读者更深入地理解主题或满足特定的学习兴趣。

第 2 章

电力电子器件及应用

学习指导

什么是电力
电子器件

电力电子器件是电力电子技术应用发展的基础,电力电子设备的工作状况是通过控制电力电子器件的开关状态来实现的。根据器件导通和关断的可控性,可将电力电子器件分为不可控器件、半控型器件和全控型器件。不可控器件没有控制极,其导通与关断完全由外部电路决定;半控型器件和全控型器件有控制极,对于半控型器件而言,通过对控制极施加导通控制信号能使器件导通,但器件导通后则不再受控制极控制,其关断由外部主回路决定;而全控型器件的导通和关断则都能通过对控制极施加开通和关断信号来实现。本章介绍电力电子器件的基本常识,分别描述几种典型电力电子器件的工作原理、基本特性和主要参数以及使用中应注意的一些问题。建议读者在学习本章前先复习一下电子技术中的 PN 结、二极管、晶体三极管、场效应晶体管等内容,在此基础上重点学习以下内容:

(1) 功率二极管(Power Diode)。

(2) 晶闸管(SCR)。

(3) 功率场效应晶体管(Power MOSFET)。

(4) 绝缘栅双极晶体管(IGBT)。

(5) 电力电子应用共性问题。

在学习具体器件时,应着重掌握器件的稳态、动态特性和主要参数,为以后电力电子技术的应用和器件选型打下良好基础。

2.1 电力电子器件的特点与分类

2.1.1 电力电子器件的特点

电力电子器件(Power Electronic Device)是指能实现电能变换或控制的电子器件。和信息系统中的电子器件相比,具有以下特点。

(1) 具有较大的耗散功率。与信息系统中的电子器件主要承担信号传输任务不同,电力电子器件处理的功率较大,具有较高的导通电流和阻断电压。由于自身的导通电阻和阻断时的漏电流,电力电子器件会产生较大的耗散功率,往往是电路中主要的发热源。为便于散热,电力电子器件往往具有较大的体积,在使用时一般都要安装散热器,以限制因耗散功率造成的升温。

(2) 工作在开关状态。举个例子，若一个晶体管处于放大工作状态，承受 1000V 的电压，且流过 200A 的电流，该晶体管承受的瞬时功耗是 200kW，显然这么严重的发热会使该晶体管无法工作。因此为了降低工作损耗，电力电子器件往往工作在开关状态。关断时承受一定的电压，但基本无电流流过；导通时流过一定的电流，但器件只有很小的导通压降。电力电子器件工作时在导通和关断之间不断切换，其动态特性(即开关特性)是器件的重要特性。

(3) 需要专门的驱动电路来控制。电力电子器件的工作状态通常由信息电子电路来控制。由于电力电子器件处理的电功率较大，信息电子电路不能直接控制，需要中间电路将控制信号放大，该放大电路就是电力电子器件的驱动电路。

(4) 需要缓冲和保护电路。

电力电子器件的主要用途是高速开关，与普通电气开关、熔断器和接触器等电气元件相比，其过载能力不强，电力电子器件导通时的电流要严格控制在一定范围内。过电流不仅会使器件特性恶化，还会破坏器件结构，导致器件永久失效。与过电流相比，电力电子器件的过电压能力更弱，为降低器件导通压降，器件的芯片总是做得尽可能薄，仅有少量的裕量，即使是微秒级的过电压脉冲都可能造成器件永久性的损坏。

在电力电子器件开关过程中，电压和电流会发生急剧变化，为了增强器件工作的可靠性，通常要采用缓冲电路来抑制电压和电流的变化率，降低器件的电应力，并可采用保护电路，在判断出电压或电流超出器件极限值时，封锁器件驱动信号，防止过电压或过电流损坏。

2.1.2 电力电子器件的分类

按照电力电子器件能够被控制电路信号所控制的程度，可对电力电子器件进行如下分类：

(1) 不可控器件。它不能用控制信号控制其通断，器件的导通与关断完全由自身在电路中承受的电压和电流来决定。这类器件主要指功率二极管。

(2) 半控型器件。指通过控制信号能控制其导通而不能控制其关断的电力电子器件。这类器件主要是指晶闸管，它由普通晶闸管及其派生器件组成。

(3) 全控型器件。指通过控制信号既可以控制其导通，又可以控制其关断的电力电子器件。这类器件的品种很多，目前常用的有门极可关断晶闸管(GTO)、功率场效应晶体管(Power MOSFET)、绝缘栅双极晶体管(IGBT)和电力晶体管(GTR)等。

而按照控制电路加在电力电子器件控制端和公共端之间信号的性质，又可将可控器件分为电流驱动型和电压驱动型。电流驱动型器件通过从控制极注入和抽出电流来实现器件的通断，其典型代表是电力晶体管(GTR)。大容量 GTR 的开通电流增益较低，即基极平均控制功率较大；而电压驱动型器件则是通过在控制极上施加正向控制电压实现器件导通，通过撤除控制电压或施加反向控制电压使器件关断。当器件处于稳定工作状态时，其控制极无电流，因此平均控制功率较小。由于电压驱动型器件是通过控制极电压在主电极间建立电场来控制器件导通，故也称场控或场效应器件，其典型代表是 Power MOSFET 和 IGBT。

　　根据器件内部带电粒子参与导电的种类不同，电力电子器件又可分为单极型、双极型和复合型三类。器件内部只有一种带电粒子参与导电的称为单极型器件，如 Power MOSFET；器件内有电子和空穴两种带电粒子参与导电的称为双极型器件，如 GTO 和 GTR；由双极型器件与单极型器件复合而成的新器件称为复合型器件，如 IGBT 等。

2.2　电力电子器件基础

1. PN 结的形成

　　完全纯净的、结构完整的半导体晶体称为本征半导体。在常温下，本征半导体可以激发出少量的自由电子，并出现相应数量的空穴，这两种不同极性的带电粒子统称为载流子。

　　用适当的方法在本征半导体内掺入微量的杂质，会使半导体的导电能力发生显著的变化，这种半导体称为杂质半导体。因掺入杂质元素的不同，杂质半导体分为电子型(N 型)半导体和空穴型(P 型)半导体两类。N 型半导体的杂质为五价元素，在半导体晶体中能给出一个多余的电子，故 N 型半导体内自由电子数远大于空穴数，则自由电子称为多数载流子(简称多子)，空穴称为少数载流子(简称少子)。而 P 型半导体中的杂质为三价元素，能在半导体晶体中接受电子，使晶体中产生空穴，即 P 型半导体中的空穴数远大于自由电子数，则空穴称为多数载流子，自由电子称为少数载流子。

　　将 N 型半导体和 P 型半导体结合，由于 P 型半导体内空穴浓度高、电子浓度低，而 N 型半导体空穴浓度低、电子浓度高，则空穴必然要从高浓度的 P 区流向低浓度的 N 区，同样电子要从 N 区流向 P 区，这种载流子从高浓度区向低浓度区的运动称为扩散运动。扩散首先在界面两侧附近进行，当电子离开 N 区后，留下了不能移动的带正电荷的杂质离子，形成一层带正电荷的区域；同理，空穴离开 P 区后，留下不能移动的带负电荷的杂质离子，形成一层带负电荷的区域。因此 P 区和 N 区交界面附近形成空间电荷区，即 PN 结，如图 2-1 所示。由于正负电荷的相互作用，在空间电荷区形成从带正电的 N 区指向带负电的 P 区的内电场。内电场对多数载流子的扩散运动有阻挡作用，同时也会吸引对方区内的少数载流子向本区运动，形成漂移运动。当扩散运动和漂移运动达到动态平衡时，正、负空间电荷量就达到稳定值。

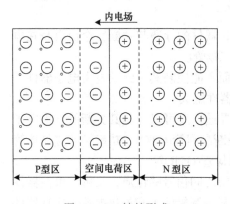

图 2-1　PN 结的形成

2. 偏置下的 PN 结

　　在 PN 结上外加电压称为对 PN 结的偏置，P 区加正、N 区加负为正偏置，反之为反偏置。当 PN 结正向偏置时，外加电场与 PN 结的内电场方向相反，内电场被削弱，载流子的漂移运动受到抑制，而扩散运动增强，在外电路上则形成自 P 区流入而从 N 区流出的电流，称为正向电流。当 PN 结反向偏置时，外加电场与 PN 结内电场方向相同，使得载流子的漂移运动大于扩散运动，形成反向电流，但由于受少数载流子浓度低的限制，反向电流一般很小。

3. PN 结的反向击穿

PN 结具有一定的反向耐压能力，但如果反向电压过大，达到反向击穿电压时，反向电流会急剧增加，破坏 PN 结反向偏置为截止的工作状态，这种状态称为反向击穿，反向击穿有可能造成 PN 结损坏。

PN 结反向击穿有三种形式：雪崩击穿、齐纳击穿和热击穿。

1) 雪崩击穿

当 PN 结反向电压增加时，空间电荷区中电场随着增强。通过空间电荷区的电子和空穴，在电场作用下获得的能量增大，在晶体中运动的电子和空穴，不断地与晶体原子发生碰撞，当电子和空穴的能量足够大时，通过这样的碰撞，会激发形成自由电子空穴对。新产生的电子和空穴在电场作用下，也向相反的方向运动，重新获得能量，又可经过碰撞，再产生电子空穴对，即形成了载流子的倍增效应。当反向电压增大到某一数值后，载流子的倍增情况就如发生雪崩一样，载流子增加得快而多，使反向电流急剧增大，这种情况称为雪崩击穿。

2) 齐纳击穿

齐纳击穿也称隧道击穿，它是在较低的反向电压下发生的击穿。在高掺杂浓度的 PN 结中电荷密度大，P 区与 N 区之间的间距较窄，再加上反偏电压使电场强度增加，能够破坏共价键，将束缚电子分离出来造成电子空穴对，使得反向电流急剧增加，该现象称为齐纳击穿。

3) 热击穿

上述两种形式的击穿过程都是可逆的，若此时外电路能采取措施限制反向电流，当反向电压降低后，PN 结仍可恢复原来状态。否则反向电压和反向电流乘积过大，会超过 PN 结容许的耗散功率，导致热量无法散发，PN 结温度上升直至过热而烧毁。这种现象称为热击穿，必须尽可能避免热击穿。

4. PN 结的电容效应

PN 结的单向导电性使其对交流电有整流作用，但这种作用只在交变电压频率不太高时才能发挥作用，而在电压频率增高到较高值时则不能很好地发挥作用，其原因就是 PN 结有电容效应。PN 结电容按其产生机制和作用的差别分为势垒电容和扩散电容。

1) 势垒电容

由于 PN 结的空间电荷区无可动电荷，犹如一层绝缘介质，与将其夹在中间的 P 区和 N 区一起，构成为一个电容器。由于空间电荷区是载流子的势垒区，所以该电容称为势垒电容。

电容的基本功能是充放电，势垒电容的充放电是通过 PN 结的空间电荷变化来进行的。当 PN 结为正向偏置状态，且正向电压升高时，N 区和 P 区的多数载流子进入空间电荷区并与其中部分极性相反的空间电荷中和，就如同把这些载流子存放在空间电荷区一样，这种现象称为载流子的存储效应。存储电荷的数量随着正偏压的增加而增加，相当于向势垒电容充电。当外加电压降低或偏压改变极性，则会有一部分载流子离开空间电荷区，相当于势垒电容放电。势垒电容只在外加电压变化时才起作用，外加电压频率越高，势垒电容的作用越明显。

2) 扩散电容

当 PN 结为正向偏置时，大量空穴由 P 区进入 N 区，电子由 N 区进入 P 区，这部分载流子在进行中和的同时，作为其中的少数载流子依靠浓度梯度的存在向纵深扩散，与空间电荷区接近的地方少数载流子浓度较高，即在这些地方有注入载流子受扩散速度的限制而形成的积累。正偏压越大，载流子注入量越大，积累越多。这种发生在空间电荷区外并与注入载流子的扩散运动有关的电容效应称为扩散电容。扩散电容是由正偏压造成的，只在正向偏置时存在。

综上所述，PN 结电容的两种成分在不同外加电压条件下所占的份额不同。当正向偏置电压较低时，势垒电容占主要成分；正向偏置电压较高时，扩散运动加剧，扩散电容按指数规律上升，成为 PN 结电容的主要成分。

2.3 功率二极管

功率二极管的构成与特性

功率二极管(Power Diode)属于不可控电力电子器件，是 20 世纪最早获得应用的电力电子器件，它在整流、逆变等领域都发挥着重要的作用。基于导电机理和结构的不同，功率二极管可分为结型二极管和肖特基势垒二极管。

2.3.1 结型功率二极管的基本结构和工作原理

结型功率二极管指的是以 PN 结为基础的功率二极管，其基本结构是半导体 PN 结，具有单向导电性，正向偏置时表现为低阻态，形成正向电流，称为正向导通；而反向偏置时表现为高阻态，几乎没有电流流过，称为反向截止。

在电力电子应用中，为了提高 PN 结二极管承受反向电压的阻断能力，需要增加硅片的厚度来提高耐压，但厚度的增加会使二极管导通压降增加。由于 PIN(I 是 "Intrinsic" 的首字母，意思为 "本征")结构可以用很薄的硅片厚度得到 PN 结构在硅片很厚时才能获得的高反向电压阻断能力，故结型功率二极管多采用 PIN 结构。PIN 功率二极管在 P 型半导体和 N 型半导体之间夹有一层掺有轻微杂质的高阻抗 N⁻区域，该区域由于掺杂浓度低而接近于纯半导体，即本征半导体。在 NN⁻界面附近，尽管因掺杂浓度的不同也会引起载流子的扩散，但由于其扩散作用产生的空间电荷区远没有 PN⁻界面附近的空间电荷区宽，故可以忽略，内部电场主要集中在 PN⁻界面附近。由于 N⁻区域比 P 区域的掺杂浓度低得多，PN⁻空间电荷区主要在 N⁻侧展开，由于 N⁻区域载流子浓度较低，其空间电荷区宽度相对较宽，N⁻区域可以承受很高的外向击穿电压。低掺杂 N⁻区域越厚，功率二极管能够承受的反向电压就越高。在 PN 结反向偏置的状态下，N⁻区域的空间电荷区宽度增加，其阻抗增大，足够高的反向电压还可以使整个 N⁻区域耗尽，甚至将空间电荷区扩展到 N 区域。如果 P 区域和 N 区域的掺杂浓度足够高，则空间电荷区将被局限在 N⁻区域，从而避免电极的穿通。

根据容量和型号，功率二极管有各种不同的封装外形，如图 2-2(a)所示，其结构和电气图形符号如图 2-2(b)、(c)所示。功率二极管有两个电极，分别是阳极 A 和阴极 K。

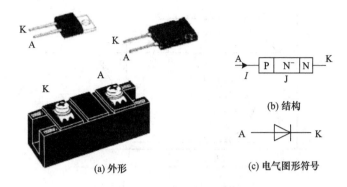

(b) 结构

(a) 外形

(c) 电气图形符号

图 2-2 功率二极管的外形、结构和电气图形符号

当结型功率二极管外加一定的正向电压时，有正向电流流过，功率二极管电压降一般较小，处于正向导通状态；当它的反向电压在允许范围之内时，只有很小的反向漏电流流过，表现为高电阻，处于反向截止状态；若反向电压超过允许范围，则可能造成反向击穿，损坏二极管。

2.3.2 结型功率二极管的基本特性

1. 稳态特性

图 2-3 是结型功率二极管的伏安特性曲线。当外加正向电压大于门槛电压 U_{TO} 时，载流子的扩散运动显著，此时，电流开始迅速增加，二极管开始导通。若流过二极管的电流较小，二极管的电阻主要是低掺杂 N⁻区的欧姆电阻，阻值较高且为常数，因而其管压降随正向电流的上升而增加，如图 2-3 中电流从 O 至 I_{F1} 一段；当流过 PN 结的电流较大时，注入并积累在低掺杂 N⁻区的少子空穴浓度将增大，为了维持半导体电中性条件，其多子浓度也相应大幅度增加，导致其电阻率明显下降，即电导率大大增加，该现象称为电导调制效应。电导调制效应使得功率二

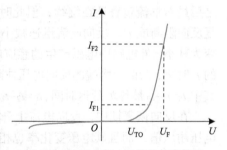

图 2-3 结型功率二极管的伏安特性

极管在一定正向电流数值内，导通压降随正向电流增大而增长缓慢。但对于大容量的功率二极管，当正向电流很大时，因二极管的导通电阻(通常为 mΩ 级)流过电流产生的压降不能被忽略，二极管导通压降呈线性增长趋势，如图 2-3 中电流从 I_{F1} 至 I_{F2} 一段。

2. 动态特性

结型功率二极管属于多数载流子和少数载流子均参与导电的双极型器件，具有载流子存储效应和电导调制效应，这些特性对其开关过程会产生重要的影响。结型功率二极管开通和关断的动态过程如图 2-4 所示。

结型功率二极管由断态到稳定通态的过渡过程中，正向电压会随着电流的上升出现一个过冲，然后逐渐趋于稳定。导致电压过冲的原因有两个：阻性机制和感性机制。阻性机制是指少数载流子注入的电导调制作用。电导调制使得有效电阻随正向电流的上升而下降，管压降随之降低，因此正向电压在到达峰值电压 U_{FP} 后转为下降，最后稳定在 U_F。感性机

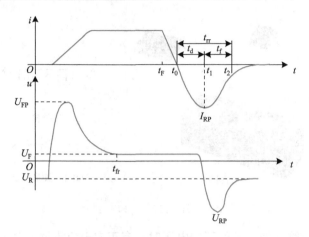

图 2-4　结型功率二极管的开关过程

制是指电流随时间上升在器件内部电感上产生压降，di/dt 越大，峰值电压 U_{FP} 越高。正向电压从零开始经峰值电压 U_{FP}，再降至稳态电压 U_{fr} 所需要的时间被称为正向恢复时间 t_{fr}。

当加在结型功率二极管上的偏置电压的极性由正向变成反向时，二极管不能立即关断，而需经过一个短暂的时间才能重新恢复反向阻断能力而进入关断状态。如图 2-4 中所示，当原来处于正向导通的二极管外加电压在 t_F 时刻突然从正向变为反向时，正向电流开始下降，到 t_0 时刻二极管电流降为零，由于 PN 结两侧存有大量的少子，它们在反压的作用下被抽出器件形成反向电流，直到 t_1 时刻 PN 结内储存的少子被抽尽时，反向电流达到最大值 I_{RP}。之后虽然抽流过程还在继续，但此时被抽出的是离空间电荷区较远的少子，二极管开始恢复反向阻断能力，反向电流迅速减小。由于 t_1 时刻电流的变化方向改变，反向电流由增大变为减小，外电路中电感产生的感应电势会产生一定的反向电压 U_{RP}。当电流降到基本为零的 t_2 时刻，二极管两端的反向电压才降到外加反压 U_R，功率二极管完全恢复反向阻断能力。其中 $t_d=t_1-t_0$ 被称为延迟时间，$t_f=t_2-t_1$ 被称为下降时间。功率二极管反向恢复时间为 $t_{rr}=t_d+t_f$。

在反向恢复期中，反向电流上升率越高，反向电压过冲 U_{RP} 越高，这不仅会增加器件电压耐压值，而且其电压变化率也相应增高，当结型二极管与可控器件并联时，过高的电压变化率会导致可控器件的误导通。比值 $S=t_f/t_d$ 称为反向恢复系数，用来衡量反向恢复特性的硬度。S 较小的器件其反向电流衰减较快，被称为具有硬恢复特性。S 越小，反向电压过冲 U_{RP} 越大，高电压变化率引发的电磁干扰(EMI)强度越高。为避免结型二极管的关断过电压 U_{RP} 过高和降低 EMI 强度，在实际工作中应选用软恢复特性的结型二极管。

2.3.3　快速功率二极管

普通结型功率二极管又称整流管(Rectifier Diode)，反向恢复时间在 5μs 以上，多用于开关频率在 1kHz 以下的整流电路中。若是高频电路，应采用快速功率二极管。快速功率二极管也称快恢复功率二极管，是反向恢复速度很快而恢复特性较软的功率二极管。

1. 提高结型功率二极管开关速度的措施

(1) 在硅材料掺入金或铂等杂质可有效提高少子复合率，促使存储在 N 区的过剩载流子减少，从而缩短反向恢复时间 t_{rr}。但少子数量的减少会削弱电导调制效应，导致正向导通压降升高。

(2) 在 P 和 N 掺杂区之间夹入一层高阻 N^- 型材料以形成 P N^-N 结构，在 P 区和 N 区外还各有一层金属层，采用外延及用掺铂的方法进行少子寿命控制。在相同耐压条件下，新结构硅片厚度要薄得多，具有更好的恢复特性和较低的正向导通压降，这种结构是目前快速二极管普遍采用的结构。

2. 快速型和超快速型

根据器件的恢复特性可将快速二极管分为快恢复和超快恢复两类。前者称为 FRED(Fast soft Recovery Epitaxial Diode)，反向恢复时间为几百纳秒，应用于开关频率为 20～50kHz 的场合；后者简称 Hiper FRED(Hiper Fast soft Recovery Epitaxial Diode)，反向恢复时间在 100ns 左右，可用于开关频率在 50kHz 以上的场合。

2.3.4　肖特基势垒二极管

肖特基势垒二极管，简称为肖特基二极管(Schottky Barrier Diode，SBD)，是利用金属与 N 型半导体表面接触形成势垒的非线性特性制成的二极管。由于 N 型半导体中存在着大量的电子，而金属中仅有极少量的自由电子，当金属与 N 型半导体接触后，电子便从浓度高的 N 型半导体中向浓度低的金属中扩散。随着电子不断从半导体扩散到金属，半导体表面电子浓度逐渐降低，表面电中性被破坏，于是就形成势垒，其电场方向为半导体→金属。但在该电场作用之下，金属中的电子也会产生从金属→半导体的漂移运动，从而削弱了由于扩散运动而形成的电场。当建立起一定宽度的空间电荷区后，电场引起的电子漂移运动和浓度不同引起的电子扩散运动达到相对的平衡，便形成了肖特基势垒。

SBD 早期应用于高频电路和数字电路，随着工艺和技术的进步，其电流容量明显增大并开始进入电力电子器件的范围。肖特基二极管在结构原理上与 PN 结二极管有很大区别，它的内部是由阳极金属(用铝等材料制成的阻挡层)、二氧化硅(SiO_2)电场消除材料、N^-外延层(砷材料)、N 型硅基片、N^+阴极层及阴极金属等构成，在 N 型基片和阳极金属之间形成肖特基势垒，如图 2-5 所示。

当 SBD 处于正向偏置时(即外加电压金属为正、半导体为负)，合成势垒高度下降，这将有利于硅中电子向金属转移，从而形成正向电流；相反，当 SBD 处于反向偏置时，合成势垒高度升高，硅中电子转移比零偏置(无外部电压)时更困难。这种单向导电特性与结型二极管十分相似。

尽管肖特基二极管具有和结型二极管相仿的单向导电性，但其内部物理过程却大不相同，由于金属中无空穴，因此不存在从金属流向半导体材料的空穴流，即 SBD 的正向电流仅由多子形成，从而没有结型二极管的少子存储现象，反向恢复时没有抽取反向恢复电荷的过程，因此反向恢复时间

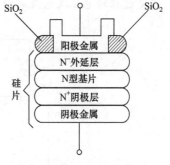

图 2-5　肖特基二极管
内部结构图

很短，仅为 10～40ns。显然，肖特基二极管是一种只有多数载流子参与导电的单极型器件。

肖特基二极管导通压降一般为 0.4～1V(随反向耐压的提高，正向导通压降呈增长趋势)，比普通二极管和快恢复二极管低，快恢复二极管的正向导通压降一般都在 1V 以上，随反向耐压的提高，其正向导通压降甚至会超过 2V。因此在电路中使用肖特基二极管有助

于降低二极管的导通损耗，提高电路的效率。但由于其反向势垒较薄，故肖特基二极管的反向耐压在 200V 以下，因此适用于低电压输出的场合。

2.3.5 功率二极管的主要参数

除了反向恢复时间 t_{rr} 和正向导通压降 U_F，选用功率二极管时，还应考虑以下几个参数。

1. 额定正向平均电流 $I_{T(AV)}$

功率二极管长期运行在规定管壳温度(一般为 100℃)和散热条件下，允许流过的最大工频正弦半波电流的平均值定义为额定正向平均电流。在实际工程中，不能简单地根据流过功率二极管的平均电流来进行选型，应根据具体工况下的导通损耗、开关损耗以及散热条件进行热计算后再确定二极管的额定电流，并应留有足够的裕量。

2. 额定反向电压 U_{RPM}

额定反向电压指二极管能承受的重复施加的反向最高峰值电压(额定电压)，此电压通常为击穿电压的 2/3。为避免发生击穿，在实际应用中应计算功率二极管有可能承受的反向最高电压，并在选型时留有足够的裕量。

3. 最高工作结温 T_{JM}

最高工作结温指器件中 PN 结在不至于损坏的前提下所能承受的最高平均温度。T_{JM} 通常为 125～175℃。

【例 2-1】   结型二极管整流电路如图 2-6 所示，二极管正向导通压降 $U_F = 1.2V$，电阻 $R = 2\Omega$。

(1) 不考虑反向恢复过程，当输入电源 u_i 的波形为如图 2-6(c)方波时，考虑 1.5 倍安全裕量，选取二极管的额定电流；

(2) 在(1)条件下，求二极管的平均功率损耗 P_{loss}；

(3) 考虑二极管结电容 C_J，记线路的杂散电感为 L，电路中电压电流参考方向如图 2-6(b)所示，分析输入电源 u_i 的波形为如图 2-6(c)方波、图 2-6(d)正弦波两种情况下，二极管反向恢复过程的电压及电流波形。

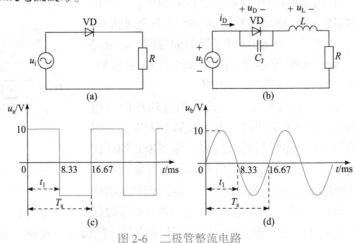

图 2-6 二极管整流电路

【提示】   二极管额定电流是按工频正弦半波平均电流值来定义的，那么如何确定流过非工频非正弦电流的二极管额定电流呢？可按电流有效值相等(即发热相同)的原则来选择额定电流。结合图 2-6(b)电路，先用方波电源供电，展示反向恢复过程中二极管关断电压尖峰，这对器件耐压提出要求；再用正弦波电源供电。对比二极管电流没到零时加反压与过零时加反压的反向恢复过程可以发现，在电流过零时加反压的零电流关断方式能减小尖峰电压，这有利于降低器件关断电压应力。

【解析】　(1) 根据二极管额定正向平均电流定义，设流过二极管的工频正弦半波电流的峰值为 I_m，则其通态平均电流为

$$I_\mathrm{avg} = \frac{1}{2\pi}\int_0^\pi I_\mathrm{m}\sin\omega t\,\mathrm{d}(\omega t) = \frac{I_\mathrm{m}}{\pi}$$

工频正弦半波电流的有效值为

$$I_\mathrm{rms} = \sqrt{\frac{1}{2\pi}\int_0^\pi (I_\mathrm{m}\sin\omega t)^2\,\mathrm{d}(\omega t)} = \frac{I_\mathrm{m}}{2}$$

定义电流有效值与平均值的比值为正弦半波电流波形系数，记为 K_f：

$$K_\mathrm{f} = \frac{I_\mathrm{rms}}{I_\mathrm{avg}} = \frac{\pi}{2} = 1.57$$

则二极管正向平均电流：

$$I_\mathrm{avg} = \frac{I_\mathrm{rms}}{K_\mathrm{f}} = \frac{I_\mathrm{rms}}{1.57} \tag{1}$$

当输入电源 u_i 波形为图 2-6(c)所示高频方波时，t_1 期间二极管导通，导通电流：

$$i_\mathrm{D} = \frac{10-1.2}{2} = 4.4(\mathrm{A})$$

则二极管电流有效值：

$$I_\mathrm{Drms} = \sqrt{\frac{1}{T_\mathrm{s}}\int_0^{T_\mathrm{s}} i_\mathrm{D}^2\,\mathrm{d}(t)} = \sqrt{\frac{1}{16.67\times10^{-3}}\int_0^{8.33\times10^{-3}} 4.4^2\,\mathrm{d}(t)} = \frac{4.4}{\sqrt{2}} = 3.11(\mathrm{A}) \tag{2}$$

考虑 1.5 倍安全裕量，再根据发热相同原则，将式(2)电流有效值代入到式(1)中，可得选取二极管的额定正向平均电流：

$$I_\mathrm{F} = 1.5I_\mathrm{avg} = 1.5\times\frac{I_\mathrm{Drms}}{1.57} = 1.5\times\frac{3.11}{1.57} = 2.97(\mathrm{A}) \approx 3(\mathrm{A})$$

因此，可选取额定电流为 3A 的二极管。

(2) 在一个周期内，二极管的平均功率损耗：

$$P_\mathrm{loss} = \frac{1}{T_\mathrm{s}}\int_0^{T_\mathrm{s}} U_\mathrm{F}i_\mathrm{D}\,\mathrm{d}t = \frac{U_\mathrm{F}}{T_\mathrm{s}}\int_0^{t_1} i_\mathrm{D}\,\mathrm{d}t$$

$$= \frac{1.2}{16.67\times10^{-3}}\int_0^{8.33\times10^{-3}} 4.4\,\mathrm{d}t = 2.64(\mathrm{W})$$

(3) 输入电源 u_i 的波形为方波时，二极管反向恢复过程的电压及电流波形如图 2-7 所示。

$0\sim t_1$ 阶段，VD 正向导通，正向导通压降 $U_\mathrm{F}=1.2\mathrm{V}$，导通电流为 4.4A。

$t_1\sim t_2$ 阶段，t_1 时刻 u_i 突然反向，i_D 开始下降，由于电感 L 存在，电流不能突降到 0，二极管仍然正向

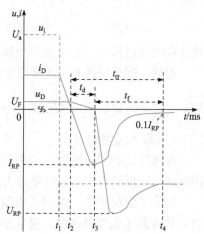

图 2-7　u_i 为方波时二极管反向恢复过程

导通。实际电压电流方向如图 2-8(a)所示。

$t_2 \sim t_3$ 阶段，t_2 时刻 i_D 达到 0，而 C_J 存储的电荷 Q 不能立即消失，在反向电源电压作用下，二极管反向电流逐渐增大，使存储电荷逐渐减少，正向导通压降也逐渐降低。实际电压电流方向如图 2-8(b)所示。

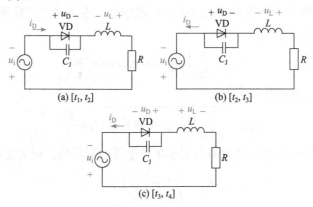

图 2-8　u_i 为方波时二极管反向恢复过程中的电压电流方向

$t_3 \sim t_4$ 阶段，t_3 时刻 i_D 达到反向最大值 I_{RP}，u_D 下降至 0，二极管反向阻断能力逐渐恢复，反向电流迅速减小，电感 L 的感应电压与电源电压的实际极性一致，u_D 反向增大到最大值 U_{RP}；此后，随着 i_D 逐渐趋于 0，u_D 也趋于稳态值 u_i。实际电压电流方向如图 2-8(c)所示。

输入电源 u_i 的波形为正弦波时，二极管反向恢复过程的电压及电流波形如图 2-9 所示。

$0 \sim t_1$ 阶段，VD 正向导通，正向导通压降 $U_F =$ 1.2V，正弦电流峰值为 4.4A。

$t_1 \sim t_2$ 阶段，t_1 时刻 i_D 达到 0，电源电压等于 VD 管压降，电感 L 的感应电压可忽略不计；正弦电源电压继续下降，低于 U_F，二极管有一个较小的反向电流，C_J 存储电荷减少，正向导通压降也逐渐降低。

t_2 时刻 u_D 下降至 0，二极管反向阻断能力恢复，反向电流减小到 0，电感 L 的感应电压可忽略不计；

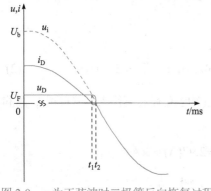

图 2-9　u_i 为正弦波时二极管反向恢复过程

在反向恢复过程中，u_D 也没有出现尖峰电压。

此后，随着反向电压逐渐增大，u_D 也趋于稳态值 u_i。

2.3.6　功率二极管的应用特点

1. 功率二极管的选型

在选择功率二极管时，应根据应用场合确定二极管类型，如在低压整流电路中，可选择导通压降低的肖特基二极管作为整流器件来降低二极管的损耗。

实际工程应用中，应根据电路中二极管可能承受的最大反向电压和通过的最大电流，结合热计算来选择具体的二极管型号。需要注意的是，二极管的关断时间和正向压降有一折中关系，通常低压器件具有较高的开关速度，故不应一味追求二极管的反压耐量。

2. 功率二极管的串联和并联

在单个功率二极管不能满足电路工作需求时，可考虑对二极管采用串、并联的方法。

采用多个功率二极管串联时，应考虑断态时的均压问题。图 2-10 中的 $R_1 \sim R_3$ 可均衡静态压降，动态压降的平衡需要用到平衡电容，与平衡电容串联的电阻 $R_4 \sim R_6$ 是为了限制电容的反向冲击电流。

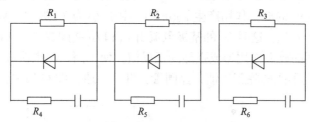

图 2-10 二极管串联均压措施

采用多个功率二极管并联提高电路的通流能力时，要克服工作电流在并联二极管中的不均匀分配现象。由于功率二极管导通压降具有负温度特性，均流特性有可能因温度变化而恶化。在进行并联使用时，应尽量选择同一型号且同一生产批次的产品，使其静态和动态特性均比较接近，另外实际并联应用时，要考虑一定的电流裕量。

2.4 晶 闸 管

晶闸管(Thyristor)是能承受高电压、大电流的半控型电力电子器件，也称可控硅整流管(Silicon Controlled Rectifier，SCR)。由于它电流容量大、电压耐量高以及开通的可控性，已被广泛应用于可控整流和逆变、交流调压、直流变换等领域，成为特大功率、低频(200Hz以下)装置中的主要器件。它包括普通晶闸管及其一系列派生产品，在无特别说明的情况下，本书所说的晶闸管都为普通晶闸管。

晶闸管的
构造与特性

2.4.1 基本结构和工作原理

图 2-11 所示为晶闸管的外形、结构和电气图形符号。晶闸管有三个电极，分别是阳极 A、阴极 K 和门极(或称栅极)G。

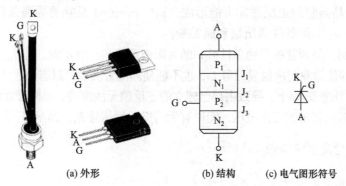

(a) 外形　　　(b) 结构　　　(c) 电气图形符号

图 2-11 晶闸管的外形、结构和电气图形符号

晶闸管内部是 PNPN 四层半导体结构，四个区形成 J_1、J_2、J_3 三个 PN 结。若不施加控制信号，将正向电压(阳极电位高于阴极电位)加到晶闸管两端，J_2 处于反向偏置状态，A、K 之间处于阻断状态；若反向电压加到晶闸管两端，则 J_1、J_3 反偏，该晶闸管也处于阻断状态。

在分析晶闸管的工作原理时，常将其等效为一个 PNP 晶体管 V_1 和一个 NPN 晶体管 V_2 的复合双晶体管模型，如图 2-12 所示。定义 β 为三极管的电流放大系数，如果在 V_2 基极注入 I_G(门极电流)，则 V_2 的放大作用产生 $I_{c2}(\beta_2 I_G)$。由于 I_{c2} 为 V_1 提供了基极电流，因此再由 V_1 的放大作用使 $I_{c1}=\beta_1 I_{c2}$，这时 V_2 的基极电流由 I_G 和 I_{c1} 共同提供，从而使 V_2 的基极电流增加，并通过晶体管的放大作用形成强烈的正反馈，使 V_1 和 V_2 很快进入饱和导通。此时即使将 I_G 调整为 0 也不能解除正反馈，晶闸管会继续导通，即 G 极失去控制作用。

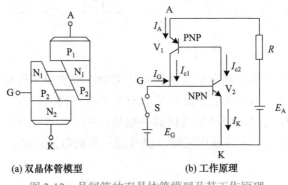

(a) 双晶体管模型　　　　　　　　(b) 工作原理

图 2-12　晶闸管的双晶体管模型及其工作原理

按照晶体管工作原理，忽略两个晶体管的共基极漏电流，可列出如下方程：

$$I_K = I_A + I_G \tag{2-1}$$

$$I_A = I_{c1} + I_{c2} = \alpha_1 I_A + \alpha_2 I_K \tag{2-2}$$

式中，α_1 和 α_2 分别是晶体管 V_1 和 V_2 的共基极电流增益。则可推导出

$$I_A = \frac{\alpha_2 I_G}{1-(\alpha_1+\alpha_2)} \tag{2-3}$$

根据晶体管的特性，在低发射极电流下其共基极电流增益 α 很小，而当发射极电流建立起来后，α 迅速增大。因此，在晶体管阻断状态下，$\alpha_1+\alpha_2$ 很小。若 I_G 使两个发射极电流增大以致 $\alpha_1+\alpha_2>1$(通常晶闸管的 $\alpha_1+\alpha_2 \geqslant 1.15$)，由于形成强烈的正反馈，从而实现器件饱和导通，此时若忽略晶闸管通态压降，实际通过晶闸管的电流为 E_A/R。由式(2-3)分析可知：当 $\alpha_1+\alpha_2 \geqslant 1$ 时，晶闸管的正反馈才可能形成，其中 $\alpha_1+\alpha_2=1$ 是临界导通条件，$\alpha_1+\alpha_2>1$ 为饱和导通条件，$\alpha_1+\alpha_2<1$ 则器件退出饱和而关断。

以上分析表明，晶闸管的导通条件可归纳为阳极正偏和门极正偏，即 $u_{AK}>0$ 且 $u_{GK}>0$。晶闸管导通后，即使撤除门极触发信号 I_G，也不能使晶闸管关断，只有设法使阳极电流 I_A 减小到维持电流 I_H(十几毫安)以下，导致内部已建立的正反馈无法维持，晶闸管才能恢复阻断状态。很明显，如果给晶闸管施加反向电压，无论有无门极触发信号 I_G，晶闸管都不能导通。

2.4.2　晶闸管特性及主要参数

1. 晶闸管的稳态伏安特性

晶闸管阳、阴极之间的电压 U_A 与阳极电流 I_A 的关系，被称为晶闸管的伏安特性，如

图 2-13 所示。图中各物理量的定义如下: U_{DRM}、U_{RRM} 为正、反向断态重复峰值电压; U_{DSM}、U_{RSM} 为正、反向断态不重复峰值电压; U_{bo} 为正向转折电压; I_H 为维持电流。

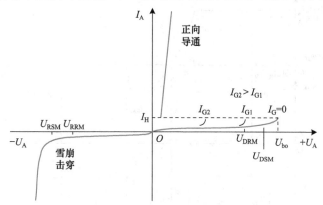

图 2-13　晶闸管的伏安特性

门极断开, 晶闸管处于额定结温时, 正向阳极电压为正向阻断不重复峰值电压 U_{DSM}(此电压不可连续施加)的 80%所对应的电压称为正向重复峰值电压 U_{DRM}(此电压可重复施加, 其重复频率为 50Hz, 每次持续时间不大于 10ms)。晶闸管承受反向电压时, 阳极电压为反向不重复峰值电压 U_{RSM} 的 80%所对应的电压, 称为反向重复峰值电压 U_{RRM}。

晶闸管的反向特性与一般二极管的反向特性相似。正常情况下, 晶闸管承受反向阳极电压时, 晶闸管总是处于阻断状态, 只有很小的反向漏电流流过。当反向电压增加到一定值时, 反向漏电流增加较快, 再继续增大反向阳极电压, 会导致晶闸管反向击穿。

晶闸管的正向特性可分为阻断特性和导通特性。正向阻断时, 晶闸管的伏安特性是一组随门极电流 I_G 的增加而不同的曲线簇。

$I_G=0$ 时, 逐渐增大阳极电压 U_A, 只有很小的正向漏电流, 晶闸管正向阻断; 随着阳极电压的增加, 当达到正向转折电压 U_{bo} 时, 漏电流剧增, 晶闸管由正向阻断突变为正向导通状态。这种在 $I_G=0$ 时, 仅依靠增大阳极电压而强迫晶闸管导通的方式称为"硬开通", 多次硬开通会使晶闸管损坏。

随着门极电流 I_G 的增大, 晶闸管的正向转折电压 U_{bo} 迅速下降, 当 I_G 足够大时, 晶闸管的正向转折电压很小, 可以看成与二极管一样, 一旦加上正向阳极电压, 晶闸管就导通了。晶闸管正向导通状态的伏安特性与二极管的正向特性相似, 即当晶闸管导通时, 导通压降一般较小。

当晶闸管正向导通后, 要使晶闸管恢复阻断, 只有逐步减小阳极电流 I_A, 使其下降到维持电流 I_H 以下时, 晶闸管才由正向导通状态变为正向阻断状态。

2. 晶闸管的动态特性

1) 开通过程

由于晶闸管内部的正反馈形成需要时间, 考虑到引线及外部电路中电感的限制, 晶闸管受到触发后, 其阳极电流的增加需要一定的时间。如图 2-14 所示, 从门极电流阶跃时刻开始, 到阳极电流上升到稳态值 I_A 的 10%的时间称为延迟时间 t_d, 同时晶闸管的正向电压减小。阳极电流从 10%上升到稳态值的 90%所需的时间称为上升时间 t_r, 开通时间 $t_{gt}=t_d+t_r$。

普通晶闸管延迟时间为 0.5～1.5μs，上升时间为 0.5～3μs，这是设计触发脉冲的依据。

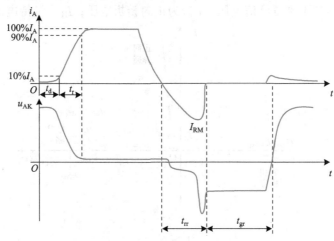

图 2-14   晶闸管的开通和关断过程波形

2）关断过程

原处于导通状态的晶闸管在外加电压由正向变为反向时，由于外部电感的存在，其阳极电流的衰减也需要时间。阳极电流衰减到零后，在反方向会流过反向恢复电流，其过程与功率二极管的关断过程类似。正向电流降为零到反向恢复电流衰减至接近于零的时间称为反向阻断恢复时间 t_{rr}。反向恢复过程结束后，晶闸管恢复对反向电压的阻断能力，但要恢复对正向电压的阻断能力还需要一段时间，该时间称为正向阻断恢复时间 t_{gr}。若在正向阻断恢复时间 t_{gr} 内，再次对晶闸管施加正向电压，晶闸管会重新导通。因此实际应用中，应对晶闸管施加足够长时间的反向电压，使晶闸管充分恢复其对正向电压的阻断能力，电路才能可靠工作。晶闸管的关断时间 $t_q = t_{rr} + t_{gr}$，为几百微秒，这是设计反向电压时间的依据。

3. 晶闸管的主要特性参数

1）晶闸管的重复峰值电压——额定电压 U_T

晶闸管铭牌标注的额定电压，通常取 U_{DRM} 与 U_{RRM} 中的最小值。晶闸管工作时，外加电压峰值瞬时超过反向不重复峰值电压会造成永久损坏。在实际使用中会出现各种过电压，因此选用元件的额定电压值应留有足够的裕量。

2）晶闸管的额定通态平均电流——额定电流 $I_{T(AV)}$

在环境温度为 40℃和规定的冷却条件下，当结温稳定且不超过额定结温时，晶闸管所允许的最大工频正弦半波电流的平均值，称为额定电流。同功率二极管一样，该参数是按照正向电流造成的器件的通态损耗的发热效应来定义的，在选用晶闸管额定电流时，根据实际最大的电流计算后至少还要乘以 1.5～2 的安全系数，使其具有一定的电流裕量。

3）通态平均电压 $U_{T(AV)}$

在规定的环境温度、标准散热条件下，晶闸管通以正弦半波额定电流时，阳极与阴极间电压降的平均值，被称为通态平均电压(也称管压降)。在实际使用中，从减小损耗和元件发热来看，应选择 $U_{T(AV)}$ 小的晶闸管。

4) 维持电流 I_H 和擎住电流 I_L

在室温下门极断开时，晶闸管从较大的通态电流降至刚好能保持导通的最小阳极电流被称为维持电流 I_H。维持电流与元件容量、结温等因素有关，同一型号的晶闸管维持电流也不完全相同。通常在晶闸管的铭牌上标明了常温下的 I_H 实测值。

给晶闸管门极加上触发电压，当晶闸管刚从阻断状态转为导通状态就撤除触发电压，此时晶闸管维持导通所需要的最小阳极电流，被称为擎住电流 I_L。

5) 晶闸管的开通 t_{gt} 与关断时间 t_q

普通晶闸管的开通时间 t_{gt} 与触发脉冲的陡度大小、结温以及主回路中的电感量等有关。为了缩短开通时间，常采用实际触发电流比规定触发电流大 3～5 倍、前沿陡的窄脉冲来触发，该方式称为强触发。触发脉冲的宽度应稍大于开通时间 t_{gt}，以保证晶闸管能可靠触发。

晶闸管的关断时间 t_q 与元件结温、关断前阳极电流的大小以及所加反压的大小有关。

2.4.3　晶闸管派生器件及应用

在晶闸管的家族中，除了最常用的普通型晶闸管之外，根据不同的实际需要，衍生出了一系列的派生器件。

1. 快速晶闸管

普通晶闸管的开关时间较长，允许的电流上升率较小，工作频率受到限制。为提高工作频率，采用特殊工艺缩短开关时间，提高允许的电流上升率，就制造出快速晶闸管(Fast Switching Thyristor，FST)，其允许开关频率达到 400Hz 以上。其中开关频率在 10kHz 以上的快速晶闸管称为高频晶闸管。它们的外形、电气符号、基本结构、伏安特性都与普通晶闸管相同，但与普通晶闸管相比，其电压和电流定额都相对较低。

2. 双向晶闸管

普通晶闸管是单向器件，在用于交流电力控制时，必须采用两个普通晶闸管组成反并联结构，增加了装置的复杂性。

双向晶闸管(Triode AC Switch，TRIAC)具有正、反两个方向都能控制导通的特性，在交流调压、交流开关电路及交流调速等领域得到广泛应用，其电气符号和伏安特性分别如图 2-15 所示。双向晶闸管有两个主电极 T_1、T_2 和一个门极 G。根据主电极间电压极性的不同和门极信号极性的不同，双向晶闸管有 4 种触发方式。

(1) I_+ 触发方式。当主电极 T_1 对 T_2 所加的电压为正向电压，门极 G 对 T_2 所加电压为正向触发信号时，双向晶闸管导通，其伏安特性处于第一象限。

(2) I_- 触发方式。保持主电极 T_1 对 T_2 所加的电压为正向电压，门极 G 触发信号改为反向信号，双向晶闸管也能导通。

(3) III_+ 触发方式。当主电极 T_1 为负，门极 G 对 T_1 所加电压为正向触发信号时，双向晶闸管导通，电流从 T_2 流向 T_1，其伏安特性处于第三象限。

(4) III_- 触发方式。主电极 T_1 仍为负，门极 G 对 T_1 所加电压为反向触发信号时，双向晶闸管导通。

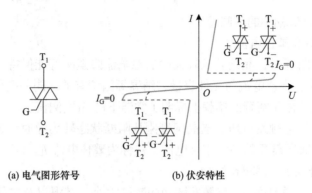

(a) 电气图形符号　　　(b) 伏安特性

图 2-15　双向晶闸管的电气图形符号与伏安特性

在实际应用中，考虑到触发组合灵敏度、复杂性和可靠性，特别是直流信号触发时，常选用 I_ 触发方式和Ⅲ_ 触发方式。由于双向晶闸管是工作在交流回路中，其额定电流用正弦电流有效值而不用平均值来表示。

3. 逆导晶闸管

在逆变或直流电路中，经常需要将晶闸管和二极管反向并联使用，逆导晶闸管(Reverse Conducting Thyristor, RCT)就是根据这一要求将晶闸管和二极管集成在同一硅片上制造而成的。逆导晶闸管主要应用在直流变换、中频感应加热及某些逆变电路中，它使两个元件合为一体，缩小了组合元件的体积，使器件的性能得到了很大的改善。逆导晶闸管的电气图形符号和伏安特性如图 2-16 所示。

逆导晶闸管的额定电流分别以晶闸管和整流二极管的额定电流表示(例如 300A/300A、300A/150A 等)，晶闸管额定电流列于分子，整流二极管额定电流列于分母。

4. 光控晶闸管

光控晶闸管(Light Triggered Thyristor, LTT)是一种利用一定波长的光照信号控制的开关器件，它与普通晶闸管的不同之处在于其门极区集成了一个光电二极管。在光的照射下，光电二极管漏电流增加，此电流成为门极触发电流使晶闸管开通。

小功率光控晶闸管只有阳、阴两个电极，大功率光控晶闸管的门极带有光缆，光缆上有发光二极管或半导体激光器作为触发光源。其电气图形符号和伏安特性如图 2-17 所示。由于主电路与触发电路之间有光电隔离，因此绝缘性能好，可避免电磁干扰。目前光控晶闸管在高压直流输电和高压核聚变装置中已得到广泛应用。

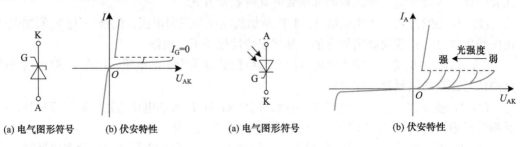

(a) 电气图形符号　(b) 伏安特性　　　(a) 电气图形符号　(b) 伏安特性

图 2-16　逆导晶闸管的电气图形符号与伏安特性　　图 2-17　光控晶闸管的电气图形符号与伏安特性

光控晶闸管的参数与普通晶闸管类同，只是触发参数特殊。

(1) 触发光功率。加有正向电压的光控晶闸管由阻断状态转变成导通状态所需的输入光功率称为触发光功率，其数值通常为几毫瓦到几十毫瓦。

(2) 光谱响应范围。光控晶闸管只对一定波长范围的光线敏感，超出波长范围，则无法使其导通。

2.4.4　晶闸管的触发

晶闸管触发电路的作用是产生符合要求的门极触发脉冲，保证晶闸管在需要的时刻由阻断转为导通。晶闸管触发电路应满足下列要求：

(1) 触发脉冲的宽度应保证晶闸管能可靠导通；

(2) 触发脉冲应有足够的幅度；

(3) 触发脉冲不超过门极电压、电流和功率定额，且在可靠触发区域之内；

(4) 应有良好的抗干扰性能、温度稳定性及与主电路的电气隔离。

图 2-18(a)为常见的带强触发的晶闸管触发电路。使用整流桥可获得约 50V 的直流电源，在 V_2 导通前，50V 电源通过 R_5 向 C_2 充电，C_1 很大，C_2 相对较小，C_2 两端电压接近 50V。当脉冲放大环节 V_1、V_2 导通时，C_2 迅速放电，通过脉冲变压器 TM 向晶闸管的门极和阴极之间输出强触发脉冲。当 C_2 两端电压低于 15V 时，VD_4 导通，此时 C_2 两端电压被钳位在 15V，进入触发脉冲平稳阶段。当 V_1、V_2 由导通变为截止时，脉冲变压器储存的能量通过 VD_1 和 R_3 释放。理想的晶闸管触发脉冲电流波形如图 2-18(b)所示，强触发脉冲能缩短晶闸管的开通时间，有利于降低开通过程损耗。另外，图中 C_3 是加速电容，作用是在触发瞬时旁路电阻 R_2 的限流，有利于提高触发电流前沿陡度。

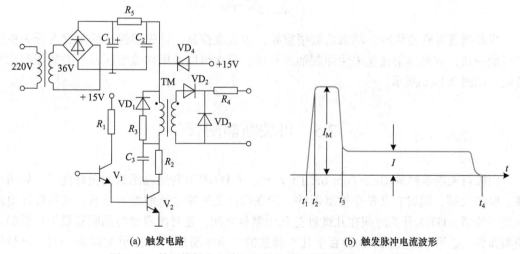

(a) 触发电路　　　　　　　　　　(b) 触发脉冲电流波形

图 2-18　晶闸管触发电路和理想的晶闸管触发脉冲电流波形

$t_1 \sim t_2$ 为脉冲前沿上升时间(<1μs)；$t_1 \sim t_3$ 为强脉冲宽度；I_M 为强脉冲幅值($3I_{GT} \sim 5I_{GT}$)；
$t_1 \sim t_4$ 为脉冲宽度；I 为脉冲平顶幅值($1.5I_{GT} \sim 2I_{GT}$)

2.4.5　晶闸管的应用特点

由于晶闸管是半控型器件，控制起来较复杂，近年来在中小功率领域已逐渐被 IGBT 等全控型器件所取代，但在高功率领域仍有其独到之处。另外由于其制造工艺简单，价格相对较低，在某些成熟的控制线路中仍得到广泛应用。

由于晶闸管的导通压降具有负温度系数，简单的并联不能保证晶闸管间的均流工作。同样，晶闸管也不能简单地串联起来在高压下工作。

晶闸管阻断时，串联的晶闸管流过的漏电流相同，但因静态伏安特性的分散性，各器件承受的电压不等。如图 2-19(a)所示，承受电压高的器件首先达到转折电压而导通，使另一个器件承担全部电压也导通，失去控制作用；反向时，可能使其中一个器件先反向击穿，另一个随之击穿。为达到静态分压，应选用参数和特性尽量一致的器件；此外可采用电阻均压，如图 2-19(b)所示。R_{P1} 和 R_{P2} 的阻值应比器件阻断时的正、反向电阻小得多。其阻值的选取原则是在工作电压下让流过电阻的电流为晶闸管在额定结温下漏电流的 2~5 倍。由于各晶闸管的开通和关断过程可能存在差异，因此采用并联阻容吸收电路进行动态均压也是必不可少的。R、C 应选择无感电阻和无感电容，具体数值可由调试决定，并用尽量短的线就近连接在晶闸管两端。

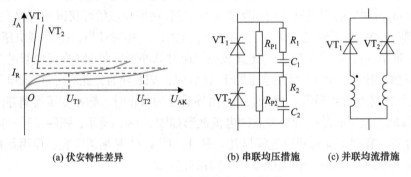

(a) 伏安特性差异   (b) 串联均压措施   (c) 并联均流措施

图 2-19   晶闸管的串联、并联

当晶闸管并联使用时，动态均流很重要，也较难控制。首先要保证晶闸管的开关控制尽可能一致，如晶闸管往往采用强制触发开通；其次可以采用均流变压器一类的强制均流措施，如图 2-19(c)所示。

2.5   可关断晶闸管

门极可关断晶闸管(Gate Turn off Thyristor，GTO)具有普通晶闸管的全部优点，如耐压高、电流大等，同时它又是全控型器件，即在门极正脉冲电流触发下导通，在负脉冲电流触发下关断。GTO 开关时间在几微秒至几十微秒之间，是目前容量与晶闸管最为接近的全控型器件，适用于开关频率为数百至几千赫兹的大功率场合。自 20 世纪以来，GTO 已被广泛应用于电力机车的逆变器、电网动态无功补偿和大功率直流斩波调速装置中。

2.5.1   基本结构和工作原理

GTO 的内部结构与普通晶闸管相同，都是 PNPN 四层二端结构，但在制作时采用特殊的工艺使开关管导通后处于临界饱和，而不像普通晶闸管那样处于深度饱和状态，这样可以利用门极负脉冲电流使其退出临界饱和状态从而关断。GTO 的外部管脚与普通晶闸管相同，也有阳极 A、阴极 K 和门极 G 三个电极，其外形、结构断面示意图和电气符号如图 2-20 所示。

GTO 是一种多元的功率集成器件，内部包含数十个甚至数百个共阳极的小 GTO 元，这些 GTO 元的阴极和门极在器件内部并联在一起。这种结构使得门极和阴极间的距离大为缩短，P_2 基区的横向电阻很小，便于从门极抽出较大的电流。

在 GTO 的等效晶体管结构中，根据式(2-3)可推导出在门极电流为负时，

$$\beta_{off} = \frac{I_A}{I_G} = \frac{\alpha_2}{(\alpha_1 + \alpha_2) - 1} \tag{2-4}$$

β_{off} 定义为 GTO 的电流关断增益。若 β_{off} 太大，则 GTO 处于深度饱和，不能用门极抽取电流的方法来关断。因此在允许范围内，要求 $\alpha_1+\alpha_2$ 尽可能接近 1 的临界饱和状态。

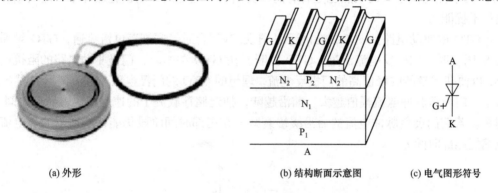

(a) 外形　　　　　　　　　　(b) 结构断面示意图　　　(c) 电气图形符号

图 2-20　GTO 的外形、结构断面示意图和电气图形符号

GTO 与晶闸管在结构上的不同点，除了多元集成结构外，其 α_2 较大，使得晶体管 V_2 对门极电流的反应比较灵敏，同时其 $\alpha_1+\alpha_2 \approx 1.05$，更接近于 1，使得 GTO 导通时饱和程度不深，更接近于临界饱和，从而为门极控制关断提供有利条件。

同导通时的正反馈相似，关断时也会产生正反馈：门极加负脉冲即从门极抽出电流，则 I_{b2} 减小，使 I_K 和 I_{c2} 减小，I_{c2} 的减小又使 I_A 和 I_{c1} 减小，又进一步减小 V_2 的基极电流；当 I_A 和 I_K 的减小使 $\alpha_1+\alpha_2<1$ 时，器件退出饱和而关断。

2.5.2　可关断晶闸管特性

GTO 的特性与晶闸管大多相同，但也有其特殊性。图 2-21 给出了 GTO 开通和关断过程中阳极电流 i_A 的波形。与普通晶闸管类似，开通过程中需要经过延迟时间 t_d 和上升时间 t_r。关断过程则有所不同，首先需要经历抽取饱和导通时储存的大量载流子的储存时间 t_s，从而使等效晶体管退出饱和状态；然后是等效晶体管从饱和区退至放大区，阳极电流逐渐减小的下降时间 t_f；最后还有残存载流子复合所需的尾部时间 t_t。

GTO 也是电流型驱动器件，用门极正脉冲可使 GTO 开通，门极负脉冲可以使其关断，这是 GTO 最大的优点。但要求 GTO 关断的门极反向电流比较大，即 β_{off} 较小，约为阳极电流的 1/5 左右，这造成对驱动电路功率要求较高。

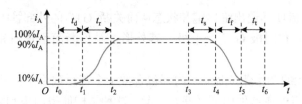

图 2-21　GTO 的开通和关断过程电流波形

2.5.3　可关断晶闸管的驱动

根据 GTO 的导通和关断机理，GTO 要求有正的驱动脉冲电流使其导通，有负的脉冲电流使其关断，并不需要有持续的正、负电流保持其通态和断态。但在实际应用中，在 GTO 正常导通情况下，为降低 GTO 的正向压降，可继续维持一定的门极驱动电流，这对于克服 GTO 的擎住电流较大的缺点也是有利的。关断后还应在门、阴极施加约 5V 的负偏压以提高抗干扰能力。

GTO 的驱动电路如图 2-22(a)所示，开关 S_1 闭合时，门极正电流流通，GTO 导通；开关 S_2 闭合时，门极反电流流过，GTO 关断。在 GTO 关断时，门极驱动电路的阻抗要尽量小，以便获得较陡的峰值高的门极反电流。理想的 GTO 的门极电压和电流波形如图 2-22(b)所示。门极负脉冲电流幅值越大，前沿越陡，抽走储存载流子的速度越快，储存时间 t_s 就越短。若使门极负脉冲电流的后沿缓慢衰减，在尾部时间阶段仍能保持适当的负电流，可以缩短尾部时间 t_t。

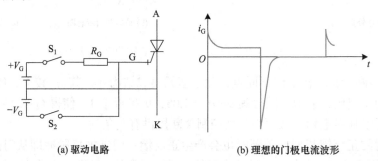

(a) 驱动电路　　　　　　　　　　　(b) 理想的门极电流波形

图 2-22　GTO 门极驱动电路和理想的门极电流波形

2.5.4　可关断晶闸管的应用特点

GTO 保留了晶闸管的大部分特点，是高压大功率领域得到广泛应用的全控型器件。但其控制灵活性差、对驱动电路要求很高，器件很小的引线电感都会影响驱动效果，而且工作频率较低，同时 GTO 的通态管压降较大，导通损耗大，因此通常只在特大功率场合使用 GTO。

2.6　功率场效应晶体管

功率场效应晶体管(Power MOSFET)即功率 MOSFET，由于只有多数载流子参与导电，因而是一种单极型电压全控器件，具有输入阻抗高、工作速度快(开关频率可达

500kHz 以上)、驱动功率小且电路简单、热稳定性好等优点，在各类开关电路中应用极为广泛。

2.6.1　基本结构和工作原理

MOSFET 种类和结构繁多，按导电沟道可分为 P 沟道和 N 沟道。当栅源电压为零时漏源极间存在导电沟道的称为耗尽型；对于 N(P)沟道器件，栅源电压大于(小于)零时才存在导电沟道的称为增强型。在功率 MOSFET 中，应用较多的是 N 沟道增强型。功率 MOSFET 导电机理与普通 MOS 管相同，但在结构上有较大区别。普通 MOS 管是一次扩散形成的器件，其导电沟道平行于芯片表面，是横向导电器件。而功率 MOSFET 大都采用垂直导电结构，这种结构能大大提高器件的耐压和通流能力，所以功率 MOSFET 又称为 VMOSFET(Vertical MOSFET)。

图 2-23(a)为常用的功率 MOSFET 的外形，图 2-23(b)给出了 N 沟道增强型功率 MOSFET 的结构，图 2-23(c)为功率 MOSFET 的电气图形符号，其引出的三个电极分别为栅极 G、漏极 D 和源极 S。当栅源极间电压为零时，若漏源极间加正电压，P 基区与 N 区之间形成的 PN 结反偏，漏源极之间无电流流过，如图 2-24(a)所示。若在栅源极间加正电压 U_{GS}，栅极是绝缘的，所以不会有栅极电流流过，但栅极的正电压会将其下面 P 区中的空穴推开，而将 P 区中的电子吸引到栅极下面的 P 区表面，当 $U_{GS}<U_T$(U_T 为 MOSFET 的开启电压，也称阈值电压，典型值为 2～4V)时，栅极下 P 区表面的电子浓度相对空穴浓度较低，无法形成导电沟道，即漏源极仍无法导电，如图 2-24(b)所示。当 $U_{GS}>U_T$ 时，栅极下 P 区表面的电子浓度将超过空穴浓度，使 P 型半导体反型成 N 型而成为反型层，该反型层形成 N 沟道而使 PN 结消失，漏极和源极导电，如图 2-24(c)所示。

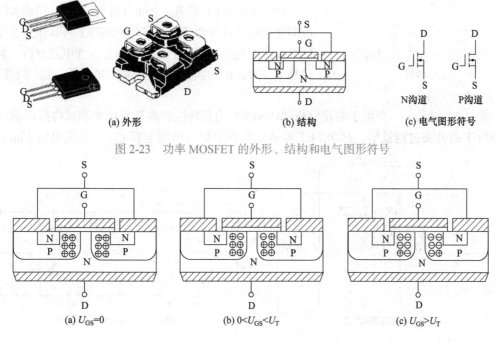

(a) 外形　　(b) 结构　　(c) 电气图形符号

图 2-23　功率 MOSFET 的外形、结构和电气图形符号

(a) $U_{GS}=0$　　(b) $0<U_{GS}<U_T$　　(c) $U_{GS}>U_T$

图 2-24　功率 MOSFET 导电机理

2.6.2　功率 MOSFET 特性及主要参数

1. 通态电阻具有正温度系数

功率 MOSFET 的通态电阻 R_{DS} 具有正温度系数，即 R_{DS} 随着温度的上升而增大，而不像双极型器件中的通态电阻随着温度的上升而减小。

导致这个差异的根本原因是这两种器件的工作载流子性质不同。双极型器件主要依靠少数载流子的注入传导电流，少数载流子的注入密度随结温升高而增大，相应的多数载流子浓度增大，导致电流增大，电流的增大使结温进一步升高，从而使得电流与结温之间具有正反馈的关系。而功率 MOSFET 主要依靠多数载流子导电，多数载流子的迁移率随温度的上升而下降，其宏观表现就是漂移区的电阻升高，电阻升高会使电流减小，电流的减小使得结温下降，从而使得电流与结温之间呈负反馈关系。电流越大，发热越大，通态电阻就加大，从而限制电流的进一步增大，这特性对于功率 MOSFET 并联运行时的均流较为有利。

2. 静态特性

功率 MOSFET 的静态输出特性如图 2-25 所示，其描述了在不同的 U_{GS} 下，漏极电流 I_D 与漏极电压 U_{DS} 间的关系曲线。它可以分为三个区域：当 $U_{GS}<U_T$，功率 MOSFET 工作在截止区；当 $U_{GS}>U_T$，功率 MOSFET 工作在饱和区，随着 U_{DS} 的增大，I_D 几乎不变，只有改变 U_{GS} 才能使 I_D 发生变化。而在正向电阻区，功率 MOSFET 处于充分导通状态，U_{GS} 和 U_{DS} 的增加都可使 I_D 增大，器件如同线性电阻。正常工作时，随 U_{GS} 的变化，功率 MOSFET 在截止区和正向电阻区间切换。相对于正向电阻区，功率 MOSFET 还有对应于 $U_{GS}>U_T$、$U_{DS}<0$ 的反向电阻区。

功率 MOSFET 漏源极之间有寄生二极管，漏源极间加反向电压时器件导通，因此功率 MOSFET 可看作是逆导器件。在画电路图时，为了避免遗忘并方便电路分析，常常在功率 MOSFET 的电气符号两端反向并联一个二极管。

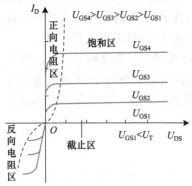

图 2-25　功率 MOSFET 的静态输出特性

3. 动态特性

图 2-26 展示了一个用于测量分析 MOSFET 动态特性的典型双脉冲测试电路以及功率 MOSFET 的开关过程波形。MOSFET 等效结电容分别为栅源电容 C_{GS}、栅漏电容 C_{GD}、漏

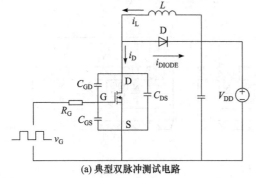

(a) 典型双脉冲测试电路

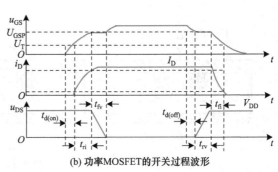

(b) 功率MOSFET的开关过程波形

图 2-26　双脉冲测试电路和功率 MOSFET 的开关过程波形

源电容 C_{DS}，图中 V_{DD} 为直流电压源，L 为电感，通常假设其感值足够大，可被等效为恒流源，D 为续流二极管，R_G 为驱动电阻，v_G 为驱动电压源，在双脉冲测试电路中通常设定为 2 个脉冲方波。

当驱动脉冲电压上升沿到来时，其栅源电容 C_{GS} 开始其充电过程，则栅极电压 u_{GS} 呈指数曲线上升，当 u_{GS} 上升到开启电压 U_T 后，功率 MOSFET 的导电沟道开始形成，从而产生漏极电流 i_D。从驱动脉冲电压前沿时到 i_D 的数值达到稳态电流值的 10%的时间段称为开通延迟时间 $t_{d(on)}$。此后，i_D 随 u_{GS} 的上升而上升，直到 i_D 上升到其数值达到稳态电流值约 90%的时间，此段称为电流上升时间 t_{ri}。在此过程中，由于反并联二极管电流 i_{DIODE} 未能全部换到 MOSFET 通路，因此电感两端电压被二极管钳位在 0V，所以，MOSFET 端电压 u_{DS} 始终保持直流电压源端压 V_{DD} 不变。当流过 MOSFET 的电流 i_D 达到 I_D 时，反并联二极管电流 i_{DIODE} 已全部换相至 MOSFET，二极管截止关断，此时 MOSFET 两端电压 u_{DS} 开始下降，对应的 u_{GS} 上升到功率 MOSFET 进入正向电阻区的栅压值 U_{GSP}。此过程中，功率 MOSFET 栅漏电容 C_{GD} 开始通过漏、源极放电，从而抑制了 C_{GS} 充电过程中 u_{GS} 的增长，使 u_{GS} 出现一段平台波形。从 u_{DS} 开始下降到功率 MOSFET 进入稳态导通，这一时间段为电压下降时间 t_{fv}。此后 u_{GS} 继续升高，直至达到稳态。可见，功率 MOSFET 的开通时间 t_{on} 是开通延迟时间 $t_{d(on)}$、电流上升时间 t_{ri} 与电压下降时间 t_{fv} 之和，即 $t_{on} = t_{d(on)} + t_{ri} + t_{fv}$。

当驱动脉冲电压下降沿到来时，栅源电容 C_{GS} 和栅漏电容 C_{GD} 通过栅极电阻 R_G 放电，栅极电压 u_{GS} 按指数曲线下降，当下降到 U_{GSP} 时，功率 MOSFET 的漏、源极电压 u_{DS} 开始上升，这段时间称为关断延迟时间 $t_{d(off)}$。由于 u_{DS} 的上升，栅漏电容 C_{GD} 开始通过漏极电压充电，从而抑制了 C_{GS} 放电过程中 u_{GS} 的下降，则 u_{GS} 出现一段平台波形。当 u_{DS} 上升到直流电压源端压 V_{DD} 时，电感反并联续流二极管导通，流过 MOSFET 的电流开始换相到二极管，i_D 开始减小，这段时间称为电压上升时间 t_{rv}。此后，u_{GS} 从 U_{GSP} 继续下降，i_D 减小。当 $u_{GS} < U_T$ 时，功率 MOSFET 沟道消失。从 i_D 开始下降，到 i_D 下降为其稳态值的 10%，这段时间称为电流下降时间 t_{fi}。功率 MOSFET 的时间 t_{off} 是关断延迟时间 $t_{d(off)}$、电压上升时间 t_{rv} 和电流下降时间之和 t_{fi}，即 $t_{off} = t_{d(off)} + t_{rv} + t_{fi}$。由于功率 MOSFET 是单极型器件，只靠多子导电，不存在少子存储效应，因而关断过程非常迅速，是常用电力电子器件中关断速度最快的器件。

4. 主要参数

除前面已涉及的开启电压以及开关过程中的时间参数外，功率 MOSFET 还有以下主要参数。

1) 通态电阻 R_{on}

通态电阻 R_{on} 是影响最大输出功率的重要参数。功率 MOSFET 是单极型器件，没有电导调制效应，在相同条件下，耐压等级越高的功率 MOSFET 其 R_{on} 越大，这是功率 MOSFET 耐压难以提高的原因之一。另外 R_{on} 随 I_D 的增加而增加，随 U_{GS} 的升高而减小。

2) 漏极电压最大值 U_{DSM}

这是标称功率 MOSFET 额定电压的参数，为避免功率 MOSFET 发生雪崩击穿，实际工作中的漏极和源极两端的电压不允许超过漏极电压最大值 U_{DSM}。

3) 额定电流 I_D

这是标称功率 MOSFET 额定电流的参数，实际工作中漏源极流过的电流与额定电流 I_D

相比较，要留有足够的电流裕量。

2.6.3 功率 MOSFET 的驱动

与 GTO 通过电流来驱动不同，MOSFET 是电压驱动型器件(场控器件)，其输入阻抗极高，输入平均电流非常小，有利于驱动电路的设计。

从图 2-26(b)中的开关过程可以看出，功率 MOSFET 的开关速度和等效输入电容 C_{in} 的充放电有很大关系。器件使用者无法降低 C_{in}，但可降低驱动电路内阻 R_G 以减小时间常数，加快开关速度，所以选择 R_G 很关键，不同的功率 MOSFET 有不同的推荐值，一般为数欧姆至数十欧姆，该电阻阻值应随被驱动器件容量的增大而减小。功率 MOSFET 为场控器件，稳态时驱动几乎不需输入电流，但在开关过程中需对输入电容充放电，仍需一定的驱动功率。为了提高其开关速度，驱动电路必须要有足够的驱动脉冲电压设计以保证器件开关时有较高的驱动电流变化率，以加快输入电容的充放电。

功率 MOSFET 的驱动电路可采用双电源供电，功率 MOSFET 开通的驱动电压一般为 10~15V，关断时施加一定幅值的负驱动电压(一般取–15~–5V)有利于减小关断时间和关断损耗。驱动电路的输出与功率 MOSFET 的栅极直接耦合，输入与前置信号隔离；或输入与前置信号直接耦合，输出与功率MOSFET栅极隔离。隔离器件可采用变压器或光耦。

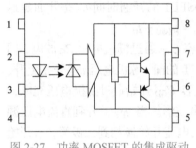

图 2-27 功率 MOSFET 的集成驱动
芯片 TLP250

目前对于功率MOSFET 的驱动常采用专用的集成驱动芯片，如 TOSHIBA 公司生产的 TLP250 等功率 MOSFET 专用驱动芯片。TLP250 包含一个光发射二极管和一个集成光探测器，并集合了晶体管驱动电路。其采用 8 脚双列直插封装结构，内部结构如图 2-27 所示，其中 2、3 脚为输入，8、5 脚分别为输出端的电源和地，6、7 脚为推挽输出。其能输出最小±0.5A 的驱动电流，可用于驱动中、小功率的功率 MOSFET。

2.6.4 功率 MOSFET 的应用特点

功率 MOSFET 的薄弱之处是绝缘层易被击穿损坏，栅源间电压不得超过 20V。为此，在使用时必须注意若干保护措施。

(1) 防止静电击穿。功率 MOSFET 具有极高的输入阻抗，因此在静电较强的场合难于释放电荷，容易引起静电击穿，功率 MOSFET 的存放应采取防静电措施。

(2) 防止栅源过电压。由于功率 MOSFET 的输入电容是低泄漏电容，故栅极不允许开路或悬浮，否则会因静电干扰使输入电容上的电压上升到开启电压而造成误导通，甚至损坏器件。实际工程中可在栅、源极之间并接阻尼电阻或并接约 15V 的稳压管。

功率 MOSFET 的通态电阻 R_{on} 具有正温度系数，并联使用时具有电流自动均衡的能力，易进行并联使用。为了更好地动态均流，除选用参数尽量接近的器件外，还应在电路走线和布局方面做到尽量对称，也可在源极电路中串入小电感，起到均流电抗器的作用。

由于功率 MOSFET 属于多子导电的器件，其开关速度相对其他器件具有明显优势，其在导通时没有电导调制效应，通态压降与电流成正比，轻载时导通损耗较小，是性能理想的中小容量的高速压控型电力电子器件。

2.7　绝缘栅双极晶体管

功率 MOSFET 属于多子导电，无电导调制效应，当要提高阻断电压时，管芯增厚，其导通电阻将迅速增加，以至于器件无法正常工作。因此，功率 MOSFET 在同样的管芯面积下，随着耐压值的提高，通流能力下降得很厉害。例如，美国仙童公司生产的 FQP85N06 型 MOSFET 为 60V/85A，而同样尺寸的功率 MOS 管 FQP5N90，电压为 900V，而额定电流只有 5A。为克服这个缺点，在功率 MOSFET 中的漏极侧引入一个 PN 结，在正常导通时，等效导通电阻大幅降低，可大大提高电流密度，这样就产生了新的器件 IGBT。以美国仙童公司生产的 Power MOSFET 和 IGBT 为例，额定电压同样为 650V，封装都为 TO247。型号为 FGH40T65UQDF 的 IGBT，在通过 40A 电流时，导通压降为 1.33V，而型号 FCH165N65S3R0 的 Power MOSFET 通态电阻 R_{on} 为 165mΩ，当通过 40A 时，导通压降会达到 6.6V。

IGBT 的等效结构具有晶体管模式，因此被称为绝缘栅双极晶体管(Insulated Gate Bipolar Transistor)。IGBT 于 1982 年开始研制，1986 年投产，是发展最快且很有前途的一种复合型器件。目前 IGBT 产品已系列化，最大电流容量达 3600A，最高电压等级达 6500V，工作频率可达 150kHz，在电机控制、中大功率开关电源中已得到广泛应用，正逐渐向 GTO 的应用领域扩展。

2.7.1　基本结构和工作原理

图 2-28 是 IGBT 的外形、简化等效电路和电气图形符号，它有三个电极，分别是集电极 C、发射极 E 和栅极 G。在应用电路中 C 接外加电源正极，E 接外加电源负极，它的导通和关断由栅极电压来控制。栅极加正电压时，MOSFET 内形成导电沟道，为 PNP 型大功率晶体管提供基极电流，则 IGBT 导通。撤除栅极正压或在栅极上加反向电压时 MOSFET 的导电沟道消失，晶体管的基极电流被切断，则 IGBT 被关断。

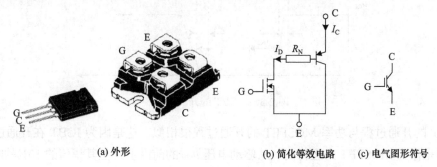

| (a) 外形 | (b) 简化等效电路 | (c) 电气图形符号 |

图 2-28　IGBT 的外形、简化等效电路和电气图形符号

2.7.2　IGBT 特性及主要参数

1. 静态伏安特性

IGBT 的导通原理和功率 MOSFET 相似。图 2-29 为 IGBT 的伏安特性，它反映在一定

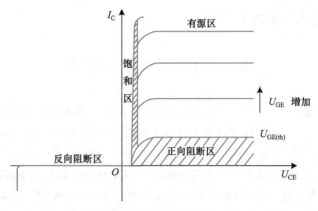

图 2-29　IGBT 的伏安特性

的栅极-发射极电压 U_{GE} 下 IGBT 的输出端电压 U_{CE} 与集电极电流 I_C 的关系。当 $U_{GE}>U_{GE(th)}$(开启电压，一般为 3～6V)时，IGBT 开通。当 $U_{GE}<U_{GE(th)}$ 时，IGBT 关断。IGBT 的伏安特性分为正向阻断区、有源区和饱和区。值得注意的是，IGBT 的反向电压承受能力很差，其反向阻断电压只有几十伏，因此限制了它在需要承受高反压场合的应用。为满足实际电路的要求，IGBT 往往与反并联的快速功率二极管封装在一起，成为逆导器件，选用时应加以注意。

2. 动态特性

图 2-30 给出了 IGBT 开关过程中集电极电流 i_C 和集电极与发射极间电压 u_{CE} 的波形图。

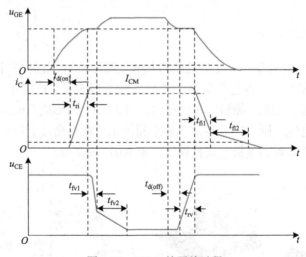

图 2-30　IGBT 的开关过程

IGBT 的开通过程与功率 MOSFET 的开通过程很相似，这是因为 IGBT 在开通过程中大部分时间是作为 MOSFET 来运行的。从驱动电压 u_{GE} 的前沿上升至其幅值的 10% 的时刻起，到集电极电流 i_C 上升至稳态电流幅值 I_{CM} 的 10% 的时刻为止，这段时间为开通延迟时间 $t_{d(on)}$。而 i_C 从 $10\%I_{CM}$ 上升至 $90\%I_{CM}$ 所需时间为电流上升时间 t_{ri}。开通时，集射电压 u_{CE} 的下降过程分为 t_{fv1} 和 t_{fv2} 两段。t_{fv1} 为 IGBT 中 MOSFET 单独工作的电压下降过程，这一阶段中 IGBT 的栅极驱动电压 u_{GE} 基本维持在一个电压水平上，这主要是由 IGBT 的栅极-集电极寄生电容 C_{GC} 造成的；t_{fv2} 为 MOSFET 和 PNP 晶体管同时工作的电压下降过程，由于 u_{CE} 下降时 IGBT

中 MOSFET 的栅漏电容增加,而且 IGBT 中的 PNP 晶体管由放大状态转入饱和状态也需要一个过程,因此 t_{fv2} 段电压下降过程变缓。只有在 t_{fv2} 段结束时,IGBT 才完全进入饱和导通状态。开通时间 t_{on} 为开通延迟时间 $t_{d(on)}$、电流上升时间 t_{ri} 与电压下降时间(t_{fv1}+ t_{fv2})之和。

IGBT 关断时,从驱动电压 u_{GE} 的脉冲下降到其幅值的 90% 的时刻起,到集射电压 u_{CE} 上升到其幅值的 10%,这段时间为关断延迟时间 $t_{d(off)}$。随后是集射电压上升时间 t_{rv},这段时间内栅极-集电极寄生电容 C_{GC} 充电,栅极电压 u_{GE} 基本维持在一个电压水平上。集电极电流从 90%I_{CM} 下降至 10%I_{CM} 的这段时间为电流下降时间 t_f。电流下降时间分为 t_{fi1} 和 t_{fi2} 两段,其中 t_{fi1} 对应 IGBT 内部的 MOSFET 的关断过程,这段时间集电极电流 i_C 下降较快;t_{fi2} 对应 IGBT 内部的 PNP 晶体管的关断过程,这段时间内 MOSFET 已经关断,IGBT 又无反向电压,所以 N 基区内的少子复合缓慢,造成 i_C 下降较慢,这称为 IGBT 的电流拖尾现象。由于此时 u_{CE} 已处于高位,相应的关断损耗增加。关断时间 t_{off} 为关断延迟时间 $t_{d(off)}$、电压上升时间 t_{rv} 与电流下降时间(t_{fi1}+ t_{fi2})之和。

可以看出,IGBT 中双极型 PNP 晶体管的存在,虽然可以增大器件的通流量,但也引入了少子存储现象,因而 IGBT 的开关速度要低于功率 MOSFET。

3. 主要参数

除了前面提到的各参数之外,IGBT 的主要参数还包括:

(1) 最大集射极间电压 U_{CEM},这是由器件内部的 PNP 晶体管所能承受的击穿电压所决定的,实际应用中应计算 IGBT 集射极两端的最大电压,并在选型时留有裕量。

(2) 最大集电极电流,包括额定电流 I_C 和 1ms 脉宽最大电流 I_{CP}。

(3) 最大集电极功耗 P_{CM},指在正常工作温度下允许的最大耗散功率。

2.7.3　IGBT 的驱动

IGBT 的输入阻抗高,属电压型控制器件,要求的驱动功率小,与功率 MOSFET 相似,故可使用功率 MOSFET 的驱动技术对 IGBT 进行驱动,不过通常由于 IGBT 的输入电容较功率 MOSFET 大,故 IGBT 的关断偏压应比功率 MOSFET 驱动电路提供的偏压更高。对 IGBT 驱动电路的一般要求如下:

(1) 栅极驱动电压。IGBT 导通时,正向栅极电压值应能使 IGBT 完全饱和,并使通态损耗减至最小,故应保证栅极驱动电压为 12～20V;而反向偏压应为 -15～-5V。

(2) 串联栅极电阻。IGBT 的导通与关断是通过栅极电路的充放电来实现的,因此栅极电阻对 IGBT 的动态特性会产生较大的影响。数值较小的栅极电阻能加快栅极电容的充放电,从而减小开关时间和开关损耗,但与此同时也降低了栅极的抗噪声能力,并可能导致栅极-发射极电容和栅极驱动导线的寄生电感产生振荡。

在设计 IGBT 驱动电路时,可使用分立元件组成驱动电路,也可使用 IGBT 专用集成驱动电路。IGBT 专用集成驱动电路是专用于 IGBT 的集驱动、保护等功能于一体的复合集成电路,中小功率的 IGBT 驱动器主要有富士公司的 EXB8×× 系列和夏普公司的 PC929 等,而针对价格比较昂贵的 IGBT 模块,目前应用比较多的专用驱动模块多来自于英飞凌公司、赛米控公司和瑞士 Concept 公司的产品。这里介绍一下在我国应用比较广泛的 EXB8×× 系列。

EXB8××系列的内部框图如图2-31所示。EXB8××系列 IGBT 专用集成驱动电路采用单列直插式封装,使用单电源20V供电,在输出脚3和1间产生约15V 的导通驱动电压,而通过内部稳压管在输出脚1和9间产生约–5V 的关断偏压。其内置过流保护电路,可通过检测 IGBT 在导通过程中的饱和压降来实施对 IGBT 的过流保护,同时提供过流检测输出信号,便于外部电路采集。

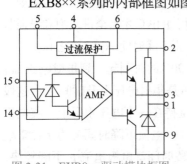

图2-31 EXB8××驱动模块框图

表 2-1 为 IGBT 驱动电路 EXB8××的应用电压电流范围。标准型驱动电路信号延迟时间为 4μs,最高运行频率为10kHz;高速型驱动电路信号最大延迟时间为1.5μs,最高运行频率为40kHz。

表 2-1 IGBT 驱动电路的应用电压电流范围

IGBT	600V IGBT 驱动		1200V IGBT 驱动	
	150A	400A	75A	300A
标准型	EXB850	EXB851	EXB850	EXB851
高速型	EXB840	EXB841	EXB840	EXB841

2.7.4 IGBT 的应用特点

IGBT 是性能理想的中、大容量的中、高速电压控制型器件,在通流能力方面,IGBT 综合了功率 MOSFET 与双极型晶体管的导电特性,在 1/2 或 1/3 额定电流以下时,晶体管的压降起主要作用,IGBT 的通态压降表现出负的温度系数;当电流较大时,功率 MOSFET 的压降起主要作用,则 IGBT 通态压降表现出正的温度系数,并联使用时也具有电流的自动均衡能力。事实上,大功率的 IGBT 模块内部就是由许多电流较小的芯片并联制成的。

由于 IGBT 包含双极型导电机制,其开关速度受制于少数载流子的复合,与功率 MOSFET 相比有较长的尾部电流时间,因此在设计电路时应考虑降低尾部电流时间引起的功率损耗。

2.8 其他电力电子器件

2.8.1 电力晶体管

电力晶体管(Giant Transistor,GTR)是一种由多子和少子同时参与导电的双极型大功率高反压晶体管,因此电力晶体管也简称 BJT(Bipolar Junction Transistor)。国际电工委员会(IEC)已规定电力晶体管用 BJT 缩写来表示,但由于 GTR 叫法已成习惯,故本书也遵循此习惯。GTR 属于全控型器件,工作频率可达 10kHz。GTR 为电流控制型器件,曾经被广泛用于不间断电源和交流电机调速等电力变流装置中,目前在比较先进的电力电子装置和高功率、高速开关设计方面已被功率 MOSFET 和 IGBT 所替代,但由于其制造工艺简单、价格低廉,控制线路较成熟,目前在一些传统电力电子电路中还有一定的应用。

2.8.2 集成门极换流晶闸管

集成门极换流晶闸管(Integrated Gate-Commutated Thyristor,IGCT)于 20 世纪 90 年代后

期由 ABB 公司开发成功,1997 年得到商品化,其结合了 IGBT 与 GTO 的优点,容量与 GTO 相当,目前的制造水平是 6500V/4200A 和 4500V/5500A,适用于功率 1～10MW,开关频率 50Hz～2kHz 的应用,已在高压变频调速系统和风力发电系统中得到应用。

　　IGBT 是在大功率晶体管基础上发展的,过流时通过撤除门极电压可关断器件;而 IGCT 是在晶闸管基础上发展的,其关断机理是通过在门极上施加负的关断电流脉冲,把阳极电流从阴极向门极分流,使原来的 PNPN 四层结构变成 PNP 三层结构,从而关断器件。由于负的关断电流脉冲限制,故 IGCT 有一个能关断的最大阳极电流值,超过此值器件便关不断,出现"直通"现象,IGCT 的额定电流就定义为这个最大可关断电流。

2.8.3　电子注入增强栅晶体管

　　电子注入增强栅晶体管(Injection Enhanced Gate Transistor,IEGT)最早由日本东芝公司研制生产,兼有 IGBT 和 GTO 两类器件的相关优点:低饱和压降,宽安全工作区,低栅极驱动功率和较高的工作频率。另外,IEGT 一般采用平板压接式电极引出结构,具有较高的可靠性。

　　与 IGBT 相比,IEGT 结构的主要特点是栅极长度较长,N 长基区近栅极侧的横向电阻值较高。因此,从集电极注入 N 长基区的空穴,不像在 IGBT 中那样,顺利地横向通过 P 区流入发射极,而是在该区域形成一层空穴积累层。为了保持该区域的电中性,发射极必须通过 N 沟道向 N 长基区注入大量的电子。这样就使 N 长基区发射极侧也形成了高浓度载流子积累,在 N 长基区中形成与 GTO 中类似的载流子分布,从而较好地解决了大电流、高耐压的矛盾。现有的 IEGT 器件电压、电流等级已达到 4.5kV/1.5kA 的水平,在中压大功率电力电子装置领域具有一定的应用前景。

2.9　采用新型半导体材料的电力电子器件

　　硅是目前电力电子器件使用最为广泛的半导体材料。然而,随着器件技术与工艺的不断进步,硅基电力电子器件性能已经接近了硅材料本身的物理极限。为了能较大幅度地提升电力电子器件的性能,新型电力电子器件常采用宽禁带半导体材料。表 2-2 为典型宽禁带半导体材料与硅材料特性的具体数值对比。

表 2-2　典型宽禁带半导体材料与硅材料特性的具体数值对比

材料	硅	碳化硅	氮化镓	金刚石
带隙/eV	1.1	3.3	3.39	5.5
击穿电场/($\times 10^8$V·m^{-1})	0.3	2.5	3.3	10
载流子饱和漂移速度/($\times 10^7$cm·s^{-1})	1	2	2	3
热导率/(W·(cm·K)$^{-1}$)	1.5	2.7	2.1	22
熔点/℃	1410	2700	1700	3800

宽禁带半导体材料指的是带隙较宽的半导体材料，其带隙一般大于 3eV。常见的宽禁带半导体材料包括碳化硅(SiC)、氮化镓(GaN)等。相比于传统的硅材料，宽禁带半导体材料具有更高的电子饱和漂移速度、击穿电压、温度、热导率等性能，因此宽禁带电力电子器件具备高频、高效、高压、高温、高抗辐射能力等特性。一代电力电子器件决定一代电力电子装置，宽禁带器件在国内被称为第三代功率半导体器件，可以显著提升电力电子装置的效率、功率密度等性能。此外，金刚石(C)等超宽禁带材料具备超高的耐压、抗辐射等性能，其在电力电子器件中的应用也开始受到关注，仍处于早期研发阶段。

1. 碳化硅材料

近年来，作为宽禁带材料的典型代表，SiC 因其出色的物理及电特性，越来越受到产业界的广泛关注，并成为新一代新能源变换器装置的关键。SiC 电力电子器件的重要优势在于具有高压(数十千伏)、高温(大于 500℃)特性，突破了硅半导体器件电压(数千伏)和温度(小于 175℃)的限制。目前 SiC 电力电子器件率先在中压领域实现了产业化，主流的商业产品电压等级在 600～1700V，随着高压碳化硅电力电子器件的发展，目前已经研发出了 19.5kV的碳化硅二极管、10kV 的碳化硅 MOSFET 和 13～15kV 碳化硅 IGBT 等。

主流碳化硅器件主要用于中大功率等级电力电子装置，如电动汽车驱动器、光伏逆变器等。由于功率等级较大，在实际装置中，碳化硅器件开关频率大多在几十千赫，不过随着驱动、电磁兼容、封装及布局、无源器件等技术的进步，碳化硅器件开关频率可以进一步提升，以进一步减小装置体积，增加功率密度。图 2-32 为典型 SiC MOSFET 内部结构图。

2. 氮化镓材料

氮化镓材料作为另一种典型的宽禁带半导体材料，基于它的电力电子器件与传统硅器件相比具有高频(数兆赫)、高温(可达 600℃)、高压(kV)等优势。当前，受限于氮化镓衬底材料的成本和量产工艺，氮化镓电力电子器件多为异质衬底(硅、蓝宝石或碳化硅)，因此器件结构以高电子迁移率晶体管(High Electron Mobility Transistor，HEMT)为主。GaN HEMT 器件(图 2-33)因其平面型结构，耐压能力较低，目前主流产品集中在 650V 及以下，主要应用于中低功率等级电力电子装置，如消费电子充电器、数据中心电源模块等场景。由于功率等级较低，相比碳化硅器件其开关损耗低，因此氮化镓器件开关频率在电力电子装置中可高

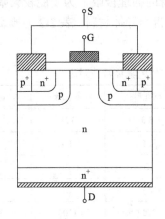

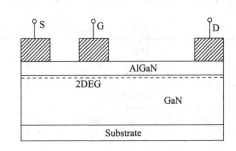

图 2-32 典型 SiC MOSFET 内部结构图　　　　图 2-33 GaN HEMT 器件内部结构图

达兆赫及以上，基于氮化镓器件的电源装置体积在功率等级不变下可以大幅缩小，即功率密度大幅提高。随着制备 6in 单晶衬底不断取得进展，已出现 1200V 垂直型 GaN 器件，在新能源汽车、光伏等领域与碳化硅器件形成竞争之势。极性超结 GaN-on-GaN 氮化镓器件的耐压能力甚至可以实现 10kV。

宽禁带器件理论上具备高频、高压(传统硅基器件最高工作结温 175℃，宽禁带器件可工作在 200℃以上)等优越性能，但目前封装技术主体沿用传统硅基功率半导体体系，限制了宽禁带芯片性能的充分发挥，因此亟须研发适应宽禁带芯片的封装技术。

2.10　电力电子器件封装

电力电子器件的制造过程

图 2-34 展示了一种典型的运用于实际工程中的完整电力电子器件内部结构,包括芯片、基板、底板、互连结构、密封材料、外壳等组成部分。总体来说，电力电子器件完整结构是通过对半导体芯片进行封装最终形成的。封装是电力电子器件制作过程中非常重要且必需的工艺技术环节，对芯片起到互连、散热、绝缘、保护等作用，对电力电子器件的电气性能、可靠性有重要影响。

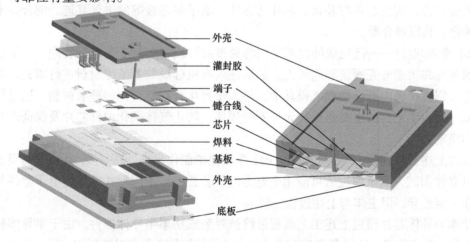

图 2-34　电力电子器件内部结构

图 2-35 展示了典型 IGBT 模块的封装工艺流程，包括划片-印刷-贴片-焊接-键合-灌胶/塑封等，具体的工艺流程如下：

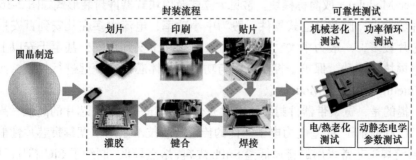

图 2-35　典型 IGBT 模块封装工艺流程

(1) 划片——IGBT 芯片通常以晶圆的形式提供给封装线。在一个晶圆上，通常有数百颗甚至更多的芯片连在一起，它们之间留有几十微米的间隙，此间隙被称为划片街区。将每一个具有独立电气性能的芯片分离出来的过程称为划片，晶圆通过划片工艺被切割成长方形的单体芯片，用于后续工艺步骤。

(2) 印刷——在芯片被贴装到基板之前，需要对基板进行焊料印刷。焊料根据熔点等不同可分为锡膏、银膏等不同种类。印刷对芯片与基板互连的质量影响很大，此工艺有三个重要部分：焊料、钢网模具和印刷设备。具体操作中，需要根据具体印刷对象仔细设计并摸索工艺参数，以获得良好的印刷效果。

(3) 贴片——贴片工艺是将芯片粘接在基板上，起到热、电和机械连接的作用。为了融化部分焊料以实现更牢靠的粘贴，有时贴片时也会对芯片施加一定温度和压力。

(4) 焊接——将上述贴装好芯片的基板通过回流焊设备，按一定温度曲线熔化预先印刷到基板上的焊膏并最终冷却凝固，实现芯片与基板的机械与电气可靠连接。此步除焊接外，烧结工艺也常采用，例如，用于碳化硅芯片与基板的银烧结互连工艺可以提高互连材料的耐高温性能。

(5) 键合——此工艺使用细金属线或带，利用热、压力、超声波能量使金属引线与基板焊盘紧密焊合，实现芯片与基板、芯片与芯片、端子与基板等的电气互连。键合技术有超声波键合、热压键合等。

(6) 灌胶/塑封——已完成的内部结构将通过灌胶或者塑封工艺进行装配。对于灌胶工艺，通常先将树脂外壳固定到底板上，然后注入有机硅凝胶等绝缘材料进行填充；对于塑封工艺，则直接将内部结构放入模具中，注入塑封化合物材料，如环氧树脂，通过压合形成外壳。此步工艺目的主要是保护元件不受损坏，防止气体氧化内部芯片及保证产品使用安全和稳定。

通过上述工艺流程，一个完整的 IGBT 模块便被制作出来。进一步，此模块需要进行充分的可靠性测试，测试通过后可应用于电力电子装置中。不同形式的电力电子器件封装流程存在一定差异，但主体与上述过程一致。

功率半导体芯片通过上述工艺流程最终被封装成功率半导体器件。由于半导体材料、芯片个数、功率等级、运用要求等不同，电力电子器件具有很多封装形式，同一种功率器件可以对应不同的封装形式，同一种封装形式也可以对应不同的器件。工程上通常将含有一颗芯片的器件称为分立式器件，或简称单管(Discrete Device)；将含有多颗芯片的器件称为模块式器件(Power Module)，或简称模块。常见分立式及模块式器件封装形式如图 2-36 所示。由于所含芯片数量少，因此分立式器件一般为中小功率，电流大多在几安到百安；而模块式器件所含芯片较多，一般为中大功率，电流一般从几十安到百安，甚至千安以上。为方便控制，功率模块将驱动、保护、控制电路与功率半导体芯片在一起进行封装，便构成智能功率模块(Intelligent Power Module)。

值得一提的是，宽禁带器件封装技术对充分发挥 SiC 或 GaN 芯片的高频、高温等特性至关重要，已有的基于 Si 基电力电子器件的传统封装技术制约了宽禁带芯片性能的充分发挥，例如，回流焊工艺常采用的普通低温 SnPb 焊料，熔点较低，制约了 SiC 芯片(可达 500℃)

的高温特性，而传统的铝丝键合技术会给器件带来较大的寄生电感，制约了 SiC 芯片的高频特性。因此，开发与宽禁带芯片特性相适应的封装技术十分必要。

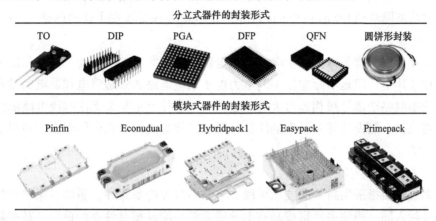

图 2-36　电力电子器件常见封装形式

银烧结，尤其是纳米银烧结，是适应 SiC 高温特性的重要封装技术，其可取代传统 Si 基功率器件焊接技术，使 SiC 功率器件工作温度大于 200℃，同时可以降低互连层热阻，并且提高互连机械强度。纳米银烧结利用纳米银颗粒，在 200～250℃环境下烧结形成的高导电性、高导热、高强度的互连层，烧结后的互连层可耐受 300℃以上的高温。银烧结技术已在 SiC 芯片与基板的互连或分立式器件与散热器互连中规模运用，根据互连对象在烧结时是否被施加压力，银烧结可分为有压银烧结和无压银烧结，在目前实际产品中，有压银烧结技术应用较为广泛。

除了银烧结互连技术外，还有不少其他适合碳化硅芯片的封装技术正在被研究。例如，无引线键合可以采用铜带，用于芯片互连以取代传统铝丝，这样可以降低寄生电感，同时提高载流能力；高温塑封采用能耐受超 200℃的塑封材料，以替代传统的 175℃以下的塑封料或灌封料，这样配合银烧结技术，可以实现整体功率器件耐温达 200℃以上；双面散热通过封装互连使得芯片正反面均可散热，而非传统封装单面散热模式，提高了功率器件载流能力以及功率密度。

2.11　电力电子集成技术

随着电力电子技术的飞速发展，电力电子技术已经深入到工业界和日常生活的每一个角落，电力电子装置的复杂度也随着使用要求的提高越来越高，因此，面向不同应用需要不同的电路和结构设计，以及伴随而来的热设计、电磁兼容设计，但是在实际功能上这些电路并没有显著的区别，这样就造成了大量的重复劳动，也对电力电子系统的广泛应用造成了障碍。

电力电子集成技术被认为是解决电力电子技术发展障碍的重要途径。电力电子集成概念的提出有十余年的历史，早期的思路是单片集成，即将主电路、驱动、保护和控制电路等全部制造在同一个硅片上。由于大功率的主电路元件和其他控制电路元件的制造工艺差别较大，还有高压隔离和传热的问题，故电力电子领域单片集成难度很大，而在中大功率范围内，只能采用混合集成的办法，将多个不同工艺的器件裸片封装在一个模块内，现在广泛使用的功率模块和IPM(Intelligent Power Module)模块都体现了这种思想。

1. 单片集成

所谓单片集成，就是拟把一套电力电子电路中的功率器件、驱动、控制和保护电路集成在同一片硅片上，但是实际应用中的电力电子系统电路通常是强电和弱电的结合，当控制电路和功率电路功率等级相差过大时，在同一片硅片上是基本无法解决电路隔离、电磁兼容、电路保护、热设计等一系列的问题，所以单片集成的思想仅体现在一些很小功率的电力电子系统上。

2. 混合集成

混合集成主要指采用封装的技术手段，将分别包含功率器件、驱动、保护和控制电路的多个硅片封入同一模块中，形成具有部分或完整功能且相对独立的单元。其中具有典型代表意义的就是被广泛应用的IPM模块，这种集成方法可以较好地解决不同工艺的电路之间的组合和高电压隔离等问题，具有较高的集成度，也可以有效地减小体积和重量，并且增加可靠性，但相对于自行设计的系统，采用混合集成模块在成本上通常要高出不少。

2.12   电力电子器件应用共性问题

2.12.1   电力电子器件的保护

在使用电力电子器件时，除了要注意选择参数合适的器件、设计有效的驱动电路，还要采取必要的措施，进行过电压和过电流保护。

1. 过电压保护

电力电子装置的过电压原因分为外因和内因。外因过电压主要来自雷击和系统中的操作过程等外部原因，如由分闸、合闸等开关操作引起过电压。而内因过电压主要来自电力电子装置内部器件的开关过程。

(1) 换相过电压。晶闸管或与全控型器件反并联的二极管在换相结束后不能立刻恢复阻断，因而有较大的反向电流流过，当恢复了阻断能力时，该反向电流急剧减小，会因线路电感在器件两端感应出过电压。

(2) 关断过电压。全控型器件关断时，正向电流迅速降低而由线路电感在器件两端感应出的过电压。

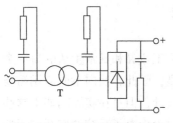

图 2-37   *RC* 过电压抑制电路
连接方法

除了采用专用的过压保护装置和器件，如压敏电阻和避雷器外，*RC* 过电压抑制电路最为常见。*RC* 过电压抑制电路可放置在变压器两侧和直流侧，其连接方法如图 2-37 所示。

2. 过电流保护

快速熔断器、快速断路器和过电流继电器都是专用的过电流保护装置，其中快速熔断器应用最为普及，图 2-38 为几种常用的快速熔断器连接方法。

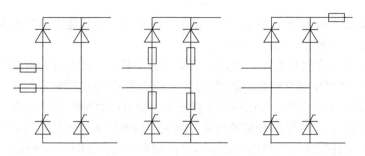

图 2-38　快速熔断器连接方法

对于全控器件来说，通过检测流过器件的电流来控制驱动电路是反应速度最快、最有效的过电流保护方法。在图 2-39 中，R为电流取样电阻，R 两端的电压 u_R 反映流过功率 MOSFET 管 VT电流 I 的大小。将 u_R 与预先设定的基准 V_{ref} 进行比较，当 $u_R > V_{ref}$时，比较电路动作，关闭驱动电路的输出信号，可达到过流保护的作用。在实际工程中，通常过流保护电路结合在检测和控制电路中，为实现检测电路和主电路的弱强电隔离，可采用电流霍尔传感器对流过开关管的电流进行隔离采样。

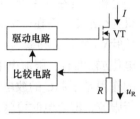

图 2-39　通过驱动电路实现过流保护的方法

3. RCD 缓冲电路

双脉冲测试
实验演示

图2-40(a)为以IGBT作为开关管的基本功率变换电路，通过控制开关管VT的开通和关断可调整负载R上的平均功率。图2-40(b)为对应的开关管VT的开通和关断过程中流过开关管的电流i_c和开关管集射极两端承受电压u_{ce}的变化情况。图中直流侧电压为E，故在开关管VT关断时，理论上u_{ce}应为E，但实际情况如图2-40(b)虚线所示，会出现一个电压尖峰。若关断电压尖峰高于开关管VT的耐压值，则会造成VT过压击穿。虽然直流侧一般有大容量滤波电容C存在，使得VT关断时理论上承受的电压为E，但在实际工程中滤波电容C到开关管VT之间并不是没有距离的。尤其是在大容量系统中滤波电容多采用螺栓式连接，电容C与开关管VT之间靠母排和电缆连接，即便是通过PCB板上的走线连接，也不可避免会存在分布电感。若将分布电感集中等效化，则实际电路拓扑如图2-40(c)所示。

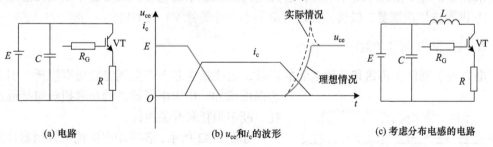

(a) 电路　　　　　　　　(b) u_{ce} 和 i_c 的波形　　　　　　　　(c) 考虑分布电感的电路

图 2-40　开关管开关过程

如图2-40(c)所示，设VT导通时导通电流为i_c，则VT关断时，VT承受的电压$u_V = L di_c/dt + E$。开关管VT在关断时，流过VT的电流迅速降到0，会产生很大的di/dt，导致开关管关断时产生如图2-40(b)中所示的过电压。因此实际工程中直流侧会通过采用叠层母排或双绞线的方法来降低分布电感L，也可通过加大关断时的驱动电阻来延长dt，这些都是降低$L di/dt$，进而降低关断电压u_V的有效方法。与此同时，在条件许可时，尤其是中小功率系统，添加RCD电压缓冲电路也是工程上切实有效的方法。

并联电容能有效抑制开关管VT关断时两端电压尖峰，如图2-41(a)所示，但带来的副作用是开关管VT关断时电容C_s储存的能量(约为$C_s E^2/2$)在VT导通时要全部释放掉，而此时C_s与VT之间没有任何限流元件，即C_s相当于被短路，则会产生瞬时较大的冲击电流。在VT开关频率较大的情况下，VT要承受频繁的冲击电流，极易损害开关管。有效的抑制电容C_s瞬时大电流放电的方法就是在其放电回路中串联限流电阻R_s，如图2-41(b)所示。

图2-41(b)所示RC吸收电路本身在实际工程中也得到了广泛应用，但多用于小容量系统。经分析，设在开关管VT关断电容C_s充电时，电容C_s的起始电压为0，则限流电阻R_s消耗的能量为$C_s E^2/2$。而在开关管VT导通电容C_s放电时，限流电阻R_s消耗的能量同样为$C_s E^2/2$。设开关管VT的开关频率为f，则限流电阻R_s消耗的功率为$C_s E^2 f$。当功率电路频率f较高或直流侧电压E较大时，限流电阻R_s功率会很大，导致电阻体积庞大而影响实际应用。如前所示，R_s的作用是限制C_s的放电电流，避免对开关管VT造成电流冲击，而在C_s充电时则没有必要进行限流，即充电时可将R_s旁路，故顺向并联二极管VD_s，这样限流电阻R_s消耗的功率就可降为$C_s E^2 f/2$，由此可得到完整的RCD电压缓冲电路，如图2-41(c)所示。

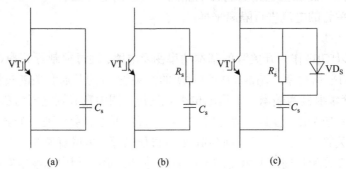

图 2-41　RCD 缓冲电路推演过程

该电路同样适用于其他全控器件，C_s 和 R_s 的取值可通过经验公式选取，但最终要通过实验来确定。为尽量减小线路电感，应选用内部电感小的电容，如后面介绍的无感电容，而 VD_s 则要选用快恢复二极管，额定电流不小于开关管 VT 的 1/10。

2.12.2　电力电子器件的散热

电力电子器件在传递和处理电能的同时，也要在管芯上产生相应的功率损耗，引起管芯温度增加。电力电子器件的功率损耗包括通态损耗、断态损耗和开关损耗。

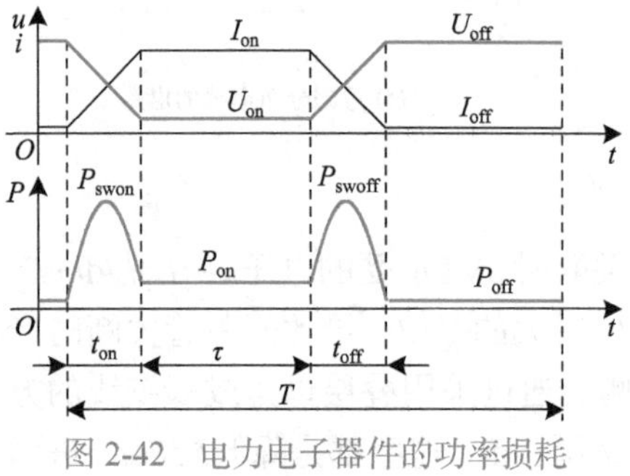

如图 2-42 所示，各项功率损耗可以用器件两端的电压 u 和流过的电流 i 的乘积所得的平均功率损耗 P 来表示，分别用下列式来表示：

$$P_{on} = \frac{1}{T}\int_0^\tau U_{on} I_{on}\,\mathrm{d}t \qquad (2\text{-}5)$$

$$P_{swon} = \frac{1}{T}\int_0^{t_{on}} ui\,\mathrm{d}t \qquad (2\text{-}6)$$

图 2-42　电力电子器件的功率损耗

$$P_{swoff} = \frac{1}{T} \int_0^{t_{off}} ui dt \tag{2-7}$$

$$P_T = P_{on} + P_{swon} + P_{swoff} \tag{2-8}$$

其中，P_{on} 为器件的导通损耗，P_{swon} 为从关断到开通过程中的损耗，P_{swoff} 为从开通到关断过程中的损耗，P_T 为器件工作过程中的耗散功率。

通常来说，由于电力电子器件关断时的漏电流非常小，断态损耗很小，可以忽略不计。在器件开关频率不高时，通态损耗 P_{on} 为器件损耗的主要部分，而器件开关频率较高时，开关损耗($P_{swon}+P_{swoff}$)则成为器件功率损耗的主要因素。如何降低电力电子器件的损耗，避免其过热造成器件损害是电力电子器件应用中必须考虑的问题。为了保证器件正常工作，必须规定最高允许结温，与最高结温对应的器件耗散功率即是器件的最大允许耗散功率。器件正常工作时不应超过最高结温和功耗的最大允许值，否则器件特性与参数将要产生变化，甚至导致器件产生永久性的烧坏现象。

管芯温度的高低与器件内部功耗的大小、管芯到外界环境的传热条件(传热机构、材料、冷却方式等)以及环境温度等有关。设法减小器件的内部功耗、改善传热条件，对保证器件长期可靠运行有极重要的作用。

为了便于散热，电力电子器件可加装散热器，结温升高后的散热过程和路线如下：管芯内部功耗产生的热能以传导方式由管芯传到固定它的外壳的底座上，再由外壳将部分热能以对流和辐射的形式传到环境中去，大部分热能则是通过底座直接传到散热器上，最后由散热器传到空气中。

工程实际中，结温通常是指芯片的平均温度，由于部分电力电子器件的芯片较大，温度分布是不均匀的，可能出现局部比最高允许结温高的过热点，导致器件损坏。所以规定的最高允许结温低于其本征失效温度，这被称为结温降额使用。

散热设计的主要任务就是根据器件的耗散功率 P_T，设计一个具有适当热阻的散热方式和散热器，以确保器件的管芯温度不高于额定结温 T_{Jm}。当散热器的环境温度为 T_A 时，从管芯到环境的总热阻为

$$R_{thJA} = \frac{T_{Jm} - T_A}{P_T} \tag{2-9}$$

热设计举例

在实际情况中常把总热阻 R_{thJA} 分成三部分。第一部分为从管芯到管壳的结-壳热阻 R_{thJC}，第二部分为从管壳到散热器的接触热阻 R_{thCH}，第三部分为从散热器到环境的散热器热阻 R_{thHA}。

图 2-43 为典型电力电子器件内部散热结构及其等效热阻模型。器件散热结构由三部分构成：芯片、芯片载体及导热底板、散热器。这里，芯片可以是 MOSFET、IGBT、二极管等器件的管芯，下面以 IGBT 器件为例介绍。

图 2-43(a)展示了典型的 IGBT 器件的内部结构及散热器。当 IGBT 器件工作时，芯片为整个结构的热源。假设芯片内部温度分布均匀，则其下表面温度 T_j 可代表芯片温度。芯片载体及导热基板下表面温度称为管壳温度 T_c，IGBT 器件通常使用导热硅脂与散热器连接，散热器上表面温度定为 T_h，环境温度用 T_a 表示。该结构的热阻模型如图 2-43(b)所示。其中 P_T 为 IGBT 芯片的功率损耗，R_{thJC} 为芯片载体及导热底板(即芯片与管壳之间)的热阻(Thermal resistance between Junction and Case)，R_{thCH} 为导热硅胶(即管壳与散热器之间)的热阻(Thermal resistance between Case and Heatsink)，R_{thHA} 为散热器热阻(Thermal resistance between Heatsink and Ambient)。热阻 R_{thJC} 与器件内部结构和材料有关，IGBT 厂商数据手册通常会提供数据。对于热阻 R_{thCH}，部分厂商也会提供建议适用的标准硅胶及其对应热阻。而热阻 R_{thHA} 与用户自己选择的散热器类型有关，厂商用户手册通常不提供数据。

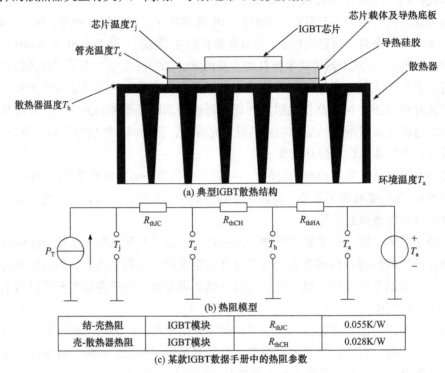

(a) 典型IGBT散热结构

(b) 热阻模型

结-壳热阻	IGBT模块	R_{thJC}	0.055K/W
壳-散热器热阻	IGBT模块	R_{thCH}	0.028K/W

(c) 某款IGBT数据手册中的热阻参数

图 2-43　典型 IGBT 散热结构及其热阻模型

要计算 IGBT 芯片温度，首先需计算 IGBT 芯片损耗 P_T，其分为导通损耗 P_{on} 和开关损耗 P_{sw}。损耗的准确计算需要结合电路拓扑，通过对 IGBT 器件选型，结合器件外特性和电路工作方式具体计算。此处，考虑某款 IGBT 模块，假设其损耗 $P_T = 790W$，散热器表面温度 $T_h = 80℃$，由图 2-43(c)可知其结壳热阻 $R_{thJC} = 0.055K/W$，则由式(2-9)可以简单算出，该 IGBT 芯片温度为 145.57℃，低于基于 Si 材料 IGBT 芯片的最大允许结温 175℃，可正常工作。

2.12.3　电感和电容

1. 电感

电感是电力电子电路中常用的元件，由于它的电流、电压相位相差 90°，因此理论损耗为零，是一种储能元件(储存磁能)，也常与电容共用在滤波器电路中，用于平滑电流。由于"磁通连续"性，电感上的电流必须是连续的，即电流不能突变，否则电感两端将会产生很高的电压。电感的绕制一般需绕制在磁性元件上(也可利用空气形成磁路，即所称的空心电感)，在进行电感设计时，要进行电感铁心材质和结构的选取，依据电感所采用的磁性材料和用途的不同，电感一般可分为工频电感和高频电感。其中工频电感一般采用硅钢片作为铁心，而高频电感则选用非晶合金等高频磁芯作为铁心，如图 2-44 所示。在电力电子主电路中，电感一般可作为储能电感或滤波电感使用，而在控制电路中常作为滤波电感使用。

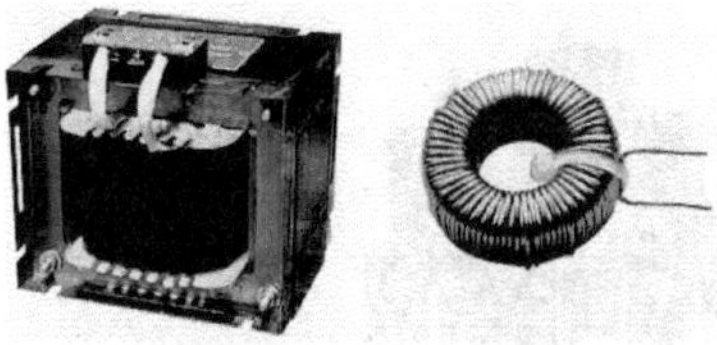

常用的几类铁心材质的基本特性参数如表 2-3 所示。

(a) 工频电感　　(b) 高频电感

图 2-44　常见的电感外形

表 2-3　铁心材质的基本特性参数

类别	名称	材料	磁导率	B_s/Gs	f_{max}/kHz
金属铁心	硅钢片	Si-Fe	~1800	20000	~10
	坡莫合金	Ni-Fe	~20000	7500	~30
	超级坡莫合金	Ni-Fe	~100000	7800	~30
	钴铁合金	Co-Fe	~800	24500	~30
	非晶合金	Fe(Ni, Co)	~100000	15000	~1000
铁粉磁芯	碳基铁粉芯	Fe	3~120	~9000	~300000
	铝硅铁粉芯	Al, Si, Fe	10~80	~9000	~1000
	坡莫合金铁粉芯	Mo, Ni, Fe	14~145	~8000	~300
铁氧体磁芯	锰锌铁氧体	Mn, Zn, Fe	1000~18000	~5000	~1000
	镍锌铁氧体	Ni, Zn, Fe	15~500	~3000	~100000

2. 电容

电容是电子线路中应用非常广泛的电子元件，它与电感一样，由于它的电流、电压相位相差 90°，因此理论损耗为零，也是储存电能的元件(储存电场能)，也常与电感共用在滤波器电路中，用于平滑电压。与电感的特性刚好对偶，电容的电压不能突变，否则会导致很大的尖峰电流。在电力电子电路中，电容常作为主电路的储能电容或滤波、吸收电容，而在控制电路中一般作为滤波电容使用。电容的种类多种多样，在电力电子回路中常用的电容如表 2-4 所示。

表 2-4　常见电容的基本特性参数

种类	电容量	额定电压	使用特点
聚酯电容	40pF~4μF	63~630V	体积小，可在直流或中低频脉动电路中作为旁路电容
聚苯乙烯电容	10pF~2μF	100V~40kV	绝缘电阻高，稳定性高，精度高，可用高频电路
聚丙烯电容	1000pF~10μF	63~2000V	绝缘电阻高，频率响应宽广，可用于高频电路
云母电容	10pF~0.1μF	100V~7kV	绝缘电阻高，温度系数小，损耗小，可用于高频电路
高频瓷介电容	1~6800pF	63~500V	高频损耗小，稳定性好，可用于高频电路
低频瓷介电容	10pF~4.7μF	50~100V	体积小，损耗大，稳定性差，可用于要求不高的低频电路
玻璃釉电容	10pF~0.1μF	63~400V	稳定性较好，损耗小，耐高温，可用于脉冲、耦合、旁路等电路
铝电解电容	0.47~12000μF	6.3~450V	容量大，损耗大，有极性，主要用作整流电路的电压平滑滤波电容
钽电解电容	0.1~1000μF	6.3~125V	损耗、漏电小于铝电解电容，有极性，可在要求高的电路中代替铝电解电容

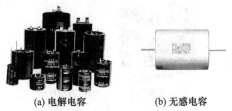

(a) 电解电容　　　　**(b) 无感电容**

图 2-45　铝电解电容和无感电容

其中，铝电解电容的单位体积容量比其他种类电容要大很多，且其额定容量可以做得很大，同时其价格与其他种类电容相比也有很大优势，故其在电力电子功率回路中应用非常广泛，如图 2-45(a)所示。而在电力电子吸收电路设计中，常采用无感电容，如图 2-45(b)所示。

本章小结

本章介绍了功率二极管(Power Diode)、晶闸管(SCR)、可关断晶闸管(GTO)、功率场效应晶体管(Power MOSFET)、绝缘栅双极晶体管(IGBT)等几种常用的半导体电力电子器件。

1) 根据开关器件开通、关断可控性的不同，可将开关器件分为三类。

(1) 不可控器件。功率二极管是不可控器件，其处于正向偏置时自然导通，而处于反向偏置时自然关断。

(2) 半控型器件。普通晶闸管及其派生器件属于半控型器件，当晶闸管承受正压时，在其控制极和阴极之间外加正向触发脉冲电流后，晶闸管从断态转入通态。一旦晶闸管导通后，撤除触发脉冲，晶闸管仍然处于通态，即控制极只能控制其导通而不能控制其关断，要使晶闸管关断，只能使其阳极和阴极之间的电压为零或反向，使其阳极电流低于维持电流。

(3) 全控型器件。GTO、Power MOSFET 和 IGBT 都是全控型器件，即通过控制极施加驱动信号既能控制其开通也能控制其关断。

2) 根据开通和关断所需控制极驱动信号的不同要求，可控开关器件又可分为电流型控制器件和电压型控制器件。SCR、GTO 为电流型控制器件，而 Power MOSFET 和 IGBT 为电压型控制器件。电流型控制器件的特点是导通压降小，通态损耗小(GTO 除外)，但所需驱动平均功率大，驱动电路较复杂，工作频率较低。电压型控制器件的特点是输入阻抗高，所需驱动平均功率小，驱动电路简单，工作频率高，但导通压降要大一些。

3) 按照电力电子器件内部电子和空穴两种载流子参与导电的情况，电力电子器件又可分为单极型器件、双极型器件和复合型器件。肖特基二极管和 Power MOSFET 只有一种载流子参与导电，故称为单极型器件；功率结型二极管、SCR 和 GTO 中电子和空穴两种载流子均参与导电，故称为双极型器件；而 IGBT 是由 MOSFET 和晶体管复合而成，属于复合型器件。

目前已广泛应用的电力电子器件中，电压和电流额定值最高的可控器件是 SCR，其次是 GTO，最小的是 Power MOSFET，允许工作频率最高的是 Power MOSFET，最低的是 SCR。在中、小功率装置中，IGBT 和 Power MOSFET 应用较为普及。

电力电子器件是利用外加电流或电压信号形成电场改变半导体器件的导电性能而使其处于通态和断态，与机械开关相比有两个特点。

(1) 其开通和关断过程比机械开关快几千倍到几万倍，可在很高频率下实现电能变换和控制。

(2) 处于通态时，半导体开关器件有一定数值的导通压降，处于断态时仍有很小的漏电流，而不是理想的导通和截止，其中通态时的导通压降所产生的功耗发热在设计和使用中是不容忽视的。

在电力电子变换和控制电路中，电力电子器件在通态和断态之间周期性转换，在任何瞬间其承受的电压、电流均不应超过允许值，其发热造成的温升也应通过散热手段控制在允许限定值内。设计者应根据所需电力变换的类型和特性要求，以及各类开关器件的优缺点，对性能和成本综合分析，从电力电子器件的应用手册和数据表中查阅器件的特性参数和安全工作区，合理选用电力电子器件。

思考与练习

简答题

2.1　试说明与信息系统中的电子器件相比电力电子器件的特点。

2.2　试比较电流驱动型和电压驱动型器件实现器件通断的原理。

2.3　试说明功率二极管为什么在正向电流较大时导通压降仍然很低，且在稳态导通时其管压降随电流的大小变化很小。

2.4　请解释普通二极管从零偏置转为正向偏置时，会出现电压过冲的原因。

2.5　比较肖特基二极管和普通二极管的反向恢复时间和通流能力。从减小反向过冲电压的角度出发，应选择恢复特性软的二极管还是恢复特性硬的二极管？

2.6　晶闸管串入如题 2.6 图所示的电路，试分析开关闭合和关断时电压表的读数。

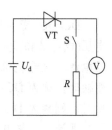

题 2.6 图

2.7　维持晶闸管导通的条件是什么？怎样才能使晶闸管由导通变为关断？

2.8　试分析可能出现的晶闸管的非正常导通方式有哪几种。

2.9　试解释为什么 Power MOSFET 的开关频率高于 IGBT、GTO。

2.10　从最大容量、开关频率和驱动电路三方面比较 SCR、Power MOSFET 和 IGBT 的特性。

2.11　分析电力电子装置产生过电压的原因。

2.12　在电力电子装置中常用的过电流保护有哪些？

2.13　试分析电力电子器件串并联使用时可能出现什么问题及解决方法。

2.14　采用 IGBT 作为功率开关器件，画出 RCD 缓冲电路，并分析 RCD 中各元件的作用。

2.15　电力电子器件为什么通常需要加装散热器？

计算题

2.16　如题 2.16 图所示，U 为正弦交流电 u_i 的有效值，VD 为二极管，忽略 VD 的正向压降及反向电流的情况下，说明电路工作原理，画出通过 R_1 的电流波形，并求出交流电压表 V 和直流电流表 A 的读数。

2.17　在题 2.17 图中，电源电压有效值为 20V，问晶闸管承受的正反向电压最高是多少？考虑安全裕量为 2，其额定电压应如何选取？

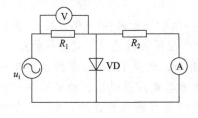

题 2.16 图

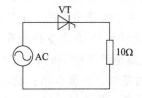

题 2.17 图

第 3 章

DC-DC 变换器

学习指导

　　DC-DC 变换器是指能将一定幅值的直流输入电压(或电流)变换成另一幅值的直流输出电压(或电流)的电力电子装置,主要应用于直流电压变换(升压、降压、升降压等)、开关稳压电源、直流电机驱动等场合。显然,当 DC-DC 变换器输入为电压源,并完成电压-电压变换时,称为 DC-DC 电压变换器;而当 DC-DC 变换器输入为电流源,并完成电流-电流变换时,则称为 DC-DC 电流变换器。习惯上所称的 DC-DC 变换器常指 DC-DC 电压变换器。

　　理论上,按其变换功能可将 DC-DC 变换器分为以下 4 种基本类型:

　　(1) 降压型 DC-DC 变换器,简称 Buck 变换器;

　　(2) 升压型 DC-DC 变换器,简称 Boost 变换器;

　　(3) 升-降压型 DC-DC 变换器,简称 Boost-Buck 变换器;

　　(4) 降-升压型 DC-DC 变换器,简称 Buck-Boost 变换器。

　　然而,工程上依据 DC-DC 变换器是否需要电气隔离,又可将其分为有变压器的隔离型 DC-DC 变换器和无变压器的非隔离型 DC-DC 变换器。为讨论方便,本章所简称的 Buck 变换器、Boost 变换器、Buck-Boost 变换器以及 Boost-Buck 变换器,除特加说明外,一般均指无隔离变压器的非隔离型 DC-DC 变换器。由于非隔离型 DC-DC 变换器是 DC-DC 变换器的基础,因此,本章首先着重讨论非隔离型 DC-DC 变换器的基本原理及其特性,然后介绍隔离型 DC-DC 变换器的基本原理及其特性。本章以 DC-DC 变换器为基本内容,着重于变换器电路构思与设计和变换器电路分析两个方面的训练,授课时以启发性思维的引导来提高学生电力电子技术的问题研究能力。建议重点学习以下主要内容:

　　(1) DC-DC 变换器基本电路构成的基本思路与换流分析(注意电流断续对换流状态的影响)。

　　(2) 开关变换器中电感、电容元件的基本特性——伏秒平衡特性(电感元件)、安秒平衡特性(电容元件),这是定量分析开关变换器的基础(学会应用该特性进行定量分析)。

　　(3) 电流连续条件下的 DC-DC 变换器基本特性分析,这是 DC-DC 变换器性能分析和参数设计的基础,主要包括:稳态增益、电感电流及电容电压脉动量、功率器件中的电压及电流关系等。具体授课时可以以某一变换器电路为例进行特性的详细分析,其余可由学生自学。

　　(4) 多象限和多相多重 DC-DC 变换器的结构特点和换流分析。

3.1　DC-DC 变换器的基本结构

工程上，一般将以开关管按一定控制规律调制且无变压器隔离的 DC-DC 变换器或输入输出频率相同的 AC-AC 变换器统称为斩波器(Chopper)。当完成 AC-AC 变换时，称为交流斩波器(AC Chopper)；而当完成 DC-DC 变换时，则称为直流斩波器(DC Chopper)。另外，称这种开关管按一定调制规律通断的控制为斩波控制。斩波控制按开关管调制规律的不同主要分为两种：

(1) 脉冲宽度调制(PWM，即脉宽调制)。这种控制方式是指开关管调制信号的周期固定不变，而开关管导通信号的宽度可调。

(2) 脉冲频率调制(PFM)。这种控制方式是指开关管导通信号的宽度固定不变，而开关管调制信号的频率可调。

在以上两种调制方式中，脉冲宽度调制控制方式是电力电子开关变换器最常用的开关斩波控制方式，也是本章讨论所涉及的主要开关控制方式。

直流斩波器实际上是一类基本的 DC-DC 变换器，按其直流输入输出相关量的大小关系(降、升、降-升、升-降)，这种基本的 DC-DC 变换器可分为：Buck 型 DC-DC 变换器、Boost 型 DC-DC 变换器、Buck-Boost 型 DC-DC 变换器、Boost-Buck 型 DC-DC 变换器等。以下分别讨论这类 DC-DC 变换器的基本结构。

3.1.1　Buck 型 DC-DC 变换器的基本结构

DC-DC 变换器主要完成电压变换或电流变换功能，那么如何完成这一变换呢？首先来讨论图 3-1 所示 DC-DC 电压变换和电流变换的基本原理电路。

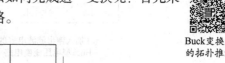

Buck变换器
的拓扑推演

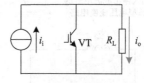

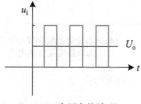

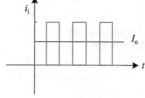

图 3-1　DC-DC 电压、电流变换原理电路及输入、输出波形

图 3-1(a)为基本的 DC-DC 电压变换原理电路，从图中可以看出：输入电压源 u_i 通过开关管 VT 与负载 R_L 相串联，当开关管 VT 导通时，输出电压等于输入电压，即 $u_o = u_i$；而当

开关管 VT 关断时,输出电压等于零,即 $u_o=0$。基本电压变换电路的输出电压波形如图 3-1(c)所示,显然,若令输出电流的平均值为 U_o,则 $U_o \leqslant u_i$,可见,图 3-1(a)所示的电压变换电路实现了降压型 DC-DC 变换器(Buck 电压变换器)的基本变换功能。

另外,图 3-1(b)为基本的 DC-DC 电流变换原理电路,从图中可以看出:输入电流源 i_i 通过开关管 VT 与负载 R_L 相并联,当开关管 VT 关断时,输出电流等于输入电流,即 $i_o=i_i$;而当开关管 VT 导通时,输出电流等于零,即 $i_o=0$。基本电流变换电路的输出电流波形如图 3-1(d)所示,显然,若令输出电流的平均值为 I_o,则 $I_o \leqslant i_i$。可见,图 3-1(b)所示的电流变换电路实现了降流型 DC-DC 变换器(Buck 电流变换器)的基本变换功能。

以上图 3-1(a)、(b)所示的原理电路分别实现了基本的 Buck 型电压变换和 Buck 型电流变换,但 Buck 型电压变换电路的输出电压和 Buck 型电流变换电路的输出电流均是脉动的,因此需进行改进。

为抑制输出电压、电流脉动,可在图 3-1(a)、(b)所示的基本原理电路中加入输出滤波元件(如电容 C、电感 L)如图 3-2(a)、(b)所示。然而,输出滤波元件的加入必然使变换电路中开关管 VT 的电压、电流应力增加,例如,由于 $u_o \neq u_i$,因此当如图 3-2(a)所示电路中的开关管 VT 导通时,会造成输入输出短路,以至于开关管 VT 流入很大的短路电流而毁坏;另外,如图 3-2(b)所示的电路中,由于 $i_o \neq i_i$,而当的开关管 VT 断开时,电感电流的突变将在电感 L 上感应出极高的电压,从而使开关管 VT 过电压而毁坏。

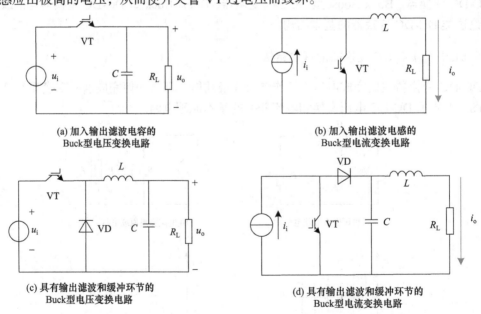

(a) 加入输出滤波电容的
Buck型电压变换电路

(b) 加入输出滤波电感的
Buck型电流变换电路

(c) 具有输出滤波和缓冲环节的
Buck型电压变换电路

(d) 具有输出滤波和缓冲环节的
Buck型电流变换电路

图 3-2   Buck 型变换器电路的构建

为了限制开关管的电压、电流应力,可以考虑在电路中加入适当的缓冲环节。在图 3-2(a)所示的 Buck 型 DC-DC 电压变换电路中,为了限制开关管 VT 导通时的电流应力,则将缓冲电感 L 串入开关管 VT 的支路中,为了避免开关管 VT 关断时缓冲电感 L 中电流的突变(减少电压应力),应加入续流二极管 VD,如图 3-2(c)所示;另一方面,在图 3-2(b)所示的 Buck 型 DC-DC 电流变换电路中,为了限制开关管 VT 关断时的电压应力,则将缓冲电容 C 并入开关管 VT 的两端,而为了避免开关管 VT 导通时缓冲电容两端电压的突变(减少电流应力),应加入阻断二极管 VD,如图 3-2(d)所示。一般将上述所加入的缓冲电感和续流二极管组成的电路或缓冲电容和阻断二极管组成的电路统称为缓冲电路或缓冲单元。

以上分析表明,DC-DC 变换电路中的储能元件(电容、电感)有滤波与能量缓冲两种基本功能。一般而言,滤波元件常设置在变换器电路的输入或输出,而能量缓冲元件常设置在变换器电路的中间。例如,针对图 3-2(c)(图 3-2(d))所示的 DC-DC 电压(电流)变换电路,由于输入为电压(电流)源,因此电路输入侧不需要滤波电容(电感),但电路的输出侧则需要滤波,即图 3-2(c)(图 3-2(d))所示的电容 C(电感 L)起滤波作用,而图 3-2(c)(图 3-2(d))所示的电感 L(电容 C)就是起能量缓冲作用。

显然,图 3-2(c)、(d)所构建的电路就是结构较为完善的 Buck 型电压变换器(或称为 Buck 型电压斩波器)和 Buck 型电流变换器(或称为 Buck 型电流斩波器)电路。

3.1.2　Boost 型 DC-DC 变换器的基本结构

以上讨论了 Buck 型变换器的构建,那么,如何实现升压型(Boost)的电压变换和升流型(Boost)的电流变换呢? 实际上,若考虑变换器输入、输出能量的不变性(忽略电路及元件的损耗),则 Buck 型电压变换器在完成降压变换的同时也完成了升流(Boost)变换,同理 Buck 型电流变换器在完成降流变换的同时也完成了升压变换。可见,Boost 型电压变换和 Buck 型电流变换以及 Boost 型电流变换和 Buck 型电压变换存在功能上的对偶性,因此从图 3-2(c)、(d)所示的 Buck 型电压变换器和 Buck 型电流变换器电路出发,便可以导出 Boost 型电流变换器和 Boost 型电压变换器电路。

首先观察图 3-2(d)所示的 Buck 型电流变换器电路,为了将其转化为 Boost 型电压变换器电路,首先将 Buck 型电流变换器电路中的输入电流源转化为电压源。当假设变换器电路中开关管的开关频率(单位时间内开关管的通断次数)足够高时,图 3-2(d)所示的 Buck 型电流变换器电路中的输入电流源支路可以用串联电感的电压源(L_i、u_i)支路取代,如图 3-3(a)所示,此时,变换器电路的基本性能不变。若令变换器电路中的开关管、二极管、电容、电感均为理想无损元件时,则图 3-3(a)所示电路的输入功率应等于其输出功率,即 $u_i i_i = u_o i_o$。由于该变换器电路的 Buck 型变换功能,使 $i_o \leqslant i_i$,因此,$u_o \geqslant u_i$。可见,图 3-3(a)所示电路为 Boost 型电压变换器电路,或简称为 Boost 型电压斩波器。另外,考虑到图 3-3(a)所示电路中滤波电容 C 的稳压作用以及该电路的电压-电压变换功能,因此,输出滤波电感 L 是冗余元件,可以省略。结构简化后的 Boost 型电压变换器电路如图 3-3(c)所示。

与上述分析类似,针对图 3-2(c)所示的 Buck 型电压变换器电路,为了将其转化为 Boost 型电流变换器电路,首先可以将 Buck 型电压变换器电路中的输入电压源转化为电流源。当变换器电路中开关管的开关管频率足够高时,图 3-2(c)所示的 Buck 型电压变换器电路中的输入电压源支路可以用并联电容的电流源(C_i、i_i)支路取代,如图 3-3(b)所示。此时,变换器电路的基本性能不变。若令变换器电路中的开关管、二极管、电容、电感均为理想无损元件时,则图 3-3(b)所示电路的输入功率等于输出功率,即 $u_i i_i = u_o i_o$,由于该变换器电路的降压变换功能,使 $u_o \leqslant u_i$,因此,$i_o \geqslant i_i$。可见,图 3-3(b)所示电路为 Boost 型电流变换器电路,或简称为 Boost 型电流斩波器。另外,考虑到 3-3(b)所示电路中滤波电感 L 的稳流作用以及该电路的电流-电流变换功能，因此，输出滤波电容 C 是冗余元件，可以省略。结构简化后的 Boost 型电流变换器电路如图 3-3(d)所示。

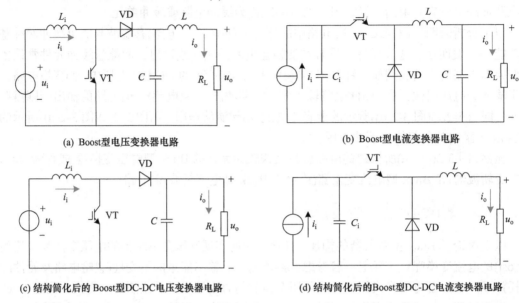

(a) Boost型电压变换器电路

(b) Boost型电流变换器电路

(c) 结构简化后的 Boost型DC-DC电压变换器电路

(d) 结构简化后的Boost型DC-DC电流变换器电路

图 3-3   Boost 型变换器电路

3.1.3   Boost-Buck 型 DC-DC 变换器的基本结构

以上研究了 Buck 型、Boost 型变换器电路的构建,观察相关的电路拓扑不难发现:Boost 型电压变换器电路与 Buck 型电流变换器电路相互对偶; Buck 型电压变换器电路与 Boost 型电流变换器电路相互对偶。因此,若已知某种升(降)压电压变换器电路,则相应的降(升)流电流变换器电路可以利用对偶原理求出。

以上构建了 Buck 型、Boost 型变换器电路,那么如何在 Buck 型、Boost 型变换器电路基础上构建 Boost-Buck(升-降)型或 Buck-Boost(降-升)型变换器呢? 实际上,只要将 Buck 型、Boost 型变换器电路相互串联并进行适当化简,即可构建 Boost-Buck 型或 Buck-Boost 型变换器。

为了构建 Boost-Buck 型电压变换器电路,可以考虑采用 Boost-Buck 串联结构,即输入级采用图 3-3(c)所示的 Boost 型电压变换器电路,而输出级则采用图 3-2(c)所示的 Buck 型电压变换器电路,并将 Boost 型电压变换器电路的输出与 Buck 型电压变换器电路的输入串联,串联时:输入级 Boost 型电压变换器电路的输出负载省略,而输出级 Buck 型电压变换器电路的输入电压源省略,串联后的电压变换器电路如图 3-4(a)所示。然而, 图 3-4(a)所示的 Boost-Buck 串联结构电路中, 由于存在两只开关管和两只二极管,因而有必要省略冗余元件以使电路简化。实际上, 若假设两电路串联后的开关管 VT_1、VT_2 为同步斩波开关管,即开关管 VT_1、VT_2 同时通、断,则有可能使电路得以进一步简化,具体简化步骤如下:

(1) 当开关管 VT_1、VT_2 导通时, 所构成的两个独立的电流回路拓扑如图 3-4(b)所示;

(2) 当开关管 VT_1、VT_2 关断时, 所构成的两个独立的电流回路拓扑如图 3-4(c)所示;

(3) 观察图 3-4(b)所构成的两个独立的电流回路(开关管 VT$_1$、VT$_2$ 导通)，并将 VT$_1$、VT$_2$ 合并为 VT$_{1,2}$，所得等效电路如图 3-4(d)所示;

(4) 观察图 3-4(c)所构成的两个独立的电流回路(开关管 VT$_1$、VT$_2$ 关断)，并将 VD$_1$、VD$_2$ 合并为 VD$_{1,2}$，所得等效电路如图 3-4(e)所示。

综合分析图 3-4(d)、(e)所示等效电路，并使所得变换器电路的输入输出有公共电位参考点，因此，简化后的基于 Boost-Buck 串联结构的 Boost-Buck 型电压变换器电路如图 3-4(f)所示。

需要注意的是:图 3-4(f)所示的 Boost-Buck 型电压变换器，虽然其电路结构得到了简化，但是变换器输入输出电压的极性则由原来的同向极性变为反向极性。

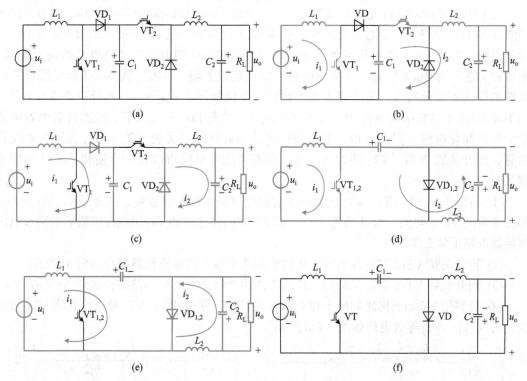

图 3-4　Boost-Buck 型电压变换器的构建及其简化

由于是 Slobodan Cuk 于 1980 年首次深入研究了 Boost-Buck 串联结构的变换器，因此通常称 Boost-Buck 型电压变换器为 Cuk 变换器。如果将 Cuk 变换器的输入电感和输出电感支路用电流源替代，则可得到相应的 Buck-Boost 型电流变换器。

另外，针对 Cuk 变换器输入输出电压反向极性的不足，将 Cuk 变换器的输入环节或输出环节加以改造，可以得到输入输出电压同向极性的 Boost-Buck 型电压变换器，即所谓的 Sepic 变换器和 Zeta 变换器，如图 3-5 所示。进一步研究表明，Sepic 变换器和 Zeta 变换器与 Cuk 变换器具有相同的稳态电压增益，但 Sepic 变换器的输入输出电流连续，而 Zeta 变换器的输入电流则断续。

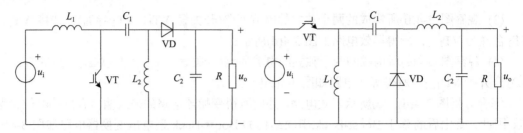

图 3-5　Sepic 变换器和 Zeta 变换器电路

3.1.4　Buck-Boost 型 DC-DC 变换器的基本结构

　　为了构建 Buck-Boost 型电压变换器，可以考虑采用 Buck-Boost 串联结构，即输入级采用图 3-2(c)所示的 Buck 型电压变换器电路，而输出级则采用图 3-3(c)所示的 Boost 型电压变换器电路，并将 Buck 型电压变换器电路的输出与 Boost 型电压变换器电路的输入串联。串联时：输入级 Buck 型电压变换器电路的输出负载省略，而输出级 Boost 型电压变换器电路的输入电压源省略，两级变换器串联后的电路如图 3-6(a)所示。然而，图 3-6(a)所示的 Buck-Boost 串联结构电路中，由于存在两只开关管和两只二极管，因而有必要省略冗余元件以简化电路。同上分析，若假设两电路串联后的开关管 VT_1、VT_2 为同步斩波开关管，即开关管 VT_1、VT_2 同时通、断，则有可能使电路得以进一步简化，具体简化步骤如下：

　　(1) 将图 3-6(a)中 VT_1、VT_2 之间的 T 型储能网络中的电容省略，并合并 L_1、L_2 为 L_{12}，如图 3-6(b)所示。显然，合并后的 VT_1、VT_2 之间的储能电感 L_{12} 仍能使串联后的两级电压变换器电路正常工作。

　　(2) 当开关管 VT_1、VT_2 导通时，所构成的两个独立的电流回路拓扑如图 3-6(c)所示。

　　(3) 当开关管 VT_1、VT_2 关断时，所构成的两个独立的电流回路拓扑如图 3-6(e)所示。

　　(4) 观察图 3-6(c)所构成的两个独立的电流回路(开关管 VT_1、VT_2 导通)，并将 VT_1、VT_2 合并为 VT_{12}，所得等效电路如图 3-6(d)所示。

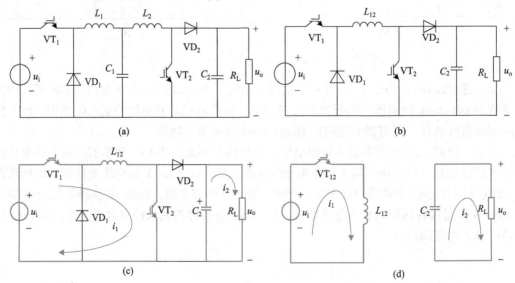

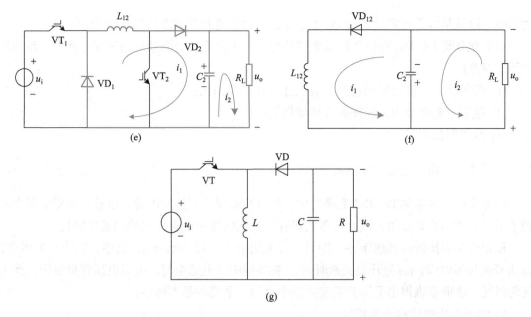

图 3-6　Buck-Boost 型 DC-DC 变换器及其简化

(5) 观察图 3-6(e)所构成的两个独立的电流回路(开关管 VT$_1$、VT$_2$ 关断)，并将 VD$_1$、VD$_2$ 合并为 VD$_{12}$，所得等效电路如图 3-6(f)所示。

综合分析图 3-6(d)、(f)所示等效电路，并使所得变换器电路的输入输出有公共电位参考点，因此，简化后的基于 Buck-Boost 串联结构的 Buck-Boost 型电压变换器电路如图 3-6(g)所示。显然与 Boost-Buck 型变换器类似：图 3-6(g)所示的 Buck-Boost 型电压变换器，虽然其电路结构得到了简化，但是变换器输入输出电压的极性则由原来的同向极性变为反向极性。

对比图 3-4(f)、图 3-6(g)所示的 Boost-Buck 型电压变换器和 Buck-Boost 型电压变换器电路可以看出：两者的输入输出电压极性均为反向极性，相对于 Boost-Buck 型电压变换器电路，Buck-Boost 型电压变换器电路结构简单，并且其中的储能元件也较少。但是，Buck-Boost 型电压变换器的输入和二极管输出电流均为断续的脉动电流，而 Boost-Buck 型电压变换器中由于输入输出均有电感，因此变换器的输入输出电流一般情况下均为连续电流(轻载时电流可能断续)。

3.2　DC-DC 变换器换流及其特性分析

以上讨论了各类 DC-DC 变换器的基本结构，考虑到实际应用以及电流变换器和电压变换器的对偶关系，以下主要研究 DC-DC 电压变换器，并分别简称为 Buck 变换器、Boost 变换器、Buck-Boost 变换器、Boost-Buck 变换器，且各 DC-DC 变换器的开关调制均采用 PWM 控制。

在讨论了如何根据输入输出的变换要求来构建 DC-DC 变换器的基本电路之后，那么在实际应用中如何根据具体的 DC-DC 变换器电路来分析其基本换流过程以及基本的输入输出关系呢？这就是以下所需讨论的 DC-DC 变换器的换流及其基本特性分析问题。

为简化各类 DC-DC 变换器的基本特性分析，所讨论的变换器均为理想变换器，且满足以下理想条件：

(1) 开关管、二极管瞬间通断，且无通态和开关损耗；

(2) 电容、电感均为无损耗的理想储能元件；

(3) 线路阻抗为零。

3.2.1　开关变换器中电容、电感的基本特性

在上述讨论的各类 DC-DC 变换器中，作为能量缓冲元件的电容、电感，在变换器中起到了不可替代的重要作用，因此，首先研究开关变换器中电容、电感的基本特性。

根据开关变换器的理想条件，即每个开关周期 T_s 中($T_s = t_{on} + t_{off}$，其中，T_s 为开关周期；t_{on} 为开关导通时间；t_{off} 为开关关断时间)，变换器中的电感电流、电容电压保持恒定，且无任何损耗。因而不难得出下面开关变换器中电容、电感的基本特性。

1) 电感电压的伏秒平衡特性

稳态条件下，理想开关变换器每个开关周期中电感电流的净变化量为零，因此

$$\frac{1}{L}\int_0^{T_s} u_L dt = \frac{1}{L}\int_0^{t_{on}} u_L dt + \frac{1}{L}\int_0^{t_{off}} u_L dt = 0 \rightarrow u_{Lton} t_{on} + u_{Ltoff} t_{off} = 0 \qquad (3\text{-}1)$$

式(3-1)即为伏秒平衡方程。

2) 电容电流的安秒平衡特性

稳态条件下，理想开关变换器每个开关周期中电容电压的净变化量为零，因此

$$\frac{1}{C}\int_0^{T_s} i_C dt = \frac{1}{C}\int_0^{t_{on}} i_C dt + \frac{1}{C}\int_0^{t_{off}} i_C dt = 0 \rightarrow i_{Cton} t_{on} + i_{Ctoff} t_{off} = 0 \qquad (3\text{-}2)$$

式(3-2)即为安秒平衡方程。

3.2.2　Buck 变换器换流及其特性分析

1. Buck 变换器的换流状态

Buck 变换器的电路结构如图 3-2(c)所示，根据其中开关管和二极管不同的通、断组合，可形成不同的开关换流状态，Buck 变换器不同开关状态时的换流电路如图 3-7 所示。

非隔离DC-DC变换器仿真

通过图 3-7 所示的 Buck 变换器不同换流状态时的换流电路分析，不难看出：图 3-7(b)、(c)所示开关状态 1、2 对应的换流表示了 Buck 变换器电流连续时的工作过程；图 3-7(b)、(c)、(d)所示开关状态 1、2、3 对应的换流表示了 Buck 变换器电流断续时的工作过程。值得注意的是，变换器的电流连续工作状态是指变换器中可控开关管和二极管对应开关状态的连续切换，这种状态一般需要变换器缓冲元件中电流连续来保证。为了使得如图 3-7 所示的 Buck 变换器处于电流连续工作状态，必须使得 VT 和 VD 对应的开关状态(如图 3-7(b)、(c)所示的开关状态 1 和开关状态 2)连续切换，为此缓冲元件中的电感电流必须连续。

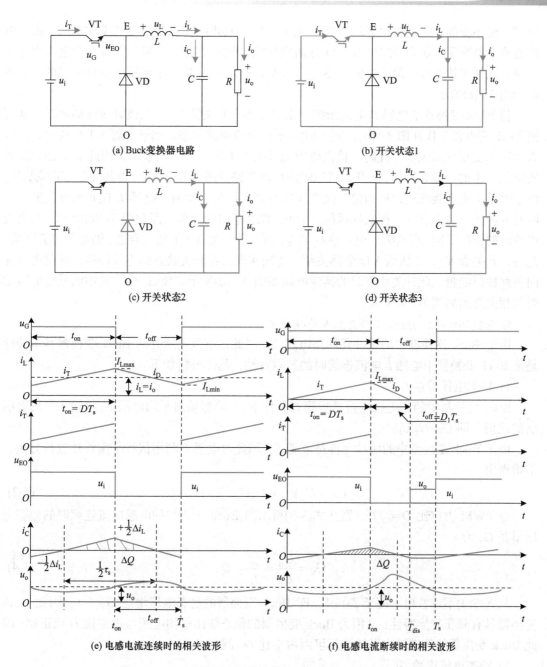

(a) Buck变换器电路　　　　　　　　　　　(b) 开关状态1

(c) 开关状态2　　　　　　　　　　　　　(d) 开关状态3

(e) 电感电流连续时的相关波形　　　　　　(f) 电感电流断续时的相关波形

图 3-7　Buck 变换器不同换流状态时的换流电路及相关波形

　　当电感电流 $i_L>0$ 时，Buck 变换器工作在电流连续状态；当一段时间中存在 $i_L=0$，则 Buck 变换器工作在电流断续状态；若只有某一瞬时时刻存在 $i_L=0$，则 Buck 变换器工作在临界状态，而临界状态是电流连续状态的一种特例。

　　若 Buck 变换器中电感 L 电流连续，则由于其中开关管 VT、二极管 VD 的通断，从而使 Buck 变换器工作在图 3-7(b)、(c)所示的换流电路状态。当开关管 VT 导通时，二极管 VD 承受反压而关断，此时，输入电源通过电感 L 向负载传输能量，因此 i_T 增加，从而使电感 L

中的磁能亦增加，此开关状态时的换流电路如图 3-7(b)所示；当开关管 VT 关断时，由于电感电流不能突变，从而使二极管 VD 导通而续流，此时，电感 L 向负载释放能量，因此 i_L 减少，此开关状态时的换流电路如图 3-7(c)所示。Buck 变换器中电感电流连续时的相关波形如图 3-7(e)所示。

若 Buck 变换器中电感 L 电流断续，则由于其中开关管 VT、二极管 VD 的通断，从而使 Buck 变换器工作在图 3-7(b)、(c)、(d)所示的换流电路状态。当开关管 VT 导通时，二极管 VD 承受反压而关断，此时，输入电源通过电感 L 向负载传输能量，因此 i_T 增加，从而使电感 L 中的磁能亦增加，此开关状态时的换流电路如图 3-7(b)所示；当开关管 VT 关断时，由于电感电流不能突变，从而使二极管 VD 导通而续流，此时，电感 L 向负载释放能量，因此 i_L 减少，并且在 VT 再次导通前，$i_L > 0$，此状态时的换流电路如图 3-7(c)所示；与电流连续时的情况不同，当电感 L 电流衰减到零以前，若开关管 VT 还未导通，则电感电流断续，此时，开关管 VT、二极管 VD 全都关断，无法实现两者开关状态的连续切换，并仅由电容向负载提供能量，此开关状态时的换流电路如图 3-7(d)所示。Buck 变换器中电感电流断续时的相关波形如图 3-7(f)所示。

2. 电流连续时的 Buck 变换器基本特性分析

由于 Buck 变换器中的缓冲元件是电感 L，因此，电流连续时的 Buck 变换器基本特性是指 Buck 变换器中电感 L 电流连续时的基本特性，具体分析如下。

1) 稳态电压增益 G_V

Buck 变换器的稳态电压增益是指稳态条件下，变换器输出平均电压 U_o 与输入平均电压 U_i 的比值，即 $G_V = U_o/U_i$。

由于 Buck 变换器中的缓冲元件是电感 L，因此对电感 L 利用伏秒平衡特性进行分析，不难得出

$$(U_i - U_o)t_{on} = U_o(T_s - t_{on}) \tag{3-3}$$

令 PWM 占空比 $D = t_{on}/T_s$，则从式(3-3)可求出 Buck 变换器的电感电流连续时的稳态电压增益 G_V 为

$$G_V = \frac{U_o}{U_i} = \frac{t_{on}}{T_s} = D \tag{3-4}$$

从式(3-4)不难看出：由于 $D \leqslant 1$，即 Buck 变换器的稳态电压增益 $G_V \leqslant 1$，因此 Buck 变换器具有降压变换特性；又因为 Buck 变换器的稳态输出平均电压与占空比 D 成正比，因此 Buck 变换器的稳态输出平均电压可由占空比 D 控制。

2) 稳态电流增益 G_I

Buck 变换器的稳态电流增益是指稳态条件下，变换器输出电流平均 I_o 与输入平均电流 I_i 的比值，即 $G_I = I_o/I_i$。

由于讨论的是无损的理想变换器，因此变换器的输入、输出功率平衡，即 $I_iU_i = I_oU_o$，这样，通过式(3-4)容易求出 Buck 变换器电感电流连续时的稳态电流增益 G_I 为

$$G_I = \frac{I_o}{I_i} = \frac{U_i}{U_o} = \frac{1}{D} \tag{3-5}$$

从式(3-5)不难看出：由于 $D \leqslant 1$，即 Buck 变换器的稳态电流增益 $G_I \geqslant 1$，因此 Buck 变

换器具有增流变换特性；又因为 Buck 变换器的稳态输出平均电流 I_o 与占空比 D 成反比，因此 Buck 变换器的稳态输出平均电流可由占空比 D 控制。

3) 稳态电感电流脉动量

由于有限的电感和有限的开关频率，因此，稳态条件下，Buck 变换器的电感电流是脉动。如图 3-7(e)所示，令 $t=0$ 时，开关管 VT 导通，若电容 C 足够大，此时，电容电压近似不变，而电感电流 i_L 线性增加，当 $t=DT_s=t_{on}$ 时，电感电流 i_L 增加至最大值 I_{Lmax}。根据电感的电压、电流的关系即 $u_L=L\mathrm{d}i_L/\mathrm{d}t \approx L\Delta i_L/\Delta t$，容易导出 $t=0\sim t_{on}$ 期间(开关管 VT 导通)的电流增量 Δi_L^+ 为

$$\Delta i_L^+ = \frac{U_i - U_o}{L}t_{on} = \frac{(U_i - U_o)DT_s}{L} \tag{3-6}$$

同理，令 $t=t_{on}$ 时，开关管 VT 关断，若电感 L、电容 C 足够大，此时，电容电压近似不变，i_L 线性减小，当 $t=T_s$ 时，电感电流 i_L 减小至最小值 I_{Lmin}。显然，$t=t_{on}\sim T_s$ 期间(开关管 VT 关断)的电流增量 Δi_L^- 为

$$\Delta i_L^- = \frac{U_o}{L}(T_s - t_{on}) = \frac{U_o(1-D)T_s}{L} \tag{3-7}$$

稳态时，$\Delta i_L^+ = \Delta i_L^- = \Delta i_L$，且电容 C 的平均电流为零，电感电流最大值 I_{Lmax}、最小值 I_{Lmin} 分别为

$$I_{Lmax} = I_o + \frac{1}{2}\Delta i_L = \frac{U_o}{R}\left[1 + \frac{R}{2L}(1-D)T_s\right] \tag{3-8}$$

$$I_{Lmin} = I_o - \frac{1}{2}\Delta i_L = \frac{U_o}{R}\left[1 - \frac{R}{2L}(1-D)T_s\right] \tag{3-9}$$

4) 开关管 VT 的电流、电压的定量关系

由图 3-7(b)、(c)不难分析出电流连续时 Buck 变换器中开关管 VT 的电流、电压的定量关系：

(1) 流过开关管 VT 的平均电流 I_{VT} 和变换器的输入平均电流 I_i 相等，即 $I_{VT}=I_i=DI_o$；

(2) 流过开关管 VT 的最大电流 I_{VTmax} 和变换器电感电流最大值 I_{Lmax} 相等，即 $I_{VTmax}=I_{Lmax}$；

(3) 流过开关管 VT 的最小电流 I_{VTmin} 和变换器电感电流最小值 I_{Lmin} 相等，即 $I_{VTmin}=I_{Lmin}$；

(4) 开关管关断时所承受的正向电压等于变换器的输入电压。

5) 二极管 VD 的电流、电压

由图 3-7(b)、(c)不难分析出电流连续时 Buck 变换器中二极管 VD 的电流、电压的定量关系：

(1) 由于二极管 VD 与开关管 VT 互补通断，且 $I_{VT}=DI_o$，因此流过二极管 VD 的平均电流 I_{VD} 满足：$I_{VD}=(1-D)I_o$；

(2) 流过二极管 VD 的最大电流 I_{VDmax} 和变换器电感电流最大值 I_{Lmax} 相等，即 $I_{VDmax}=I_{Lmax}$；

(3) 流过二极管 VD 的最小电流 I_{VDmin} 和变换器电感电流最小值 I_{Lmin} 相等，即 $I_{VDmin}=I_{Lmin}$；

(4) 二极管 VD 截止时所承受的反向电压等于变换器的输入电压。

6) 稳态输出电压脉动量

由于有限的输出电容和有限的开关频率，因此，稳态条件下，Buck 变换器的输出电压

u_o存在脉动,如图 3-7(e)所示。根据电容电压与电容电荷量之间的正比关系,输出电压脉动量 ΔU_o 应与电容电荷脉动量 ΔQ,即 $\Delta U_o = \Delta Q/C$。因此,求取输出电压脉动量 ΔU_o,关键在于求取电容电荷脉动量 ΔQ,而电容电荷量的脉动是由电容充放电所致。观察图 3-7(e),根据 Buck 变换器的电路结构,当电感电流 $i_L \geq I_o$ 或 $i_C \geq 0$ 时,输出电容充电,反之则放电。由于电容电荷量是电容电流的积分,而稳态时电容的平均电流为零,因此由图 3-7(e)分析容易得出电容电荷变化量为 $\Delta Q = [(\Delta i_L/2)/2](T_s/2) = \Delta i_L/(8f_s)$。综合以上分析,由于开关频率 $f_s = 1/T_s$ 且 $\Delta i_L^+ = \Delta i_L^- = \Delta i_L$,考虑式(3-7),这样,Buck 变换器的稳态输出电压脉动量 ΔU_o 为

$$\Delta U_o = \frac{\Delta Q}{C} = \frac{(1-D)U_o}{8LCf_s^2} \qquad (3\text{-}10)$$

值得注意的是,以上分析了电流连续条件下的 Buck 变换器基本特性,而对于电流断续时的 Buck 变换器基本特性分析,可参阅相关文献,这里不再赘述。

【例3-1】 如图 3-8 所示,Buck 电路中工作在 CCM 模式,$U_i = 100V$,开关频率 $f_s = 20\text{kHz}$。

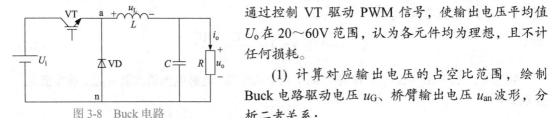

图 3-8　Buck 电路

通过控制 VT 驱动 PWM 信号,使输出电压平均值 U_o 在 $20 \sim 60V$ 范围,认为各元件均为理想,且不计任何损耗。

(1) 计算对应输出电压的占空比范围,绘制 Buck 电路驱动电压 u_G、桥臂输出电压 u_{an} 波形,分析二者关系;

(2) 分析 u_{an} 的谐波成分,输出侧 LC 滤波器的截止频率如何设计?

【提示】 分析驱动脉冲→桥臂输出电压→负载平均电压之间的关系,深入理解 Buck 电路输出电压的含义,并学会总结:在输入电压一定的情况下,通过控制占空比可以改变负载平均电压大小。

桥臂输出电压是一系列斩控脉冲波,需经过低通滤波器滤除高频信号,才能给负载提供较平滑的直流电压。因此,可以先给出期望的负载电压纹波指标值,再来设计低通滤波器的截止频率。

【解析】 (1) 根据 Buck 电路输入与输出的关系,可得

$$D_{min} = \frac{U_o}{U_i} = \frac{20}{100} = 0.2 , \quad D_{max} = \frac{U_o}{U_i} = \frac{60}{100} = 0.6$$

则占空比范围为 $0.2 \leq D \leq 0.6$。

驱动电压和桥臂输出电压波形如图 3-9 所示。

可以看出:Buck 电路输出电压 u_{an} 的波形与 VT 驱动电压 u_G 的波形形状一致,因此,在输入电压不变情况下,改变 VT 驱动信号的占空比,即可成正比例地改变输出电压,进而改变输出电压的平均值 U_o。

(2) 将原点 O 移到 $\dfrac{t_{on}}{2}$ 处,则输出电压 u_{an} 的波形为偶函数(图 3-10),进行傅里叶分解:

$$u_{an}(t) = \frac{a_0}{2} + \sum_{n=1}^{\infty}(a_n \cos n\omega_1 t + b_n \sin n\omega_1 t), \quad \omega_1 = \frac{2\pi}{T_s} = 2\pi f_s \qquad (1)$$

其中

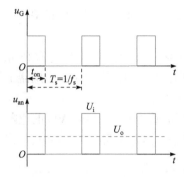

图 3-9 Buck 电路驱动与输出电压波形

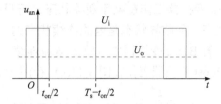

图 3-10 Buck 电路输出电压波形

$$a_0 = \frac{2}{T_s}\int_{t_0}^{t_0+T_s} u_{an}(t)\mathrm{d}t = \frac{2t_{on}}{T_s}U_i$$

$$b_n = 0$$

$$a_n = \frac{2}{T_s}\int_{t_0}^{t_0+T_s} u_{an}(t)\cos n\omega_1 t\,\mathrm{d}t = \frac{2U_i}{n\pi}\sin(n\pi D)$$

可得

$$u_{an}(t) = \frac{t_{on}}{T_s}U_i + \sum_{n=1}^{\infty}\frac{2U_i\sin(n\pi D)\cos n\omega_1 t}{n\pi}, \quad \omega_1 = 2\pi f_s \tag{2}$$

由式(2)可知,Buck 电路输出电压 u_{an} 的谐波主要分布在载波频率(开关频率)及其倍数处。

设期望电路全范围内任意占空比工作时负载电压纹波系数保持在 2%以内,即

$$\frac{\Delta U_o}{U_o} = \frac{1-D}{8LCf_s^2} \leqslant 2\% \tag{3}$$

低通滤波器的转折截止频率为 $f_c = \dfrac{1}{2\pi\sqrt{LC}}$,代入式(3),得

$$f_c^2 \leqslant \frac{4\%f_s^2}{(1-D)\pi^2} \tag{4}$$

考虑:$0.2 \leqslant D \leqslant 0.6$,$f_s = 20\mathrm{kHz}$,则

$$f_c \leqslant \frac{0.2\times 20\times 10^3}{\pi\sqrt{1-0.2}} \approx 1423.6(\mathrm{Hz})$$

输出侧 LC 滤波器的截止频率可设计为 1423.6Hz,滤除 u_{an} 中的高次谐波成分。

3.2.3 Boost 变换器换流及其特性分析

1. Boost 变换器的换流状态

Boost 变换器的电路结构如图 3-3(a)所示,当其中的开关管和二极管不同通断组合时,可形成不同的换流状态,Boost 变换器不同换流状态时的换流电路如图 3-11 所示。

通过图 3-11 所示的 Boost 变换器不同换流状态时的换流电路分析,不难看出:图 3-11(b)、(c)所示开关状态 1、2 对应的换流表示了 Boost 变换器电流连续时的工作过程;图 3-11(b)、(c)、(d)所示开关状态 1、2、3 对应的换流表示了 Boost 变换器电流断续时的工作过程。值

得注意的是，由于图 3-11 所示 Boost 变换器中的缓冲元件是电感 L，因此讨论 Boost 变换器的电流连续或断续工作状态是针对其中的电感 L 而言的。

当电感电流 $i_L > 0$ 时，Boost 变换器工作在电流连续状态；当一段时间中存在 $i_L = 0$，则 Boost 变换器工作在电流断续状态；若只有一瞬时时刻存在 $i_L = 0$，则 Boost 变换器工作在临界状态，而临界状态是电流连续状态的一种特例。

若 Boost 变换器中电感 L 电流连续，则由于其中开关管 VT、二极管 VD 的通断，从而使 Boost 变换器工作在图 3-11(b)、(c) 所示的换流电路状态。当开关管 VT 导通时，二极管 VD

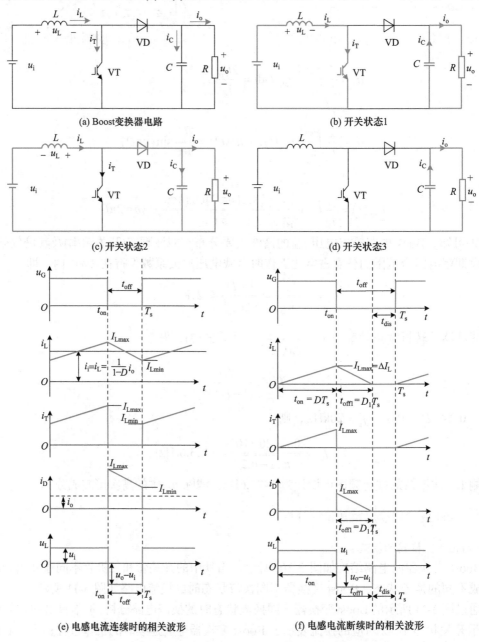

图 3-11　Boost 变换器不同换流状态时的换流电路及相关波形

承受反压而关断，此时，输入电源通过电感 L 储能，因此 i_L 增加，从而使电感 L 中的磁能亦增加，这时的负载仅靠输出电容 C 的储能供电，此状态时的换流电路如图 3-11(b)所示；当开关管 VT 关断时，由于电感电流不能突变，此时二极管 VD 导通，且电源 u_i 和电感 L 通过二极管 VD 同时向负载供电，并对输出电容充电，因此 i_L 减少，此状态时的换流电路如图 3-11(c)所示。Boost 变换器中电感电流连续时的相关波形如图 3-11(e)所示。

若 Boost 变换器中电感 L 电流断续，则由于其中开关管 VT、二极管 VD 的通断，从而使 Boost 变换器工作在图 3-11(b)、(c)、(d)所示的换流电路状态。当开关管 VT 导通时，二极管 VD 承受反压而关断，此时，输入电源通过电感 L 储能，因此 i_L 增加，从而使电感 L 中的磁能亦增加，这时的负载仅靠输出电容 C 的储能供电，此状态时的换流电路如图 3-11(b)所示；当开关管 VT 关断时，由于电感电流不能突变，此时二极管 VD 导通，且电源 u_i 和电感 L 通过二极管 VD 同时向负载供电，并对输出电容充电，因此 i_L 减少，此状态时的换流电路如图 3-11(c)所示；与电流连续时的情况不同，当电感 L 电流衰减到零以前，若开关管 VT 还未导通，则电感电流断续，此时，开关管 VT、二极管 VD 全都关断，并仅由电容向负载提供能量，此状态时的换流电路如图 3-11(d)所示。Boost 变换器中电感电流断续时的相关波形如图 3-11(f)所示。

2.电流连续时的 Boost 变换器基本特性分析

由于 Boost 变换器中的缓冲元件是电感 L，因此电流连续时的 Boost 变换器基本特性是指 Boost 变换器中电感 L 电流连续时的基本特性，具体分析如下。

1) 稳态电压增益 G_V

Boost 变换器的稳态电压增益是指稳态条件下，变换器输出平均电压 U_o 与输入平均电压 U_i 的比值，即 $G_V=U_o/U_i$。

由于 Boost 变换器中的缓冲元件是电感 L，因此对电感 L 利用伏秒平衡特性进行分析，不难得出

$$U_i t_{on} = (U_o - U_i)(T_s - t_{on}) \tag{3-11}$$

令 PWM 占空比 $D=t_{on}/T_s$，则从式(3-11)可求出 Boost 变换器的电感电流连续时的稳态电压增益 G_V 为

$$G_V = \frac{U_o}{U_i} = \frac{1}{1-D} \tag{3-12}$$

由于 $D \leqslant 1$，即 Boost 变换器的稳态电压增益 $G_V \geqslant 1$，因此 Boost 变换器具有升压特性，并且变换器的稳态输出平均电压与(1−D)成反比。

2) 稳态电流增益 G_I

Boost 变换器的稳态电流增益是指稳态条件下，变换器输出平均电流 I_o 与输入平均电流 I_i 的比值，即 $G_I=I_o/I_i$。

由于讨论的是无损的理想变换器，因此变换器的输入、输出功率平衡，即 $I_i U_i = I_o U_o$，这样，由式(3-12)易求出 Boost 变换器电感电流连续时的稳态电流增益 G_I 为

$$G_I = \frac{I_o}{I_i} = 1-D \tag{3-13}$$

由于 $0 \leqslant D \leqslant 1$，即 Boost 变换器的稳态电流增益 $G_I \leqslant 1$，因此 Boost 变换器具有减流

特性，并且变换器的稳态输出平均电流 I_o 与$(1-D)$成正比。

3) 稳态电感电流脉动量

由于有限的电感和有限的开关频率，因此，稳态条件下，Boost 变换器的电感电流是脉动的。如图 3-8(e)所示，令 $t=0$ 时，开关管 VT 导通，若电容 C 足够大，此时，电容电压近似不变，而电感电流 i_L 线性增加，当 $t=DT_s=t_{on}$ 时，电感电流 i_L 增加至最大值 I_{Lmax}。显然，$t=0\sim t_{on}$ 期间(开关管 VT 导通)的电流增量 Δi_L^+ 为

$$\Delta i_L^+ = \frac{U_i}{L}T_{on} = \frac{U_i}{L}DT_s \tag{3-14}$$

同理，令 $t=t_{on}$ 时，开关管 VT 关断，若电感 L、电容 C 足够大，此时，电容电压近似不变，而电感电流 i_L 线性减小，当 $t=T_s$ 时，电感电流 i_L 减小至最小值 I_{Lmin}。显然，$t=t_{on}\sim T_s$ 期间(开关管 VT 关断)的电流增量 Δi_L^- 为

$$\Delta i_L^- = \frac{U_o - U_i}{L}(T_s - t_{on}) = \frac{U_o - U_i}{L}(1-D)T_s \tag{3-15}$$

稳态时，$\Delta i_L^+ = \Delta i_L^- = \Delta i_L$，电感电流最大值 I_{Lmax}、最小值 I_{Lmin} 分别为

$$I_{Lmax} = I_I + \frac{1}{2}\Delta i_L = \frac{I_o}{1-D} + \frac{(1-D)DU_o}{2Lf_s} \tag{3-16}$$

$$I_{Lmin} = I_I - \frac{1}{2}\Delta i_L = \frac{I_o}{1-D} - \frac{(1-D)DU_o}{2Lf_s} \tag{3-17}$$

4) 开关管 VT 的电流、电压的定量关系

由图 3-11(b)、(c)不难分析出电流连续时 Boost 变换器中开关管 VT 的电流、电压的定量关系：

(1) 流过开关管 VT 的平均电流 I_{VT} 为 $I_{VT}=I_i-I_o=DI_o/(1-D)=DI_i$；

(2) 流过开关管 VT 的最大电流 I_{VTmax} 和变换器电感电流最大值 I_{Lmax} 相等，即 $I_{VTmax}=I_{Lmax}$；

(3) 流过开关管 VT 的最小电流 I_{VTmin} 和变换器电感电流最小值 I_{Lmin} 相等，即 $I_{VTmin}=I_{Lmin}$；

(4) 开关管关断时所承受的正向电压等于变换器的输出电压。

5) 二极管 VD 的电流、电压的定量关系

由图 3-11(b)、(c)不难分析出电流连续时 Boost 变换器中二极管 VD 的电流、电压的定量关系：

(1) 稳态时，由于输出电容的平均电流为零，因此流过二极管 VD 的平均电流 I_{VD} 为 $I_{VD}=I_o$；

(2) 流过二极管 VD 的最大电流 I_{VDmax} 和变换器电感电流最大值 I_{Lmax} 相等，即 $I_{VDmax}=I_{Lmax}$；

(3) 流过二极管 VD 的最小电流 I_{VDmin} 和变换器电感电流最小值 I_{Lmin} 相等，即 $I_{VDmin}=I_{Lmin}$；

(4) 二极管 VD 截止时所承受的反向电压等于变换器的输出电压。

6) 稳态输出电压脉动量

由于有限的输出电容和有限的开关频率，因此，稳态条件下，Boost 变换器的输出电压 u_o 存在脉动。显然，输出电压脉动量 ΔU_o 等于开关管 VT 导通期间电容 C 的电压变化量。据电容电压与电容电荷之间的正比关系，输出电压脉动量 ΔU_o 与电容电荷脉动量 ΔQ 之间也成正比，即 $\Delta U_o=\Delta Q/C$。因此由图 3-11(e)中 i_D 的波形，Boost 变换器的输出

电压脉动量 ΔU_{o} 可近似求取如下：

$$\Delta U_{\mathrm{o}} = U_{\mathrm{omax}} - U_{\mathrm{omin}} = \frac{\Delta Q}{C} = \frac{1}{C} I_{\mathrm{o}} t_{\mathrm{on}}$$

$$= \frac{1}{C} I_{\mathrm{o}} D T_{\mathrm{s}} = \frac{D}{C f_{\mathrm{s}}} I_{\mathrm{o}} \tag{3-18}$$

式中，f_{s} 为开关频率。

值得注意的是，以上分析了电流连续条件下的 Boost 变换器基本特性，而对于电流断续时的 Boost 变换器基本特性分析，可参阅相关文献，这里不再赘述。

【例 3-2】　如图 3-12 所示的蓄电池充电电路中，输入电压源 $u_{\mathrm{i}} = 40\mathrm{V}$，蓄电池为 6 节 12V 20A·h 电池串联组成，开关频率 $f_{\mathrm{s}} = 20\mathrm{kHz}$。设蓄电池工作在恒流充电阶段，认为各元件均为理想，且不计任何损耗。

(1) 计算最大充电功率 $P_{\max}$；

(2) 设计电感值，保证充电电流连续；

(3) 设计电容值，使输出电压纹波在 2%以内。

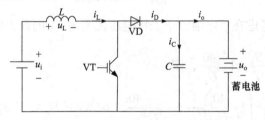

图 3-12　蓄电池充电电路

【提示】　首先需要结合工程实际应用，查阅资料，了解蓄电池的电压工作范围，12V 电池的电压工作范围 10.8～13.8V；电池容量 1A·h 表明电池以 1A 放电能放 1 小时；一般限制最大充电电流为容量的 10%。然后根据指标要求，设计电路参数，需要考虑整个工作范围内的最值问题。

【解析】　(1) 设定 12V 蓄电池的充电终止电压 13.8V，则电路中的 6 节蓄电池充电终止电压为

$$U_{\mathrm{o}} = 13.8 \times 6 = 82.8 \mathrm{(V)}$$

当蓄电池电压达到充电终止电压之前，工作在恒流充电模式，充电电流为

$$I_{\mathrm{o}} = 20 \times 10\% = 2\mathrm{(A)}$$

因此，最大充电功率为

$$P_{\max} = U_{\mathrm{o}} I_{\mathrm{o}} = 82.8 \times 2 = 165.6 \mathrm{(W)}$$

(2) 根据功率守恒，输入侧提供的最大平均电流为

$$I_{\mathrm{L}} = \frac{P_{\max}}{u_{\mathrm{i}}} = \frac{165.6}{40} = 4.14 \mathrm{(A)}$$

电路最大占空比：

$$D_{\max} = 1 - \frac{U_{\mathrm{i}}}{U_{\mathrm{o}}} = 1 - \frac{40}{82.8} = 0.517$$

因要保证充电电流连续，可设最小电感电流为 0，即

$$I_{\text{Lmin}} = \frac{I_o}{1-D} - \frac{DU_i}{2Lf_s} = 0$$

设最小电感为 $L_{\min}$，则

$$L_{\min} = \frac{D(1-D)U_i}{2f_sI_o} = \frac{D(1-D) \times 40}{2 \times 20000 \times 2} = 0.5 \times 10^{-3} \times D(1-D), \quad 0 < D < 0.517$$

根据上式绘制 $D\text{-}L_{\min}$ 的曲线，如图 3-13 所示。上式对 D 求导，可得使 $L_{\min}$ 最大时的 $D = 0.5$，可求

$$L_{\min} = \frac{D(1-D)U_i}{2f_sI_o} = \frac{0.5 \times (1-0.5) \times 40}{2 \times 20000 \times 2} = 0.125(\text{mH})$$

为确保电流连续，留一定裕量，取电感：$L = 1.2L_{\min} = 0.15\text{mH}$。

（3）输出电压波动表达式：
$$\Delta U_o = \frac{D}{Cf_s}I_o$$

根据纹波要求：
$$C \geqslant \frac{D}{\Delta U_o f_s}I_o = \frac{D}{2\%U_o f_s}I_o$$

由于 I_o、f_s 不变，只需考虑在蓄电池整个工作电压范围内 $\dfrac{D}{U_o}$ 的最大值。

又因占空比 $D = 1 - \dfrac{U_i}{U_o} = 1 - \dfrac{40}{U_o}$，则

$$\frac{D}{U_o} = \left(1 - \frac{40}{U_o}\right)\frac{1}{U_o} = \frac{U_o - 40}{U_o^2}, \quad 64.8\text{V} \leqslant U_o \leqslant 82.8\text{V}$$

根据上式绘制 $U_o\text{-}D/U_o$ 的曲线，如图 3-14 所示。上式对 U_o 求导，可得使 $\dfrac{D}{U_o}$ 最大时的 $U_o = 80\text{V}$。

对应 $D = 1 - \dfrac{U_i}{U_o} = 1 - \dfrac{40}{80} = 0.5$，可得电容

$$C \geqslant \frac{D}{2\%U_o f_s}I_o = \frac{0.5}{0.02 \times 80 \times 20 \times 10^3} \times 2 = 31.25(\mu\text{F})$$

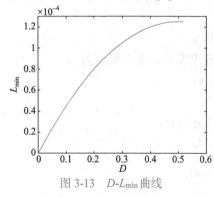

图 3-13　$D\text{-}L_{\min}$ 曲线

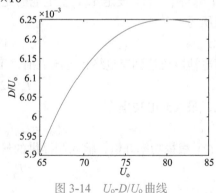

图 3-14　$U_o\text{-}D/U_o$ 曲线

3.2.4　Cuk 变换器换流及其特性分析

1. Cuk 变换器的换流状态

Cuk 变换器的电路结构如图 3-15(a)所示，当其中的开关管和二极管不同通断组合时，

可形成不同的换流状态，Cuk 变换器不同换流状态时的等值电路如图 3-15 所示。

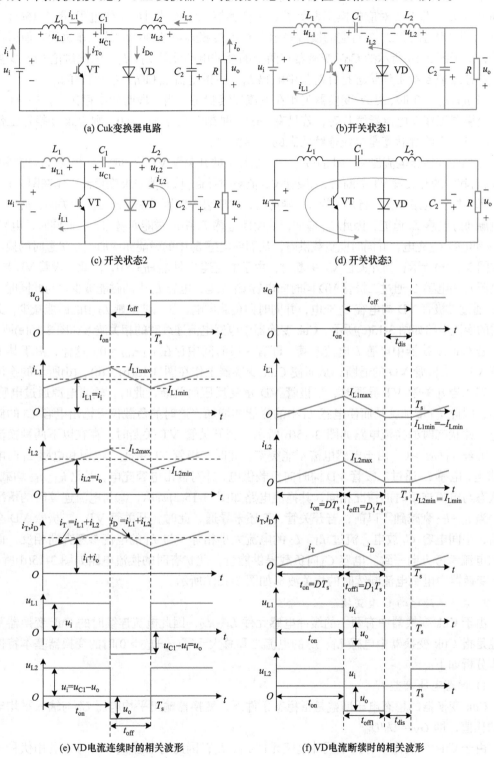

图 3-15 Cuk 变换器不同换流状态时的换流电路及相关波形

通过图 3-15 所示的 Cuk 变换器不同换流状态时的换流电路分析，不难看出：图 3-15(b)、(c)所示开关状态 1、2 对应的换流表示了 Cuk 变换器电流连续时的工作过程；图 3-15(b)、(c)、(d)所示开关状态 1、2、3 对应的换流表示了 Cuk 变换器电流断续时的工作过程。值得注意的是，由于图 3-15 所示的 Cuk 变换器有两个的缓冲电感元件 L_1、L_2，因此讨论 Cuk 变换器的电流连续或断续工作状态是针对其中电感 L_1、L_2 的电流之和($i_{L1}+i_{L2}$)而言的。

当 $i_{L1}+i_{L2}>0$ 时，Cuk 变换器工作在电流连续状态；当一段时间中存在 $i_{L1}+i_{L2}=0$，则 Cuk 变换器工作在电流断续状态；若只有一瞬时时刻存在 $i_{L1}+i_{L2}=0$，则 Cuk 变换器工作在临界状态，而临界状态是电流连续状态的一种特例。

若 Cuk 变换器电流连续，即 $i_{L1}+i_{L2}>0$。当其中的开关管 VT 导通时，二极管 VD 能瞬时关断，而当其中的开关管 VT 关断时，二极管 VD 能瞬时导通，从而使 Cuk 变换器工作在图 3-15(b)、(c)所示的换流电路状态。当开关管 VT 导通时，二极管 VD 因承受反压 U_{C1} 而关断，此时，输入电源通过电感 L_1 储能，因此 i_{L1} 增加，从而使电感 L_1 中的磁能亦增加。与此同时，电容 C_1 向 L_2 和电容 C_2 充电，并同时向负载供电，从而使电感 L_2 中的磁能亦增加，此状态时的换流电路如图 3-15(b)所示；当开关管 VT 关断时，由于电流连续即 $i_{L1}+i_{L2}>0$，因此二极管 VD 导通，且电源 u_i 和电感 L_1 通过二极管 VD 同时向电容 C_1 充电，电感 L_1 中的磁能减少。与此同时，电感 L_2 通过二极管 VD 向电容 C_2 充电，并同时向负载供电，从而使电感 L_2 中的磁能减少，此状态时的换流电路如图 3-15(c)所示。Cuk 变换器中电感电流连续时的相关波形如图 3-15(e)所示。

若 Cuk 变换器中电感 L 电流断续，即有一段时间中存在 $i_{L1}+i_{L2}=0$。这样，由于其中开关管 VT、二极管 VD 的通断，从而使 Cuk 变换器工作在图 3-15(b)、(c)、(d)所示的换流电路状态。当开关管 VT 导通时，二极管 VD 承受反压而关断，此时，输入电源通过电感 L_1 储能，因此 i_{L1} 增加，从而使电感 L_1 中的磁能亦增加，这时的负载仅靠输出电容 C_1 的储能供电，此状态时的换流电路如图 3-15(b)所示。当开关管 VT 关断时，存在以下两种换流状态：①若 $i_{L1}+i_{L2}>0$，由于电感电流不能突变，此时二极管 VD 导通，电源和电感 L_1 向电容 C_1 供电，电感 L_2 通过二极管 VD 同时向负载供电，并对输出电容充电，因此 i_{L1}、i_{L2} 均减少，此状态与电流连续时的情况相同，其换流电路如图 3-15(c)所示；②与电流连续时的情况不同，当 $i_{L1}+i_{L2}$ 衰减到零以前，若开关管 VT 还未导通，此时，开关管 VT、二极管 VD 全都关断，中间电容 C_1 放电，流过 L_1、L_2 的电流大小相等，与 L_1 的电流参考方向相反，而与 L_2 的电流参考方向一致。电容 C_2 向负载提供能量，此状态时的换流电路如图 3-15(d)所示。Cuk 变换器中电感电流断续时的相关波形如图 3-15(f)所示。

2. 电流连续时的 Cuk 变换器基本特性

由于 Cuk 变换器中有两个的缓冲电感元件 L_1、L_2，因此电流连续时的 Cuk 变换器基本特性是指 Cuk 变换器中电感 L_1、L_2 的电流之和总大于零($i_{L1}+i_{L2}>0$)时的变换器基本特性，具体分析如下。

1) 稳态电压增益 G_V

Cuk 变换器的稳态电压增益是指稳态条件下，变换器输出平均电压 U_o 与输入平均电压 U_i 的比值，即 $G_V=U_o/U_i$。

由于 Cuk 变换器中有两个缓冲电感元件 L_1、L_2，因此对电感 L_1、L_2 分别利用伏秒平衡特性进行分析，不难得出

$$U_i t_{on} = (U_{C1} - U_i) t_{off} \tag{3-19}$$

$$(U_o - U_{C1}) t_{on} = -U_o (T_s - T_{on}) \tag{3-20}$$

其中，U_{C1} 为电容 C_1 电压的平均值。

令 PWM 占空比 $D = t_{on}/T_s$，则由式(3-19)、式(3-20)可求出 Cuk 变换器的电感电流连续时的稳态电压增益 G_V 为

$$G_V = \frac{U_o}{U_i} = \frac{t_{on}}{t_{off}} = \frac{D}{1-D} \tag{3-21}$$

当 $1/2 < D < 1$ 时，即 Cuk 变换器的稳态电压增益 $G_V > 1$，则 Cuk 变换器具有升压特性；而当 $0 < D < 1/2$ 时，即 Cuk 变换器的稳态电压增益 $G_V < 1$，则 Cuk 变换器具有降压特性。因此，Cuk 变换器是升、降压变换器，并且其输入、输出电压具有相反的极性。

2) 稳态电流增益 G_I

Cuk 变换器的稳态电流增益是指稳态条件下，变换器输出电流平均 I_o 与输入平均电流 I_i 的比值，即 $G_I = I_o/I_i$。

由于讨论的是无损的理想变换器，因此变换器的输入输出功率平衡，即 $I_i U_i = I_o U_o$。这样，由式(3-21)易求出 Cuk 变换器电感电流连续时的稳态电流增益 G_I 为

$$\frac{I_o}{I_i} = \frac{t_{off}}{t_{on}} = \frac{1-D}{D} \tag{3-22}$$

与上类似，可分析出 Cuk 变换器具有增、减流特性。

3) 稳态电感电流脉动量

由于有限的电感和有限的开关频率，因此，稳态条件下，Cuk 变换器电感 L_1、L_2 中的电流是脉动的，如图 3-15(e)所示。令 $t = 0 \sim t_{on}$ 期间，开关管 VT 导通，二极管 VD 截止，此时若电感 L_1、L_2 和开关频率足够大，则 Cuk 变换器电感 L_1、L_2 中的电流均线性增加，因此，电感 L_1、L_2 中的电流增加量 ΔI_{L1}^+、ΔI_{L2}^+ 可分别求解如下：

$$\Delta I_{L1}^+ = \frac{U_i}{L_1} D T_s = I_{L1max} - I_{L1min} \tag{3-23}$$

$$\Delta I_{L2}^+ = \frac{U_i}{L_2} D T_s = I_{L2max} - I_{L2min} \tag{3-24}$$

同理，令 $t = t_{on} \sim T_s$ 期间，开关管 VT 关断，二极管 VD 导通，此时若电感 L_1、L_2 和开关频率足够大，则 Cuk 变换器电感 L_1、L_2 中的电流均线性减少，即电感 L_1、L_2 中的电流减少量分别为 ΔI_{L1}^-、ΔI_{L2}^-。显然，稳态时，$\Delta I_{L1}^+ = \Delta I_{L1}^- = \Delta I_{L1}$，$\Delta I_{L2}^+ = \Delta I_{L2}^- = \Delta I_{L2}$，因此电感 L_1、L_2 电流最大值 I_{L1max}、I_{L2max} 最小值 I_{L1min}、I_{L2min} 分别为

$$\begin{cases} I_{L1max} = I_i + \frac{1}{2} \Delta I_{L1} \\ I_{L1min} = I_i - \frac{1}{2} \Delta I_{L1} \\ I_{L2max} = I_o + \frac{1}{2} \Delta I_{L2} \\ I_{L2min} = I_o - \frac{1}{2} \Delta I_{L2} \end{cases} \tag{3-25}$$

4) 开关管 VT 的电流、电压的定量关系

由图 3-15(b)、(c)不难分析出电流连续时 Cuk 变换器中开关管 VT 的电流、电压的定量关系:

(1) VT 导通时,流过开关管 VT 的电流为 $I_i + I_o$,则一个开关周期中 VT 的平均电流 $I_{VT} = D(I_i + I_o) = DI_o / (1 - D) = I_i$;实际上考虑到稳态时电容 C_2 的平均电流为零,也可得到这一结论。

(2) 流过开关管 VT 的最大电流 I_{VTmax} 和变换器电感电流最大值 I_{Lmax} 相等,即 $I_{VTmax} = I_{Lmax} = I_{L1max} + I_{L2max}$。

(3) 流过开关管 VT 的最小电流 I_{VTmin} 和变换器电感电流最小值 I_{Lmin} 相等,即 $I_{VTmin} = I_{Lmin} = I_{L1min} + I_{L2min}$。

(4) 开关管关断时所承受的正向电压等于 U_{C1},而考虑到 $U_{C1} = U_o + U_i$,即开关管关断时所承受的正向电压等于变换器的输出电压与输入电压之和。

5) 二极管 VD 的电流、电压的定量关系

由图 3-15(b)、(c)不难分析出电流连续时 Cuk 变换器中二极管 VD 的电流、电压的定量关系:

(1) VD 导通时,流过二极管 VD 的电流为 $I_i + I_o$,则一个开关周期中 VD 的平均电流 $I_{VD} = (1 - D)(I_i + I_o) = I_o$;实际上考虑到电容 C_2 的平均电流为零,也可得到这一结论。

(2) 流过二极管 VD 的最大电流 I_{VDmax} 和变换器电感电流最大值 I_{Lmax} 相等,即 $I_{VDmax} = I_{L1max} + I_{L2max}$。

(3) 流过二极管 VD 的最小电流 I_{VDmin} 和变换器电感电流最小值 I_{Lmin} 相等,即 $I_{VDmin} = I_{L1min} + I_{L2min}$。

(4) 二极管 VD 截止时所承受的反向电压等于 U_{C1},即等于变换器的输出电压和输入电压之和。

6) 稳态输出电压脉动量

由于有限的输出电容和有限的开关频率,因此,稳态条件下,Cuk 变换器的输出电压 u_o 存在脉动,显然,输出电压脉动量 ΔU_o 等于开关管 VT 通、断时电容 C 的电压变化量。据电容电压与电容电荷量之间的正比关系,输出电压脉动量 ΔU_o 与电容电荷脉动量 ΔQ 之间也成正比,即 $\Delta U_o = \Delta Q / C$,具体分析可参见 Buck 变换器相关分析。

值得注意的是,以上分析了电流连续条件下的 Cuk 变换器基本特性,而对于电流断续时的 Cuk 变换器基本特性分析,可参阅相关文献,这里不再赘述。

3.3 复合型 DC-DC 变换器

以上讨论的 DC-DC 变换器实际上只是一些基本的 DC-DC 变换器,如果将 DC-DC 变换器的输出电压(纵坐标)、输出电流(横坐标)构成坐标系,那么上述各类基本的 DC-DC 变换器由于各自的输出只能工作在输出电压、电流坐标系的第一象限,因此可称为单象限 DC-DC 变换器。这类单象限 DC-DC 变换器的共同特征就是各自的输出电压、电流不可逆,即 DC-DC 变换器的能量不可逆。然而,在实际应用时能量可逆的 DC-DC 变换器在驱动诸如阻感加反

电势型一类的负载(如电动机)时是必不可少的。当 DC-DC 变换器输出的电压方向不变而输出电流方向可变，或者输出电流方向不变而输出电压方向可变，此种情况由于变换器可在二个象限运行，因此称这类 DC-DC 变换器为二象限 DC-DC 变换器；当 DC-DC 变换器的输出电流、输出电压均可逆时，由于变换器可在四象限运行，因此称这类 DC-DC 变换器为四象限 DC-DC 变换器。实际上，无论是二象限 DC-DC 变换器，还是四象限 DC-DC 变换器，它们的拓扑结构均可以由基本的单象限 DC-DC 变换器拓扑组合而成。另外，当单象限 DC-DC 变换器需要扩大容量时，也可以由单象限 DC-DC 变换器拓扑组合而成。

一般将由基本的 DC-DC 变换器拓扑组合而成的 DC-DC 变换器统称为复合型 DC-DC 变换器，以下分别进行讨论。

3.3.1　二象限 DC-DC 变换器

下面以阻感加反电势(如直流电动机等)型负载为例，讨论电流可逆的二象限 DC-DC 变换器。

为了能双向控制 DC-DC 变换器输出电流，必须采用两个开关管以组成一双桥臂的 DC-DC 变换器，如图 3-16(a)所示。显然，其中的二极管是为了缓冲负载的无功而设立的，常称为续流二极管。

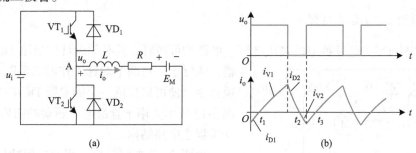

图 3-16　电流可逆型二象限 DC-DC 变换器换流及相关波形

(1) 输出电流 $i_o > 0$ 且 VT_1 导通过程。直流侧电源通过 VT_1 向负载供电，输出电压 $u_o = u_i$，此时输出电流 i_o 增加，此时负载电感、电阻和负载电动势吸收电能。由于 $i_o > 0$ 且 $u_o > 0$，因此变流器工作在第一象限。

(2) 输出电流 $i_o > 0$ 且 VT_1 关断过程。由于电感电流不能突变，因此 VD_2 导通续流，若忽略 VD_2 导通压降，则输出电压 $u_o = 0$，此时尽管采用了双极型驱动模式而使 VT_2 有驱动信号，但因 VT_2 承受反压(VD_2 导通)而不能导通，因此输出电流减小，此时负载电感向负载电阻、负载电动势释放电能。由于 $i_o > 0$ 且 $u_o = 0$，因此变流器工作在第一象限。若发生电流断续，即 $i_o = 0$，此时 $u_o = E_M$，因此变流器仍工作在第一象限。

(3) 输出电流 $i_o < 0$ 且 VT_2 导通过程。负载电动势通过 VT_2 向负载电阻和电感供电，若忽略 VT_2 导通压降，则输出电压 $u_o = 0$，此时输出电流 i_o 反向增加，此时负载电感吸收电能。由于 $i_o < 0$ 且 $u_o = 0$，因此变流器工作在第二象限。

(4) 输出电流 $i_o < 0$ 且 VT_2 关断过程。由于电感电流不能突变，因此 VD_1 导通续流，输出电压 $u_o = u_i$，此时尽管采用了互补驱动模式而使 VT_1 有驱动信号，但因 VT_1 承受反压(VD_1 导通)而不能导通，因此输出电流减小，此时负载电感和负载电动势向直流侧回馈电能。由于

$i_o < 0$ 且 $u_o = u_i$ (忽略 VD_1 导通压降)，因此变流器工作在第二象限。若发生电流断续，即 $i_o = 0$ ，此时 $u_o = E_M$ ，因此变流器则工作在第一象限。

纵上分析可知：当电流正向换流时($i_o > 0$)，或 VT_1 导通，或 VD_2 导通，变换器工作在第一象限，此时的变换器换流电路实际上是一个 Buck 变换器电路，并且变换器向负载提供能量，换流期间的电压、电流波形如图 3-16(b)中 $t_1 \sim t_2$ 段所示。而当电流反向换流时($i_o < 0$)，或 VT_2 导通，或 VD_1 导通，变换器工作在第二象限，此时的变换器换流电路实际上是一个 Boost 变换器电路，并且负载向变换器回馈能量，换流期间的电压、电流波形如图 3-16(b)中 $t_2 \sim t_3$ 段所示。当电流断续时($i_o = 0$)，变换器的输出电压 $u_o = E_M$ ，变流器则工作在第一象限。

显然，图 3-16(a)所示的电流可逆型二象限 DC-DC 变换器实际上由一个 Buck 变换器电路和一个 Boost 变换器电路组合而成，并交替工作，变换器的输出电压极性不变，而电流极性可变，即能量可双向传输，并且调节斩波占空比就可以控制变换器的输出平均电压。值得注意的是：为了防止图 3-16(a)所示变换器上、下桥臂的直通短路，上、下桥臂的开关管驱动信号中须加入"先关断后导通"的开关死区。

另外，图 3-16 所示的电流可逆型二象限 DC-DC 变换器其负载必须为感性反电势负载，如直流电机等，否则变换器只能工作在第一象限。

3.3.2　四象限 DC-DC 变换器

当需要使 DC-DC 变换器的输出电压、电流均可逆时，就必须设计四象限 DC-DC 变换器。实际上，将两个对称工作的二象限 DC-DC 变换器组合便可以构成一个四象限 DC-DC 变换器，图 3-17 所示为用于直流电机驱动的四象限 DC-DC 变换器主电路结构。

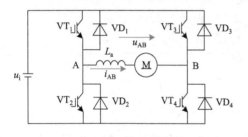

图 3-17　四象限 DC-DC 变换器电路

由图 3-17 电路分析：当 VT_4 保持导通时，利用 VT_2 、VT_1 进行斩波控制，则构成了一组电流可逆的二象限 DC-DC 变换器，此时 $u_{AB} \geq 0$ ，变换器运行在一、二象限；当 VT_2 保持导通时，利用 VT_3 、VT_4 进行斩波控制，则构成了另一组电流可逆的二象限 DC-DC 变换器，此时 $u_{AB} \leq 0$ ，变换器运行在三、四象限。

显然，四象限 DC-DC 变换器电路是典型的桥式可逆电路，具有电流可逆和电压可逆的特点。

3.3.3　多相多重 DC-DC 变换器

以上所讨论的二象限、四象限 DC-DC 变换器实际上是为了扩大 DC-DC 变换器的运行象限而由基本 DC-DC 变换器组合而成，因此，二象限、四象限 DC-DC 变换器实质上属于复合型 DC-DC 变换器。那么在实际的基本 DC-DC 变换器运用中，如果单台的 DC-DC 变换器容量不足时，是否可以考虑将基本 DC-DC 变换器并联以构成另一类复合型 DC-DC 变换器呢？实际上，当将数个基本 DC-DC 变换器并联，不仅可以扩大变换器容量，而且通过适当的斩波控制还可以提高并联 DC-DC 变换器输出的等效开关频率，以降低变换器的输出谐波。

　　图 3-18(a)表示出三个 Buck 变换器并联的复合型 DC-DC 变换器。如果将三个 Buck 变换器的开关管驱动信号在时间上分别相差 1/3 开关周期,即采用移相斩波控制,那么这种三个 Buck 变换器并联的复合型 DC-DC 变换器输出的等效开关频率将是单个 Buck 变换器开关频率的三倍,从而有效地降低了变换器的输出电流谐波,其单个变换器的驱动信号及相关电流波形如图 3-18(b)所示。另外,由于输出等效开关频率的提高,在一定的输出谐波指标条件下,可有效地减少了输出滤波器的体积,降低变换器的损耗。值得一提的是,这种采用移相斩波控制复合型 DC-DC 变换器,虽然提高了输出等效开关频率,但由于其单个的开关频率不变,因而变换器的开关损耗并不因此而增加。

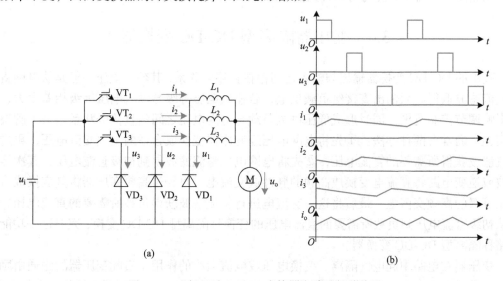

图 3-18　三相三重 DC-DC 变换器电路及相关波形

　　以上讨论的采用移相并联控制的复合型 DC-DC 变换器称为多相多重 DC-DC 变换器。所谓的"相"是指变换器输入侧(电源端)的各移相斩波控制的支路相数;而所谓的"重"则是指变换器输出侧(负载端)的各移相斩波控制的支路重叠数。图 3-18(a)所示的复合型 DC-DC 变换器是一个三相三重 DC-DC 变换器。针对图 3-18(a)所示的三相三重 DC-DC 变换器电路,若其输入侧不变(共用一个直流电源),而输出侧分别驱动三个独立的负载时,则称这种复合型 DC-DC 变换器为三相一重 DC-DC 变换器,此时在一个开关周期内,复合型 DC-DC 变换器的输入电流脉动三次,而输出电流脉动一次;另外,针对图 3-18(a)所示的三相三重 DC-DC 变换器电路,若其输出侧不变(驱动一个负载),而输入侧分别采用三个独立的直流电源,则称这种复合型 DC-DC 变换器为一相三重 DC-DC 变换器,此时在一个开关周期内,复合型 DC-DC 变换器的输入电流脉动一次,而输出电流脉动三次。显然可根据变换器输入、输出电流在一个开关周期的脉动次数,就可以确定多相多重 DC-DC 变换器的"相"数和"重"数。例如,对于多个同样 DC-DC 变换器并联且采用移相控制的多相多重 DC-DC 变换器,若在一个开关周期内其输入电流脉动 m 次而输出电流脉动 n 次,则可称其为 m 相 n 重 DC-DC 变换器。

　　对于一个 m 相 m 重 DC-DC 变换器,每个变换器单元的占空比均为 D,并且每个变换器单元开关管的驱动信号错开 $1/m$ 的开关周期时间,则每个变换器单元的输出电压的平均值均相等且等于 m 相 m 重 DC-DC 变换器的输出平均电压,而每个变换器单元的平均输出电流则为输出负载平均电流的 $1/m$。

　　另外，多相多重 DC-DC 变换器中的变换器单元具有互为备用的功能，当一个变换器单元故障时，其余的变换器单元仍可以正常工作，显然，多相多重 DC-DC 变换器在扩大变换器容量和改善输入、输出波形的同时提高了变换器供电的可靠性。

　　以上讨论的多相多重 DC-DC 变换器实际上是一种变换器的电流扩容方式。当然，还可以将多个基本的 DC-DC 变换器串联，并通过类似的移相控制，从而在实现变换器电压扩容的同时有效地改善复合型 DC-DC 变换器的电压波形，但是这种变换器串联复合的电压扩容方式无法使变换器单元互为备用，因而不能提高变换器供电的可靠性。

3.4　变压器隔离型 DC-DC 变换器

　　基本的 DC-DC 变换器输出与输入之间存在直接电联系，其输入电压一般是从电网直接经整流滤波取得，而输出直接给负载供电，若输出电压等级与输入电压等级相差太大，势必影响调节控制范围，同时形成低压供电负载与电网电压之间的直接电联系。为了解决这一问题，通常有两种办法：①先将电网电压经变压器变换成合适的工频交流电压，再进行整流滤波获得所需要的直流电压；②先将电网电压整流滤波得到初级直流电压，其次经过斩波或逆变电路将直流电变换成高频的脉冲或交流电，再经过高频变压器将其变换成合适电压等级的高频交流电，最后将这一交流电进行整流滤波获得负载所需要的直流电压，其中从初级直流电压到负载所需要的直流电压的变换称隔离型 DC-DC 变换，完成这一功能的电路称隔离型 DC-DC 变换器。

　　变压器在电路中起电气隔离、变换电压或电流大小的作用。实际变压器的磁通由励磁电感、励磁电流产生，变压器磁场能量可由励磁电感表征。由于变压器磁场能量不能突变，因此励磁电流不能突变，这是分析含变压器电路需把握的第一要点。防止磁芯饱和的变压器磁复位，从磁通角度而言，就是磁通、磁场强度的上升量必须等于下降量；从电流角度而言，就是励磁电流的上升量必须等于下降量；从电压角度而言，变压器输入端电压不能有直流分量，必须是交替正负电压，满足伏秒平衡。分析含变压器电路需把握的第二要点是，同一磁芯上所有绕组的电流安匝数平衡、绕组电压变比等于匝比。

3.4.1　隔离型 Buck 变换器——单端正激式变换器

　　基本的 Buck 变换器如图 3-19(a)所示，当开关管 VT 以图 3-19(b)中所示 u_G 信号驱动时，

单端正激式、反激式变换器仿真

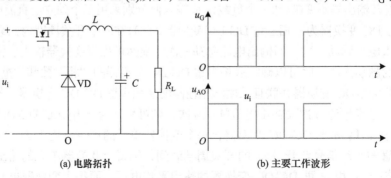

(a) 电路拓扑　　　　　　　　(b) 主要工作波形

图 3-19　基本的 Buck 变换器及其工作波形

A-O 点之间的电压为方波电压，如图 3-19(b)中 u_{AO} 所示。将这一方波电压接到变压器 T 的原边，则副边也将输出相同形状的方波，变压器副边输出接整流滤波电路，就得到了隔离型 Buck 变换器，这种变换器的变压器原、副边同时工作，且变压器原边绕组施加单方向的脉冲电压，故称为单端正激(Forward)变换器，如图 3-20 所示。

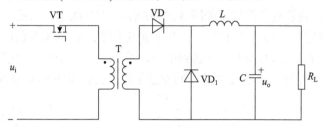

图 3-20　隔离型 Buck 变换器

对于如图 3-20 所示的电路，由于加在变压器原边是单方向的脉冲电压，从而使变压器单向励磁。当 VT 导通时，原边线圈加正向电压并通以正向电流，磁芯中的磁感应强度将达到某一值，由于磁滞的磁滞效应，当 VT 关断时，线圈电压或电流回到零，而磁芯中磁通并不回到零，这就是剩磁通。剩磁通的累加可能导致磁芯饱和，因此需要进行磁复位。磁芯复位技术可以分成两种：一种是把铁心的剩磁能量自然转移，在为了复位所加的电子元件上消耗掉，或者把残存能量馈送到输入端或输出端；另一种是通过外部能量强迫铁心磁复位。具体采用哪种方法，可视功率的大小和所使用的磁芯磁滞特性而定。磁芯剩余磁感应强度 B_r 较小，功率也小的铁心，一般采用转移损耗法，此法有线路简单可靠的特点；磁芯剩余磁感应强度 B_r 较小，功率较大的铁心，一般采用再生式磁芯复位方法；高 B_r 铁心，复位采用强迫法，线路稍为复杂。一般情况下，隔离型 Buck 变换器大多采用将剩磁能量馈送到输入端的再生式磁芯复位方法进行磁复位。将图 3-20 所示隔离型 Buck 变换器加上磁复位电路就构成了如图 3-21(a)所示的带有磁复位电路的隔离型 Buck 变换器，其中绕组 N_3 和钳位二极管 VD_2 构成磁复位电路，L_m 为励磁电感，电路主要工作波形如图 3-21(b)所示。

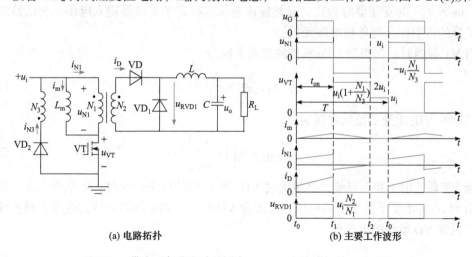

(a) 电路拓扑　　　　　　(b) 主要工作波形

图 3-21　带有磁复位电路的隔离型 Buck 变换器及其工作波形

带有磁复位电路的隔离型 Buck 变换器一个工作周期分为 3 个阶段，每个阶段的电流路径如图 3-22 所示。

(1) $t_0 \sim t_1$ 阶段,能量传递阶段,如图 3-22(a)所示。VT 导通,N_1 电压为输入电压 u_i,经变压器耦合和二极管 VD 向负载传输能量,此时,励磁电流 i_m 上升,N_1 电流和 N_2 电流增加,滤波电感 L 储能。

(2) $t_1 \sim t_2$ 阶段,磁芯复位阶段,如图 3-22(b)所示。VT 截止,二极管 VD 截止,励磁电流 i_m 下降,L_m 的感应电压极性下正上负,阻止电流下降,N_1 电压为负压,VD$_2$ 导通,变压器磁芯中的剩磁能量通过 VD$_2$ 和 N_3 馈送到电源,且 $i_{N3} = i_m N_1/N_3$。电感 L 中产生的感应电势使续流二极管 VD$_1$ 导通,电感 L 中储存的能量通过二极管 VD$_1$ 向负载释放。

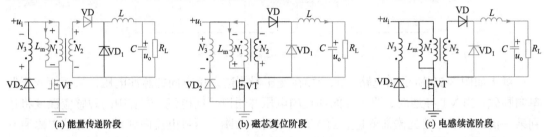

(a) 能量传递阶段　　　　　　(b) 磁芯复位阶段　　　　　　(c) 电感续流阶段

图 3-22　隔离型 Buck 变换器各阶段电流路径

(3) $t_2 \sim t_0$ 阶段,电感续流阶段,如图 3-22(c)所示。变压器磁芯中的剩磁能量全部释放完毕,电感 L 中储存的能量继续通过二极管 VD$_1$ 向负载释放。

由图 3-21(b)可以看出,在 3 个阶段中,励磁电流 $i_m \geqslant 0$,磁芯始终工作在 B-H 曲线第 I 象限,因此该变换器称为单端变换器。

输出电压为

$$u_o = \frac{N_2}{N_1}\frac{t_{on}}{T}u_i = \frac{N_2}{N_1}Du_i = Du_i\frac{1}{n} \tag{3-26}$$

式中,N_1、N_2 分别为变压器原、副边绕组匝数;u_i 为变换器输入电压;D 为开关管导通占空比;$n = N_1/N_2$ 为变压器匝数比。显然输出电压仅决定于变换器输入电压、变压器的匝比和开关管的占空比,与负载电阻无关。

当 VT 导通时,二极管 VD$_1$ 承受的反向电压为

$$u_{RVD1} = u_i\frac{N_2}{N_1} \tag{3-27}$$

二极管 VD$_2$ 承受的反向电压为

$$u_{RVD2} = u_i\left(1 + \frac{N_3}{N_1}\right) \tag{3-28}$$

当 VT 截止时,变压器剩磁能量通过 VD$_2$ 和 N_3 释放出来,这时,N_3 承受上正下负的电压,N_1 和 N_2 将承受下正上负的电压,二极管 VD 截止,VD$_1$ 导通为滤波电感 L 提供续流回路,二极管 VD 承受的电压为

$$u_{RVD} = u_i\frac{N_2}{N_3} \tag{3-29}$$

这时,开关管两端承受的电压为

$$u_{VT} = u_i \left(1 + \frac{N_1}{N_3}\right) \tag{3-30}$$

当 $N_3 = N_1$ 时，$u_{VT} = 2u_i$，$u_{RVD} = u_i / n$，$u_{RVD1} = u_i / n$，$u_{RVD2} = 2u_i$。

为了保证磁芯不饱和，需在各开关周期结束前使励磁电流达到零值，当 $N_3 = N_1$ 时，正激变换器最大占空比被限制在 0.5。

【例 3-3】　单端正激变换开关电源中，按以下规格设计：$U_i = 48V \pm 10\%$，$U_o = 5V$，$f_s = 100kHz$，$P_{load} = 15 \sim 50W$，励磁绕组匝数 $N_3 = N_1$，正激变换器工作在 CCM 状态。认为各元件均为理想。计算：

(1) N_2 / N_1 的最小匝比；

(2) 计算滤波电感最小值；

(3) 开关管 VT 关断承受最大电压和导通流过最大电流。

【提示】　根据电路的工作范围，设计变压器匝比、滤波电感参数，在临界状态时，电感电流的平均值等于电流纹波的一半；计算功率器件的承受电压和最大电流，作为选型依据，开关管 VT 导通时，副边整流二极管 VD 也导通，二者之间存在一个变压器匝比系数。

【解析】　(1) 正激变换器工作在 CCM 状态，输出电压满足：

$$U_o = \frac{N_2}{N_1} D U_i$$

则

$$\frac{N_2}{N_1} = \frac{U_o}{D U_i}$$

正激变换电路约束条件：

$$D \leqslant \frac{N_1}{N_1 + N_3} \quad 且\ N_1 = N_3$$

则 $D_{max} = 0.5$。

输入电压 U_i 的范围为 $43.2 \sim 52.8V$，则 N_2 / N_1 的最小匝比为

$$\left.\frac{N_2}{N_1}\right|_{min} = \frac{U_o}{D_{max} U_{imax}} = \frac{5}{0.5 \times 52.8} = 0.19$$

(2) 当电感电流达到最小值 I_{Lmin} 时，电路出现断续情况：

$$I_{Lmin} = I_L - \frac{1}{2}\Delta I_L^+ = \frac{U_o}{R} - \frac{U_o(1-D)T_s}{2L} = 0$$

则对应电流连续与断续的电感临界值 L_{min} 为

$$L_{min} = \frac{(1-D)R}{2f_s} = \frac{(1-D)\dfrac{U_o^2}{P_{min}}}{2f_s} = \frac{(1-0.5) \times \dfrac{25}{15}}{2 \times 100 \times 10^3} = 4.17(\mu H)$$

(3) 开关管 VT 关断时承受的电压：

$$u_{VT} = \left(1 + \frac{N_1}{N_3}\right) U_i = 2U_i$$

最大电压为 $2 \times 52.8 = 105.6(V)$。

设 VT 导通时，励磁电流与绕组电流相比非常小，忽略不计，则 VT 漏极电流为

$$i_{VT} = i_D \frac{N_2}{N_1}$$

副边整流二极管 VD 电流 i_D 为电感电流 i_L 的上升阶段，则 VT 最大电流为

$$i_{VTmax} = i_{Dmax} \frac{N_2}{N_1} = i_{Lmax} \frac{N_2}{N_1}$$

考虑裕量，可选取匝比为最小匝比的 2 倍，即 $\frac{N_2}{N_1} = 2 \left. \frac{N_2}{N_1} \right|_{min} = 0.38$，则有

$$D_{min} = \frac{U_o}{U_{imax}} \frac{N_1}{N_2} = \frac{5}{52.8} \times \frac{1}{0.38} = 0.25$$

又

$$i_{Lmax} = I_o + \frac{1}{2} \Delta i_L = \frac{P_{loadmax}}{U_o} + \frac{(1-D_{min})U_o}{2L_{min}f_s}$$

$$= \frac{50}{5} + \frac{(1-0.25) \times 5}{2 \times 4.17 \times 10^{-6} \times 100 \times 10^3} = 14.5(A)$$

可得 VT 导通流过最大电流：$i_{VTmax} = 0.38 i_{Lmax} = 5.5A$。

3.4.2　隔离型 Buck-Boost 变换器——单端反激式变换器

对 Buck-Boost 直流变换器如图 3-23(a)，若将中间的电感改为隔离变压器，即可推出隔离型 Buck-Boost 变换器，这种变换器副边的工作是在开关管关断期间，且变压器原边绕组施加单方向的脉冲电压，故亦称单端反激式(Fly-back)变换器，如图 3-23(b)所示。将副边绕组重新排列、整理后，如图 3-23(c)所示。

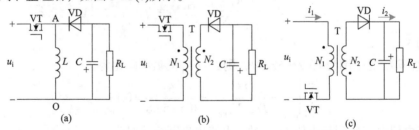

图 3-23　隔离型 Buck-Boost 变换器的演变

隔离型 Buck-Boost 变换器电路拓扑如图 3-23(c)所示，当 VT 导通时，输入电压 u_i 便加到变压器 T 的原边绕组 N_1 上，其电流路径和 N_2 绕组上的感应电压极性如图 3-24(a)所示，

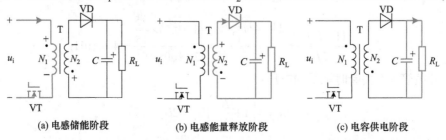

图 3-24　隔离型 Buck-Boost 变换器各阶段电流路径

这时二极管 VD 截止，副边绕组 N_2 中没有电流流过，这一阶段为电感储能阶段。

当 VT 截止时，由于变压器中磁链不能突变，这时 N_2 绕组上的感应电压使二极管 VD 导通，电流路径与 N_2 绕组上的感应电压极性如图 3-24(b)所示，这一阶段为电感释放能量阶段。

当电感中的能量全部释放完毕后，负载将全部由输出滤波电容供电，如图 3-24(c)所示。

由此可见，在隔离型 Buck-Boost 变换器中，在开关管导通期间，二极管截止，这时电源输入的能量以磁能的形式储存于反激变压器(电感)中，在开关管截止期间，二极管导通，反激变压器(电感)中储存的能量通过另一个绕组传输给负载，因此这种变换器也称为电感储能型隔离变换器。

假设绕组 N_1 的电感量为 L_1 ，绕组 N_2 的电感量为 L_2 ，则 VT 导通期间流过 N_1 的电流为

$$i_1 = \frac{u_i}{L_1}t \tag{3-31}$$

若 VT 的导通时间为 t_{on} ，则导通终了时， i_1 的幅值 I_{1P} 为

$$I_{1P} = \frac{u_i}{L_1}t_{on} \tag{3-32}$$

VT 截止期间流过 N_2 的电流为

$$i_2 = I_{2P} - \frac{u_o}{L_2}t \tag{3-33}$$

其中， u_o 为输出电压， I_{2P} 为 VT 截止开始时流过 N_2 的电流幅值，

$$I_{2P} = \frac{N_1}{N_2}I_{1P} \tag{3-34}$$

假如 L_1 、 L_2 为常数时，电流 i_1 和 i_2 将按线性规律上升或下降。

VT 截止期间，变压器储能完全释放所需要的时间为

$$t_{rel} = \frac{L_2}{u_o}I_{2P} \tag{3-35}$$

根据开关管导通期间变压器(电感)储能在截止期间释放情况的不同，单端反激式变换器有 3 种工作模式，分别是变压器磁通连续工作模式、变压器磁通临界连续工作模式和变压器磁通断续工作模式，其主要工作波形如图 3-25 所示。

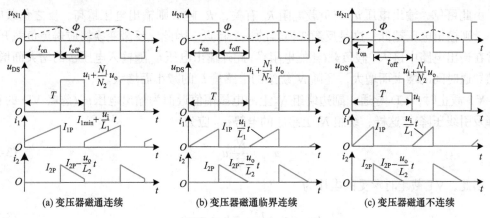

(a) 变压器磁通连续   (b) 变压器磁通临界连续   (c) 变压器磁通不连续

图 3-25 隔离型 Buck-Boost 变换器工作波形

(1) 变压器磁通连续状态。当 VT 截止时间较小时，$t_{\text{off}} < t_{\text{rel}}$，在截止时间结束时刻电流 i_2 将大于零，即 $I_{2\min} > 0$，在这种状态下，下一个周期开始 VT 重新导通时，原边绕组的电流 i_1 也不是从零开始，而是从 $I_{1\min}$（$I_{1\min} = I_{2\min} / n$）起按 u_i / L_1 的斜率线性上升，主要工作波形如图 3-25(a)所示，电路经历了电感储能和电感能量释放两个阶段。

(2) 变压器磁通临界连续状态。当 VT 的截止时间 t_{off} 和绕组 N_2 中电流 i_2 衰减到零所需要的时间相等时，即 $t_{\text{off}} = t_{\text{rel}}$，那么在 VT 截止时间终了时，绕组 N_2 中的电流 i_2 正好下降到零。在下一个周期 VT 重新导通时，N_1 中的电流 i_1 从零开始，按 $(u_i / L_1)t$ 的规律线性上升，主要工作波形如图 3-25(b)所示，电路经历了电感储能和电感能量释放两个阶段。

(3) 变压器磁通不连续状态。当 VT 截止时间 t_{off} 比绕组 N_2 中电流 i_2 衰减到零所需的时间更长，即 $t_{\text{off}} > t_{\text{rel}}$ 时，副边电流 i_2 及变压器磁通在 VT 截止时间 t_{off} 以前便已经衰减到零。在下一个周期 VT 重新导通时，电流 i_1 从零开始按 $(u_i / L_1)t$ 的规律线性上升，主要工作波形如图 3-25(c)所示，电路经历了电感储能、电感能量释放和电容供电三个阶段。

由于 VT 导通期间储存在变压器 T 中的能量为

$$W_L = \frac{1}{2} L_1 I_{1P}^2$$

因此，每单位时间内电源供给的能量，即输入功率 P_i 为

$$P_i = \frac{W_L}{T} = \frac{1}{2T} L_1 I_{1P}^2$$

假定电路中没有损耗，全部功率都被负载吸收，则输出功率 P_o 与输入功率 P_i 相等。而

$$P_o = \frac{u_o^2}{R_L}$$

所以

$$\frac{L_1 I_{1P}^2}{2T} = \frac{u_o^2}{R_L}$$

将式(3-32)代入上式，得出输出电压 u_o 为

$$u_o = u_i t_{\text{on}} \sqrt{\frac{R_L}{2L_1 T}} \tag{3-36}$$

由此可见，输出电压 u_o 与负载电阻 R_L 有关，R_L 越大则输出电压越高，反之负载电阻越小，则输出电压越低，这是反激变换器的一个特点。因此，反激变换器应避免负载开路，通常在输出电路中接入"假负载(耗能电阻)"。此外输出电压 u_o 随输入电压 u_i 的增大而增大，也随导通时间的增大而增大，还随 N_1 绕组的电感量 L_1 的减小而增大。

VT 截止时，VD 导通，副边绕组 N_2 上的电压幅值近似为输出电压 u_o (忽略 VD 的正向压降及引线压降)，这样，绕组 N_1 上感应的电势 u_{N1} 应为

$$u_{N1} = \frac{N_1}{N_2} u_o \tag{3-37}$$

因此，VT 截止时承受的电压为

$$u_{\text{VT}} = u_i + U_{N1} = u_i + \frac{N_1}{N_2} u_o \tag{3-38}$$

由于 u_{VT} 与输出电压 u_o 有关，u_o 还随负载电阻的增大而升高。因此，负载开路时，容易造成管子损坏。

3.4.3　隔离型 Cuk 变换器

图 3-26(a) 的 Cuk 变换器，只能提供一个反极性、不隔离的单一输出电压，在要求有不同的输出电压和不同极性的多组输出时，特别要求输入、输出之间电气隔离时，就需要加入隔离变压器。

在图 3-26(a) 中，首先将 C_1 分成两个相串联的电容 C_1 和 C_2，如图 3-26(b) 所示，根据分析 $u_{\text{AO}}=u_{\text{AB}}+u_{\text{BO}}$，假设 $C_1=C_2$，则 A 点的电压波形如图 3-26(c) 所示，断开 A 点，并在 A 点插入变压器，这构成了隔离型 Cuk 变换器，如图 3-26(d) 所示。

隔离型 Cuk 变换器的工作原理是与 Cuk 型变换器相同的。它的显著特点是变压器的原、副边绕组均无直流流过，这是由于电容 C_1、C_2 隔直流的缘故。这样磁芯是在两个方向磁化的，不需要加气隙，体积可以做得较小。与其他只有一个开关管的单端电路相比，变压器体积小一半，而且绕组面积减小，铜耗也减小。

隔离的 Cuk 型变换器，其输出电压与输入电压的关系是在式 (3-21) 基础上加入变压器的变比 N_1/N_2，故

$$u_\text{o} = \frac{N_2}{N_1} \times \frac{D}{1-D} u_\text{i} \tag{3-39}$$

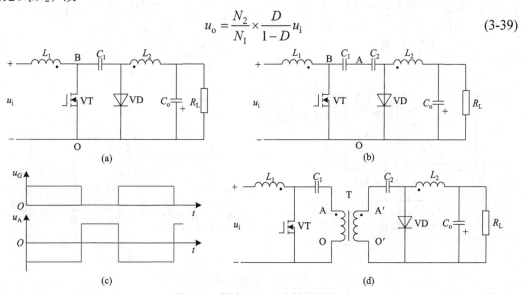

图 3-26　隔离型 Cuk 变换器演变

Cuk 型变换器的输入、输出电流都是连续的，具有较小的纹波分量。随着磁集成技术的发展，为了进一步减小输入、输出电流的纹波，提出了零纹波技术。这种零纹波技术可以通过磁路集成技术来实现，将变压器 T 的原、副边绕组和电感 L_1、L_2 按照图 3-26(d) 所示的对应同名端组合在同一个铁心上，这样除了可以减小体积、质量，而且适当选择电感绕组的匝数、绕组的排列，可使输入、输出纹波电流减小或抵消至零。这种零纹波技术首先应用于隔离 Cuk 型变换器，随着人们不断地探索，在隔离型 Buck(单端正激)变换器上也得到了应用。基本的分析方法是，首先画出变换器的等效电路，然后列出输入电流 i_1 和输出电流 i_2 的表达式，再求解 $di_1/dt = 0$ 方程，得到输入零纹波电流时，电感 L_1 及电路参量之间的

关系，最后求解方程 $\mathrm{d}i_2/\mathrm{d}t=0$，得到输出零纹波电流时，电感 L_2 及电路参量之间的关系。由此来选择电路参量，就可以得到小的纹波。

3.4.4　推挽式变换器

若将两个开关管的控制信号占空比相同，在相位上相差 180° 的正激变换器的输入和输出都并联起来对同一个负载供电，这就构成了双正激变换器，如图 3-27(a)所示。若两个变压器共用一个磁芯，如图 3-27(b)所示，则每个正激变换器都将以另一个正激变换器的原边绕组和 IGBT 的反并联二极管进行磁复位，这时可将原先的磁复位电路去掉，这就构成如图 3-27(c)所示的推挽变换器，考虑到滤波电感 L 的磁能可以利用 VD$_3$ 和 VD$_4$ 进行释放，因此整理后的电路可以省去原有的电感磁能释放二极管 VD$_L$，如图 3-27(d)所示。

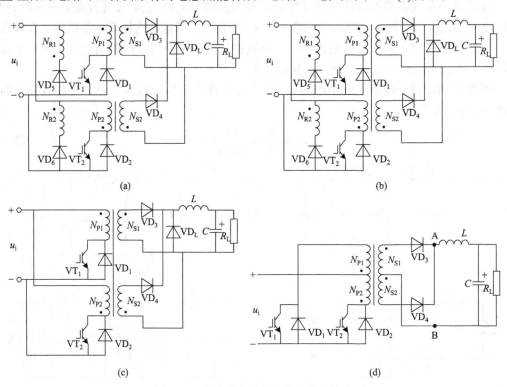

图 3-27　推挽式变换器电路拓扑的演变

两个开关管 VT$_1$、VT$_2$ 的驱动信号相位相差 180°，其工作波形如图 3-28 所示。

假定电路已工作在稳定状态，并考虑变压器剩磁能量的释放，一个开关周期有 6 个工作阶段，各工作阶段电流路径如图 3-29 所示。

(1) $t_0 \sim t_1$ 阶段，能量传输阶段，电流路径示意图如图 3-29(a)所示。VT$_1$ 导通时，u_i 加到原边绕组 N_{P1} 上，此时 VT$_2$ 的集电极通过变压器耦合作用承受 $2u_i$ 的电压，而副边绕组 N_{S1} 电流流经 VD$_3$、L、C、R。

(2) $t_1 \sim t_2$ 阶段，剩磁能量复位阶段，电流路径示意图如图 3-29(b)所示。VT$_1$ 和 VT$_2$ 均关断，变压器的剩磁能量一方面通过 VT$_2$ 的反并联二极管 VD$_2$ 馈送到电源，另一方面通过 VD$_4$ 馈送到负载，此时 VT$_1$ 上承受的电压为 $2u_i$，t_2 时刻剩磁能量全部释放完毕。

(3) $t_2 \sim t_3$ 阶段，续流阶段，电流路径示意图如图 3-29(c)所示。当变压器剩磁能量全部释放完毕后，若 VT_1 和 VT_2 仍关断，则变压器感应电势为零，此时变压器绕组短路，电感 L 中的电流通过变压器副边绕组和二极管 VD_3、VD_4 续流，这时，VT_1 和 VT_2 承受的电压均为 u_i。值得注意的是，VD_3、VD_4 续流时磁链相互抵消。

(4) $t_3 \sim t_4$ 阶段，能量传输阶段，电流路径示意图如图 3-29(d)所示。VT_2 导通时，u_i 加到原边绕组 N_{P2} 上，VT_1 的集电极通过变压器耦合作用承受 $2u_i$ 的电压，副边绕组 N_{S2} 电流流经 VD_4、L、C、R。

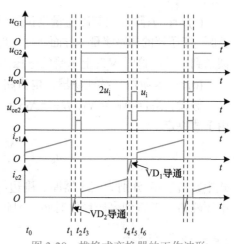

图 3-28 推挽式变换器的工作波形

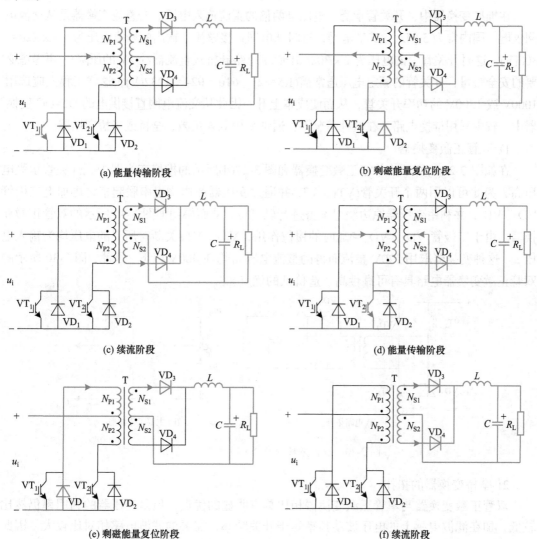

(a) 能量传输阶段

(b) 剩磁能量复位阶段

(c) 续流阶段

(d) 能量传输阶段

(e) 剩磁能量复位阶段

(f) 续流阶段

图 3-29 推挽式变换器工作过程分解

（5）$t_4\sim t_5$阶段，剩磁能量复位阶段，电流路径示意图如图 3-29(e)所示。VT$_1$ 和 VT$_2$ 均关断，变压器的剩磁能量一方面通过 VT$_1$ 的反并联二极管 VD$_1$ 馈送到电源，另一方面通过 VD$_3$ 馈送到负载，这时 VT$_2$ 上承受的电压为 $2u_i$，t_5 时刻剩磁能量全部释放完毕。

（6）$t_5\sim t_6$阶段，续流阶段，电流路径示意图如图 3-29(f)所示。同 $t_2\sim t_3$ 阶段。

假设，$N_{P1}=N_{P2}=N_P$，$N_{S1}=N_{S2}=N_S$，忽略损耗，且不考虑剩磁复位时间，则输出电压由下式决定：

$$u_o=2\times\frac{N_S}{N_P}\times\frac{t_{on}}{T}\times u_i=\frac{N_S}{N_P}\times2D\times u_i \tag{3-40}$$

式中，N_P、N_S 分别为变压器原、副边绕组匝数，D 为开关管的占空比，u_i 为原边绕组输入电压峰值。考虑到剩磁释放时间，因此推挽电路占空比调节要留有余量。

3.4.5　全桥变换器

在推挽变换器中，开关管承受的电压是两倍的直流输入电压。若直流变换器是从交流电网供电，国内常为 50Hz、220V 电网，这时从电网直接整流，输出的峰值电压为 $1.4\times220=308$(V)，这时开关管上的电压为 $2\times308=616$(V)(忽略硅桥式整流器约 2V 的压降)，再考虑必要的安全裕量，开关管的额定电压通常需$(1.5\sim2)\times616=924\sim1232$(V)，这样工程上应选用 1000V 或 1200V 的功率开关管，从而使成本上升。因此从交流电网直接供电的 DC-DC 变换器中，较少采用推挽电路，在这种情况下，通常采用双管正激、全桥或半桥变换器。

1）双管正激变换器

在如图 3-21(a)所示的单管正激变换器和图 3-27(d)所示的推挽变换器中，开关管承受电压高，为此可以用两个开关管(VT$_1$、VT$_4$)并通过变压器原边绕组串联起来，再加上二极管 VD$_2$、VD$_3$，并利用变压器原边绕组本身进行磁复位，从而得到如图 3-30 所示的双管正激变换器。由于二极管 VD$_2$、VD$_3$ 导通时的钳位作用，VT$_1$、VT$_4$ 关断时所受的电压均为输入电压 u_i。这种变换器取用 220V 整流而得的整流电压 u_i 均在 400V 以下，因此，图 3-30 所示的双管正激变换器电路具有可靠性高、造价低的优点。

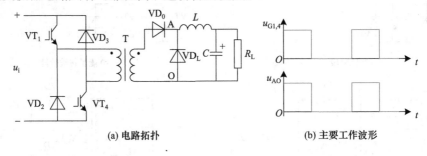

(a) 电路拓扑　　　　(b) 主要工作波形

图 3-30　双管正激变换器及其主要工作波形

2）全桥变换器的拓扑

双管正激变换器与单管正激变换器相比具有明显的优点，但是变压器的利用率仍然比较低，加在滤波电感上的电压波动频率等于开关频率，需要的滤波电感相对比较大，因此很难在大功率的开关电源中应用。若将两个开关管的控制信号占空比$(D<0.5)$相同，在相位

上相差 180°的双管正激变换器的输入和输出都并联起来对同一个负载供电，如图 3-31(a)所示，这种电路的每只变压器的利用率均只有一半，若将两只变压器合并，如图 3-31(b)所示，考虑到输出电感 L 电流在原边开关管均关断时，可通过 VD_5、VD_6 同时续流，因此可省略原续流二极管 VD_L，进一步整理后的电路如图 3-32(a)所示，这就是全桥变换器，对角线相对的管子 VT_1 和 VT_4 或 VT_2 和 VT_3 同时通断，变压器原边磁通在一个半周沿磁滞回线上移，在另外半周沿着磁滞回线反极性下移，使得变压器得到充分的利用。

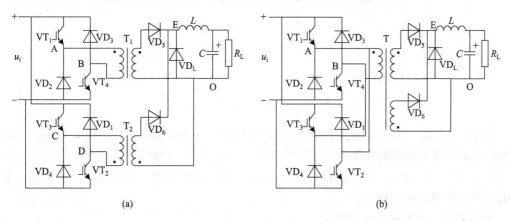

图 3-31　全桥变换器电路拓扑演变

3) 全桥变换器的工作原理

开关管 VT_1、VT_4 的驱动信号相位相同，开关管 VT_2、VT_3 的驱动信号相位相同，两组驱动信号相位相差 180°，其工作波形如图 3-32(b)所示。

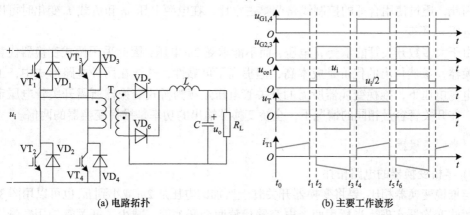

(a) 电路拓扑　　　　　(b) 主要工作波形

图 3-32　全桥变换器电路拓扑及其主要工作波形

假设变压器为理想变压器，变换器一个开关周期分为 4 个工作阶段，假定在开关 VT_1、VT_4 导通以前，负载电流经二极管 VD_5、VD_6 及变压器副边续流，上半周期两阶段电流路径如图 3-33 所示。工作过程分析如下：(以下分析忽略剩磁释放过程)

(1) $t_0 \sim t_1$ 阶段，能量传输阶段，电流路径示意图如图 3-33(a)所示。t_0 时刻，给 VT_1、VT_4 加驱动信号，VT_1、VT_4 饱和导通，集电极电流流过原边绕组 N_P，随着 VT_1 和 VT_4 的导通，原边绕组 N_P 上的电流 i_P 以额定速率逐渐上升，这个电流由负载电流折算值和磁化电流所组成。同时，副边的整流二极管 VD_5 导通，VD_6 关断，电流上升速率由滤波电感 L 确定。

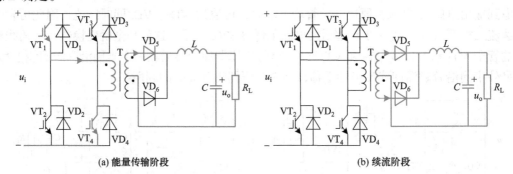

(a) 能量传输阶段　　　　　　　　　　　(b) 续流阶段

图 3-33　全桥变换器半周期工作过程分解

(2) $t_1 \sim t_2$ 阶段，续流阶段，电流路径示意图如图 3-33(b) 所示。$VT_1 \sim VT_4$ 均关断，电感 L 中的电流通过变压器副边绕组和二极管 VD_5、VD_6 续流，这时，$VT_1 \sim VT_4$ 均承受 $u_i/2$ 的电压。t_2 时刻，给 VT_2、VT_3 加驱动信号，VT_2、VT_3 饱和导通，电路进入下半周期，下半周的工作过程和前半周期相同。

忽略损耗，输出电压 u_o 如下：

$$u_o = \frac{u_i \times 2D}{n} = \frac{2u_i \times t_{on}}{N_P T_s} N_S \tag{3-41}$$

式中，u_i 为原边绕组电压(V)；N_P 为原边绕组匝数(匝)；N_S 为副边绕组匝数(匝)；D 为其中一管导通的占空比；T_s 为工作周期(s)。

因此，通过使用合适的控制线路调整占空比，在电源电压 u_i 和负载 i_o 变化时可以保持输出电压 u_o 不变。

由于大多数开关管能承受 u_i 电压，而不能承受 $2u_i$ 电压，因此采用桥式变换器代替推挽式变换器，虽然付出的代价是成本高，但提高了可靠性，这样在两种电路形式中，工作在同样电源电压下，推挽变换器所需的开关管电压定额为桥式变换器所需开关管电压定额的两倍。在开关管容量相同的情况下，全桥变换器输出的功率是推挽变换器的两倍。

3.4.6　半桥变换器

1) 半桥变换器的电路拓扑

与推挽变换器相比，要将变换器开关管上所加的电压从 $2u_i$ 减小到 u_i，也可以用图 3-34(a) 的半桥式变换器实现。半桥用两个电容器代替两个开关管，减少了开关管使用数量，因此比较经济。

在开关管昂贵的情况下，常常采用半桥，通常在低功率变换器中采用半桥电路，在半桥变换器电路中，当 $C_1 = C_2$ 时，电容器的中点电压为 $u_i/2$，则变压器原边电压峰值为 $u_i/2$，而全桥时为 u_i，这样对于同样的变压器副边输出功率，半桥变换器原边电流为全桥的两倍。

2) 半桥变换器工作原理

开关管 VT_1 和 VT_2 的驱动信号相位相差 180°，其工作波形如图 3-34(b) 所示。

假设变压器为理想变压器，变换器一个开关周期分为 4 个工作阶段，t_0 之前，开关管

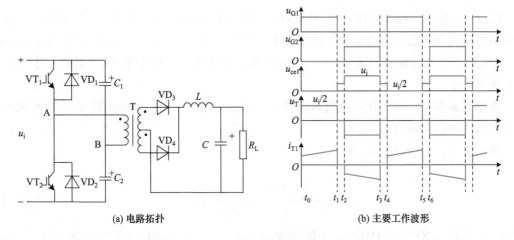

(a) 电路拓扑   (b) 主要工作波形

图 3-34 半桥变换器电路拓扑及其主要工作波形

VT_1、VT_2 处于断态,负载电流经二极管 VD_3、VD_4 及变压器副边续流,假设 $C_1=C_2$,工作过程分析如下:

(1) $t_0 \sim t_1$ 阶段,能量传输阶段,电流路径示意图如图 3-35(a)所示。t_0 时刻,给 VT_1 加驱动信号,VT_1 饱和导通,VT_1 集电极电流流过原边绕组 N_P,随着 VT_1 的导通,原边绕组 N_P 上的电流 i_p 以额定速率逐渐上升。同时,副边的整流二极管 VD_3 导通,VD_4 关断,电流上升速率由滤波电感 L 确定,这时 B 点电压升高。

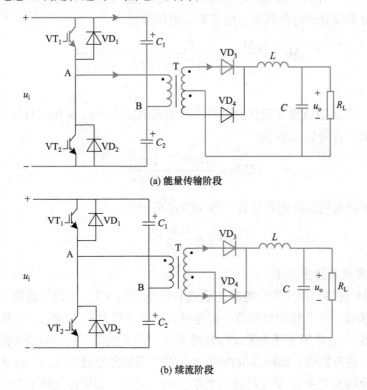

(a) 能量传输阶段

(b) 续流阶段

图 3-35 半桥变换器工作过程分解

(2) $t_1 \sim t_2$ 阶段，续流阶段，电流路径示意图如图 3-35(b)所示。VT_1、VT_2 关断，电感 L 中的电流通过变压器副边绕组和二极管 VD_3、VD_4 续流。这时，VT_1、VT_2 均承受 $u_i/2$ 的电压。t_2 时刻，给 VT_2 加驱动信号，VT_2 饱和导通，电路进入下半周期，下半周的工作过程和前半周期类似。

在稳态条件下，开关管导通期间通过 L 的电流增加，而关断期间通过 L 的电流减小，其平均值等于输出电流 I_o。

忽略损耗，输出电压 u_o 为

$$u_o = \frac{\frac{1}{2}u_i \times 2D}{n} = \frac{u_i \times t_{on}}{N_P T_s} N_S \qquad (3\text{-}42)$$

式中，u_i 为原边绕组电压(V)；N_P 为原边绕组匝数(匝)；N_S 为副边绕组匝数(匝)；D 为其中一管导通的占空比；T_s 为开关周期(s)。

因此，通过使用合适的控制线路调整占空比，在电源电压 u_i 和负载 I_o 变化时可以保持输出电压 u_o 不变。

3) 桥式分压电容器的选择

桥式电容器的值可从已知原边电流和工作频率计算，这样若总的输出功率为 P_o(包括变压器损耗)，原边电流为 $i_P = P_o/(u_i/2)$，工作频率 f，半周时间为 $1/(2f)$，变压器原边由 C_1、C_2 并联馈电。当 VT_1 开启，通过原边电流流入 A 点，当 VT_2 开启时，从 A 点取出电流，在半周中由两个电容器补充电荷损失，电容器上电压变化为

$$\Delta U = \frac{I_P \Delta t}{C_{总}} = \frac{P_o}{u_i/2(C_1+C_2)} \frac{1}{2f} = \frac{P_o}{2u_i f C_F} \qquad (3\text{-}43)$$

其中，$C_1 = C_2 = C_F$。

电容器 C_1、C_2 上直流电压变化的百分数与整流输出电压 u_C 变化的百分数是相同的，这样输出电压纹波的百分数 $U_r\%$ 为

$$U_r\% = \frac{100\Delta U}{u_i/2} = \frac{100P_o}{u_i^2 f C_F}$$

为了满足输出电压纹波的百分数，C_F 的大小应满足：

$$C_F \geqslant \frac{100P_o}{u_i^2 f U_r} \qquad (3\text{-}44)$$

4) 偏磁现象及其防止方法

(1) 偏磁的可能性。由于两个电容连接点 B 的电位随 VT_1、VT_2 导通情况而浮动的，所以能自动地平衡每个开关管的伏秒值。假定这两个开关管具有不同的开关特性，即在相同的基极脉冲宽度 $t = t_1$ 作用下开关管 VT_1 较慢关断，而开关管 VT_2 则较快关断时，则对 VT_1 连接点处的电压将有影响，如图 3-36(b)所示。图中阴影部分面积 A_1 和 A_2 表示了不平衡伏秒值，其导致原因是开关管 VT_1 的延迟关断。由此可见，如果让这种不平衡的波形驱动变压器，将会发生偏磁现象，致使铁心饱和并产生过大的开关管集电极电流，从而降低了变

换器的效率，使开关管失控，甚至烧毁。

(2) 串联耦合电容改善偏磁性。当浮动情况不能满足要求时，可按图 3-37 所示，通过在变压器原边线圈中加入一个串联电容 C_3，则与不平衡的伏秒值成正比的直流偏压将被此电容滤掉，即移动了直流电平，如图 3-36(c)所示，这样在开关管导通期间，就会平衡电压的伏秒值。

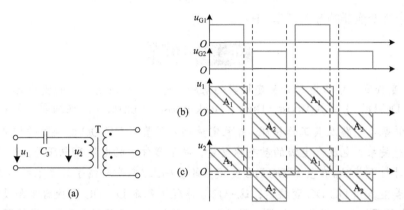

图 3-36　在变压器原边串联一个电容的工作波形图

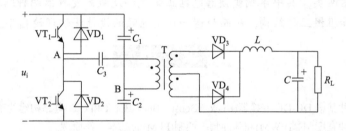

图 3-37　带串联耦合电容的半桥式变换器

(3) 串联耦合电容的选择。上面讨论过的变压器耦合电容 C_3，是一种无极性的薄膜电容器。为了减少电流作用下的升温，必须使用具有较低等效串联电阻的电容器，或者为了达到一定电容值，必须使用多个电容器并联连接，以降低其等效串联电阻。下面介绍正确选择耦合电容的方法。

图 3-36 可知，耦合电容器 C_3 和电感 L 折算到原边的电感 L_R 组成了一个串联谐振电路，其谐振频率为

$$f_R = \frac{1}{2\pi\sqrt{L_R C_3}} \tag{3-45}$$

$$L_R = \left(\frac{N_P}{N_S}\right)^2 L \tag{3-46}$$

式中，L_R 为副边电感 L 折算至原边的电感值；N_P/N_S 为变压器原、副边匝数比；C_3 为耦合电容。

由式(3-45)、式(3-46)可解得

$$C_3 = \frac{10^6}{4\pi^2 f_R^2 (N_P / N_S)^2 L} \quad (\mu F) \tag{3-47}$$

为了使耦合电容器线性充电，即在开关频率 f_s 处，耦合电容充电回路呈感性，即

$$2\pi f_s L_R \geqslant \frac{1}{2\pi f_s C_s}$$

另外，考虑到在谐振频率处，串联谐振支路的感抗与容抗相等，因此一般按式(3-48)选定：

$$f_R = 0.1 f_s \tag{3-48}$$

式中，f_s 为半桥变换器的开关频率(kHz)。

本 章 小 结

　　DC-DC 变换器是电力电子开关变换器的基础，也是实际应用最广的变换器之一。本章从四种基本的 DC-DC 变换器(Boost、Buck、Buck-Boost、Cuk)出发，详细阐述了 DC-DC 变换器电路构造的基本思路及其工作原理，并且定量描述了基本 DC-DC 变换器的相关特性，如输入输出的稳态关系、电压和电流的动态脉动量、功率器件中的电流和电压等，从而为 DC-DC 变换器的设计打下基础。在基本 DC-DC 变换器的基础上，本章介绍了二象限和四象限 DC-DC 变换器以及多重多相 DC-DC 变换器，这一内容体现了基本 DC-DC 变换器组合设计，是对基本 DC-DC 变换器性能的改进和拓展。最后研究了带隔离变压器的 DC-DC 变换器，主要包括单端和双端变换器两类，其中单端变换器包括正激式和反激式变换器两种结构，双端变换器包括全桥、半桥和推挽三种结构，从而为诸如开关电源的设计提供理论指导。

思 考 与 练 习

简答题

3.1　试简述 4 种基本 DC-DC 变换器(Buck、Boost、Buck-Boost 和 Cuk)电路构建的基本思路与方法。

3.2　试比较脉冲宽度调制(PWM)和脉冲频率调制(PFM)的基本工作原理。

3.3　什么是直流斩波电路的电流连续状态和电流断续状态？

3.4　电流断续对 DC-DC 变换器电路的分析有何影响？

3.5　试分析理想的 Buck 变换器在电感电流连续和断续情况下，稳态电压增益与什么因素有关。

3.6　试解析 Boost 变换器为什么不宜在占空比 α 接近 1 的情况下工作？

3.7　试解释 Buck 变换器和 Boost 变换器中的电容、电感、二极管在换流过程中各起什么作用。

3.8　如何在 Buck 和 Boost 电路的基础上构建升降压斩波电路？并比较 Buck-Boost 电路和 Boost-Buck 电路之间存在怎样的异同点。

3.9　简述伏秒平衡和安秒平衡原则，并分别用两种方法分析 Cuk 变换器的输出/输入关系。

3.10　试以 Cuk 变换器为例分析电路中储能元件(电容、电感)的作用。

3.11　试证明 Cuk 变换器中间电容电压 U_{C1} 等于电源电压 U_i 与负载电压 U_o 之和，即 $U_{C1}=U_i+U_o$。

3.12　试以二象限 DC-DC 变换器为例具体分析电路中二极管的作用。

3.13　二象限和四象限 DC-DC 变换器有何区别？驱动直流电动机正反转运行应采用几象限 DC-DC 变换器？

3.14　试说明隔离型 DC-DC 变换器出现的意义是什么。

3.15　单端正激式变换器和单端反激式变换器有何区别？

3.16　说明题 3.16 图隔离型 Buck 电路中由绕组 N_3 和二极管 VD_2 构成的支路有何作用。

3.17　试推导负载电流连续时隔离型 Buck-Boost 变换器的输出直流电压平均值。

3.18　试分析负载开路时，隔离型 Buck-Boost 变换器(单端反激式变换器)会出现何种现象。

3.19　试说明变压器隔离的推挽式变换器和变压器隔离的全桥变换器的特点是什么。

3.20　试画出变压器隔离的全桥变换器的电路拓扑，并分析其变压器原边、开关管两端的电压波形和流过变压器原边的电流波形。

3.21　试以半桥变换器为例，说明开关管动态特性参数对电路工作有何不利影响，可以采取何种措施消除或减小这些影响。

3.22　对于如题 3.22 图所示的全桥变换器电路，若需使电动机工作于反转电动状态，试分析此时电路的工作情况，并绘制相应的电流流通路径图，同时标明电流流向。

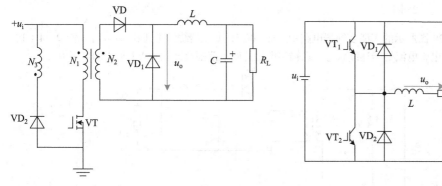

題 3.16 图　　　　　　　　　　題 3.22 图

计算题

3.23　如题 3.23 图所示为理想 Buck 变换器，已知：u_i=100V，开关频率为 20kHz，占空比为 D=0.6，电阻为 R，电感为 L，电容为 C。试计算在电流连续状态下的：

(1) 输出电压；

(2) 电感电流的最大值和最小值；

(3) 开关管和二极管的最大电流；

(4) 开关管和二极管承受的最大电压。

3.24　Buck 变换器中的开关管具有的最小有效导通时间是 40μs，直流电源额定值是 300V，斩波频率为 1kHz，最小输出电压是多少？当该变流器与电阻负载 R=2Ω 相连接时，平均输入电流是多少？

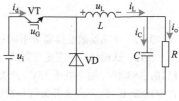

題 3.23 图

3.25　采用题 3.23 图所示的 Buck 变换器电路。输入电压是 27V±10%，输出电压为 15V，最大输出功率 120W，最小功率 10W，轻载时关断时间为 5μs，工作频率 30kHz，求：

(1) 占空比变化范围；

(2) 保证整个工作范围内电流连续所需的电感值；

(3) 当输出纹波电压 Δu_o=100mV 时，求滤波电容值；

(4) 如取电感临界连续电流为 4A，求电感量。

3.26　在如题 3.26 图所示的 Buck 变换器电路中，已知 u_i=200V，R=10Ω，L 值极大，E_M=30V，T=50μs，t_{on}=20μs，计算输出电压平均值 u_o，输出电流平均值 i_o。

3.27　Boost 变换器中，输入电压在 18～30V 之间变化，若要求输出电压固定在 48V，假定工作在连续导通状态下，求：

(1) 占空比范围；

(2) 连接 R=3Ω 的电阻负载时的输入电流和输出电流的平均值。

3.28　Boost 变换器电路如题 3.28 图所示，输入电压为 27V±10%，输出电压为 45V，输出功率为 750W，效率为 95%，若等效电阻为 R=0.05Ω。

(1) 求最大占空比。

(2) 如要求输出 60V 是否可能？为什么？

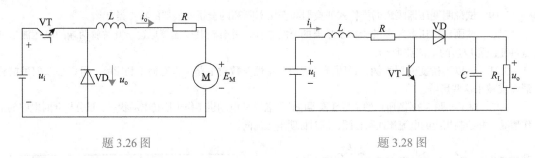

题 3.26 图   题 3.28 图

3.29   在如题 3.29 图所示的正激变换器电路中，u_i=100V，变压器绕组电压比 $N_1:N_2:N_3$=2：1：1，滤波电感 L 足够大使电感电流处于连续状态，求输出电压的调节范围及开关管 VT 承受的电压值。

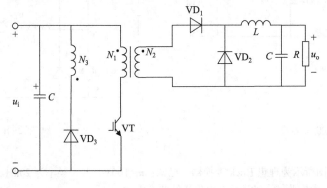

题 3.29 图

3.30   单端反激变换器采用如题 3.30 图所示电路，两只开关管同时开关，求电路的电压增益。

3.31   试设计一个变压器隔离的 Buck 变换器，已知：u_i=300V，输出电压 15V，开关频率为 40kHz，占空比 D=0.45，不考虑开关管与整流二极管的管压降。设计内容：

(1) 画出变压器隔离的 Buck 变换器的电路拓扑 (包括去磁电路)，并分析其变压器原边、开关管两端的电压波形和流过变压器原边的电流波形。

(2) 计算变压器变比。

设计题

3.32   随着全球能源消耗加剧，新能源电动汽车将逐步代替传统汽车。作为电动汽车中重要的一部分，辅助 DC-DC 电源从电池组直接取电，为车

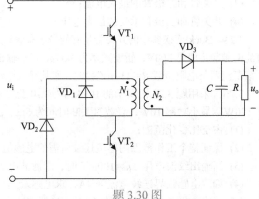

题 3.30 图

内的转向系统、灯照系统等提供了 12V 恒定电压，确保其正常工作。通常辅助 DC-DC 电源需满足以下设计要求：DC-DC 转换效率应大于 85%，纹波小于 150mV，具备过温保护、过压/欠压保护、过流保护、漏电保护等功能，防水等级达到 IP55 或更高，满足国家标准电动汽车 DC-DC 变换器的相关技术要求。以某款电动车为例，输入端：动力电池组标称母线电压为 320V，电池组电压波动范围为 250～365V，输出端：整车辅助设备总功率不超过 800W，设备供电电压 12V，请考虑设计一款满足上述指标要求的高功率密度并具有高频隔离变压器的 DC-DC 变换电路。

第4章

DC-AC 变换器(无源逆变器)

学习指导

DC-AC 变换器是指能将一定幅值的直流电变换成一定幅值和一定频率交流电的电力电子装置，又称为逆变器。如果 DC-AC 变换器的交流输出连接无源负载(如电机、电炉或其他用电器等)，则称这种 DC-AC 变换器为无源逆变器；如果 DC-AC 变换器的交流输出连接电网，则称这种 DC-AC 变换器为有源逆变器。由于有源逆变器与电网连接，因此常将有源逆变电路作为 AC-DC 变换器(整流器)的馈能运行来讨论，而本章将只讨论无源逆变器，通常无源逆变器习惯上又简称为逆变器。

在工程与民用领域逆变器具有广泛的应用，如：电气传动中的变频器、热处理中的感应加热电源、通信与办公系统中的不间断电源、特种电源中的电镀电源和焊接电源、风力、光伏发电系统中的逆变电源等。可见，逆变器是一种将直流电能变换为交流电能并向无源负载供电的重要电力电子电路。在授课时，建议以电压型逆变器为重点，着重学习以下主要内容：

(1) 逆变器的电路结构、分类及主要性能指标。
(2) 逆变器的三种基本变换方式——方波变换、阶梯波变换、正弦波变换。
(3) 方波逆变器的基本电路及其特点。
(4) 正弦波逆变器及其 SPWM 控制。

对于电压型阶梯波逆变器电路以及电流型逆变器一般只简要讲解，而对于空间矢量 PWM 控制相关内容只供学生学习参考。

4.1 概　述

4.1.1 逆变器的基本原理

逆变器主要完成直流-交流(DC-AC)的变换功能，对于逆变器而言，其直流侧可能存在直流电压和直流电流两种电源形式，那么如何完成直流—交流这一变换呢？实际上可以考虑采用开关切换的方式将直流量变换成交流量，以单相输出为例，其逆变器的原理拓扑如图 4-1 所示，其中直流侧以电压源供电的逆变器称为电压型逆变器，而直流侧以电流源供电的逆变器则称为电流型逆变器。图 4-1(a)所示电压型逆变器的直流侧采用足够容量的电容滤波，因此直流侧可等效为电压源，其直流电压基本不变，而逆变器的输出电压为幅值与直流电压幅值相等的方波或方波脉冲序列电压，其输出电流波形取决于负载对方波或方波脉冲序列电压的响应，显然，电压型逆变器的输出电压的突变性使其无法带容性负载(可带感性负载)，若考虑到直流电压的单向性和负载的无功缓冲，则电压型逆变器中的开关管必须具有反向电流流通能力，为此可采用单向开关管反向并联二极管以实现开关管电流的反向流通；而图 4-1(b)所示电流型逆变器的直流侧采用足够感量的电感滤波，因此直流侧可等效为电流源，其直流电流基本不变，而逆变器的输出电流为幅值与直流电流幅值相等的方波或方波脉冲序列电流，其输出电压波形取决于负载对方波或方波脉冲序列电流的响应，显然，电流型逆变器的输出电流的突变性使其无法带感性负载(可带容性负载)，若考虑到直流电流的单向性以及负载的无功缓冲，则电流型逆变器中的开关管必须具有一定的抗反压能力，考虑到常规开关管弱的抗反压特性，为此可采用开关管顺向串联二极管以实现抗反压特性。

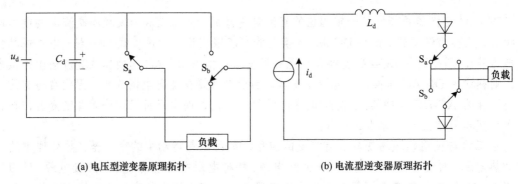

(a) 电压型逆变器原理拓扑   (b) 电流型逆变器原理拓扑

图 4-1   逆变器的原理拓扑

下面以输出交流方波为例来简述逆变器的基本原理。在图 4-2(a)所示的单相电压型全桥逆变器原理电路中，当开关管 VT$_1$(VD$_1$)和 VT$_4$(VD$_4$)导通而 VT$_2$(VD$_2$)和 VT$_3$(VD$_3$)关断时，输出电压为正的方波电压；当开关管 VT$_2$(VD$_2$)和 VT$_3$(VD$_3$)导通而 VT$_1$(VD$_1$)和 VT$_4$(VD$_4$)关断时，输出电压为负的方波电压。单相电压型全桥逆变器的输出电压波形如图 4-2(b)所示，显然，输出的正、负方波电压幅值相等(均为逆变器直流侧电压 u_d)，若使输出的正、负方波电压宽度相等，则逆变器输出即为交流方波电压，从而实现了直流电压到交流电压的变换，这就是逆变器工作的基本原理。那么，实现 DC-AC 变换功能的逆变器有哪些输出变换方式呢？具体讨论如下。

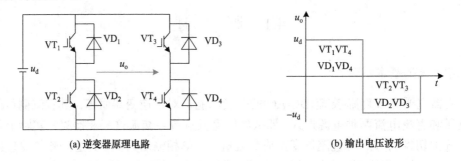

(a) 逆变器原理电路   (b) 输出电压波形

图 4-2   逆变器原理电路及输出电压波形

1. 方波变换方式

所谓方波变换方式是指逆变器输出波形为交流方波的变换方式，这是逆变器最简单的变换方式。一般而言，方波变换时逆变器的交流输出有两种基本调制方式：脉冲幅值调制(Pulse Amplitude Modulation，PAM)和单脉冲调制(Single Pulse Modulation，SPM)。

所谓 PAM 是指逆变器的输出频率可由 180°方波[图 4-3(a)]或 120°方波[图 4-3(b)]的周期来控制，图 4-3(c)为 180°方波的调频示意；而逆变器输出基波的幅值则由输出方波的幅值即逆变器直流侧电压(电压型逆变器)或电流(电流型逆变器)的幅值来控制，图 4-3(d)为 180°方波的调幅示意。显然，采用 PAM 控制方式时，其方波的导通角恒定(180°或 120°)。

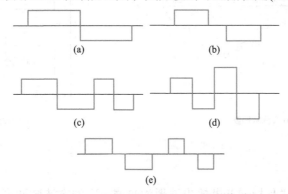

图 4-3　逆变器方波变换时的相关波形

所谓的 SPM 是指逆变器的输出频率仍由方波的周期来控制，而逆变器输出基波的幅值则由逆变器输出方波的导通角进行控制，如导通角在 0°～180°范围调节，逆变器的输出波形如图 4-3(e)所示。显然，采用 SPM 控制方式时，逆变器输出方波的幅值恒定。

对比上述两种方波的调制方式不难看出：当采用 SPM 变换方式时，逆变器输出方波的幅值一定，仅需调节其导通角，因此控制较为简单；而当采用 PAM 变换方式时，逆变器输出方波的周期和幅值均可调，因此控制相对复杂。

2. 阶梯波变换方式

所谓阶梯波变换方式是指逆变器输出波形为交流阶梯波的变换方式。当逆变器采用方波变换方式时，虽然逆变器的控制较为简单，但交流输出谐波较大，研究表明：对于 180°方波变换方式，其输出波形的总谐波畸变系数(Total Harmonic Distortion，THD，是衡量谐波含量的重要指标)约为 48%，而对于 120°方波变换方式，其输出波形的 THD 约为 30%。那么为何 120°方波变换方式的输出波形的 THD 比 180°方波变换方式的输出波形的 THD 要低呢？仔细观察图 4-3(a)、(b)不难发现，在一个周期中，120°方波变换方式输出波形有正、零、负三个输出电平，而 180°方波变换方式的输出波形只有正、负两个输出电平。因此，为减少逆变器的交流输出谐波，可以考虑采用方波变换的波形叠加方式来增加输出交流波形的电平数，由于这种多电平输出的交流波形形似阶梯波，因此称为交流阶梯波变换，如图 4-4(a)所示，显然，在基波幅值相同的条件下，该阶梯波的谐波分量远低于 120°和 180°方波变换时的谐波分量。图 4-4(a)所示的交流阶梯波可由三组采用方波变换的逆变器输出叠加组合而成，其原理电路如图 4-4(b)所示，这是一种分相叠加的组合逆变器结构，通过多组采用方波变换的逆变器进行移相叠加组合，从而获得相应的交流阶梯波形。

显然，阶梯波变换方式实际上是一种多电平变换方式，除以上采用的分相叠加的组合逆变器拓扑结构外，还可以采用钳位式多电平逆变器等拓扑结构。

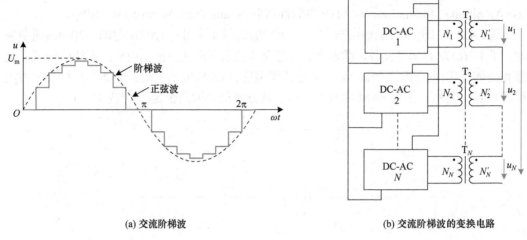

(a) 交流阶梯波　　　　　　　　　　　(b) 交流阶梯波的变换电路

图 4-4　交流阶梯波及其变换电路

3. 斩控变换方式

所谓斩控变换方式是指逆变器输出波形为幅值一定的方波脉冲序列波变换方式。在斩控变换方式中,逆变器中的开关管以一定的通、断控制规律进行调制,使其输出幅值一定的方波脉冲序列波形。当开关频率足够高时,采用这种斩控变换方式的逆变器能使其输出波形的谐波含量足够小,因此斩控变换方式是逆变器的主要变换控制方式。一般而言,斩控变换方式主要有以下两类。

(1) 脉冲宽度调制 (Pulse Width Modulation,PWM)。这种 PWM 控制方式其开关调制周期和调制脉冲的幅值固定不变,而调制脉冲的宽度可调。若调制脉冲的宽度按正弦分布,则称为正弦脉冲宽度调制(Sine Pulse Width Modulation,SPWM),基于 SPWM 控制的逆变器输出波形如图 4-5(a)所示。

(2) 脉冲频率调制(Pulse Frequency Modulation,PFM)。这种 PFM 控制方式其调制脉冲宽度和幅值固定不变,而脉冲调制频率(周期)可调。基于 PFM 控制的逆变器输出波形如图 4-5(b)所示。PFM 控制方式由于需要很宽的脉冲调制频率(开关频率)变化范围,考虑到输出滤波器设计的困难,因此在逆变器中一般较少采用。

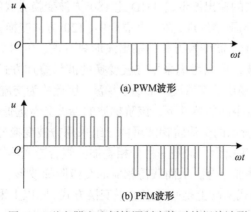

(a) PWM波形

(b) PFM波形

图 4-5　逆变器交流斩控调制变换时的相关波形

4.1.2　逆变器的分类

通常，逆变器主要有以下几种分类方式。

(1) 按直流侧储能元件的性质,逆变器可分为电压型逆变器(Voltage Source Inverter, VSI)和电流型逆变器(Current Source Inverter, CSI)。逆变器中直流侧必须设置储能元件,如电感元件或电容元件。该储能元件一方面起到直流侧的滤波作用,另一方面可以缓冲负载的无功能量。当逆变器直流侧设置电容元件且电容容量足够大时,此时由于直流侧的低输出阻抗特性,因而呈现出电压源特性;当逆变器直流侧设置电感元件且电感感量足够大时,此时由于直流侧的高输出阻抗特性,因而呈现出电流源特性。

(2) 按逆变器波形变换方式的不同,逆变器可分为方波逆变器、阶梯波逆变器以及正弦波逆变器等。其中方波逆变器常采用脉冲幅值调制或单脉冲调制控制,阶梯波逆变器常采用移相叠加或多电平控制,而正弦波逆变器则常采用脉冲宽度调制控制。

(3) 按逆变器功率电路拓扑结构的不同,逆变器可分为半桥逆变器、全桥逆变器、推挽式逆变器等。

(4) 按逆变器功率电路中的功率器件的不同,逆变器可分为半控型逆变器和全控型逆变器。半控型逆变器功率电路的功率器件采用半控型功率器件,如晶闸管(SCR);而全控型逆变器功率电路的功率器件采用全控型功率器件,如电力场效应晶体管(MOSFET)以及绝缘栅双极晶体管(IGBT)等。

(5) 按逆变器输出频率的不同,逆变器可分为工频逆变器、中频逆变器以及高频逆变器。

(6) 按逆变器输出交流电相数的不同,逆变器可分为单相逆变器、三相逆变器以及多相逆变器。

(7) 按逆变器输入、输出是否隔离的不同,逆变器可分为隔离型逆变器和非隔离型逆变器。其中隔离型逆变器又可分为工频隔离型逆变器和高频隔离型逆变器两类。

(8) 按逆变器输出电平的不同,逆变器可分为两电平逆变器和多电平逆变器。

4.1.3　逆变器的性能指标

1. 逆变器的输出波形性能指标

由于逆变器的输出波形除了含有基波分量外,还含有谐波分量,因此必须引入相关输出波形的性能指标来进行量化评价。

(1) 谐波系数 HF(Harmonic Factor)。

为了表征一个实际波形中第 n 次谐波与基波相比的相对值,引入谐波系数 HF。

第 n 次谐波系数 HF_n 定义为第 n 次谐波分量有效值 U_n 与基波分量有效值 U_1 之比, 即

$$HF = \frac{U_n}{U_1} \tag{4-1}$$

(2) 总谐波畸变系数 THD(Total Harmonic Distortion Factor)。

为了表征一个实际波形同基波分量的接近程度,引入总谐波畸变系数 THD。

总谐波畸变系数 THD 定义为各次谐波分量有效值 $U_n(n=2,3,\cdots)$ 平方之和的开方与基波分量有效值 U_1 之比, 即

$$\text{THD} = \frac{1}{U_1} \left(\sum_{n=2,3,\cdots}^{\infty} U_n^2 \right)^{\frac{1}{2}} \tag{4-2}$$

显然，对于理想正弦波而言，其 THD = 0。

(3) 畸变系数 DF(Distortion Factor)。

为了表征一个实际波形中每一次谐波分量对波形畸变的影响程度，引入畸变系数 DF，定义为

$$\text{DF} = \frac{1}{U_1} \left[\sum_{n=2,3,\cdots}^{\infty} \left(\frac{U_n}{n^2} \right)^2 \right]^{\frac{1}{2}} \tag{4-3}$$

显然，若要考察第 n 次谐波对波形畸变的影响程度，可定义第 n 次谐波的畸变系数 DF_n 为

$$\text{DF}_n = \frac{U_n}{U_1 n^2} \tag{4-4}$$

(4) 最低次谐波 LOH(Lowest-Order Harmonic)。

定义为与基波频率最为接近的谐波。

2. 其他主要性能指标

除了上述输出波形的性能指标外，逆变器的性能指标还包括：额定容量、逆变效率、输出频率精度、功率密度、输出直流分量、过载能力、短路能力、允许输入电压、输出电压精度、负载功率因数、平均无故障间隔时间(MTBF)等。

4.2　电压型逆变器

电压型逆变器(VSI)是应用最广的一种 DC-AC 变换器，电压型逆变器有以下主要特点：

(1) 直流侧有足够大的储能电容元件，从而使其直流侧呈现出电压源特性，即稳态时的直流侧电压近似不变。

(2) 逆变器输出的电压波形为方波或方波脉冲序列，并且该电压波形与负载无关。

(3) 逆变器输出的电流波形则取决于负载，且输出电流的相位随负载功率因数的变化而变化。

(4) 逆变器输出电压的控制可以通过脉冲幅值调制(PAM)、脉冲宽度调制(PWM)等控制方式来实现。

依据电压型逆变器的控制方式和结构的不同，电压型逆变器主要可分为方波型、阶梯波型、正弦波型(PWM 型)三类，以下分别进行讨论。

4.2.1　电压型方波逆变器

电压型方波逆变器按其拓扑结构的不同可分为多种结构，主要包括：单相全桥逆变器、单相半桥逆变器、推挽式逆变器以及三相桥式逆变器。也可以按电压型逆变器所采用功率器件的不同分为半控型和全控型两类。由于电压型逆变器已较少采用基于晶闸管的半控型结构，因此，以下将只讨论全控型电压型逆变器。

1. 电压型单相方波逆变器

电压型单相方波逆变器按其拓扑结构的不同可分为电压型单相全桥逆变器、电压型单相半桥逆变器以及带中心抽头变压器的电压型单相推挽式逆变器等，以下分别加以讨论。

1) 电压型单相全桥方波逆变器

电压型单相全桥方波逆变器的主电路结构如图 4-6(a)所示，该逆变器由四个桥臂构成，即两个上桥臂(VT_1、VD_1；VT_3、VD_3)和两个下桥臂(VT_2、VD_2；VT_4、VD_4)。这种电压型单相全桥方波逆变器的输出波形控制主要有脉冲幅值调制(PAM)和单脉冲调制(SPM)两类。

(1) 脉冲幅值调制(PAM)。

电压型单相全桥方波逆变器采用 PAM 控制时，其主电路的四个开关管采用 180°互补控制模式，这样逆变器输出的电压为 180°导电的交流方波电压，其方波电压幅值即为逆变器的直流电压幅值，不同负载时的电压型单相全桥方波逆变器相关波形如图 4-6(c)～(e)所示。值得注意的是，流经逆变器桥臂的电流，既可以经开关管流通(如 VT_1)，也可以经二极管流通(如 VD_1)，具体取决于实际电流方向。

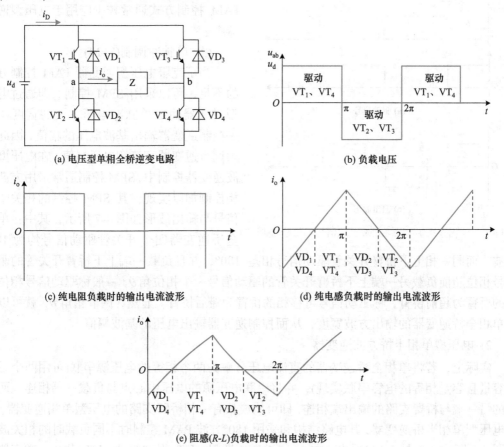

(a) 电压型单相全桥逆变电路　　　　　(b) 负载电压

(c) 纯电阻负载时的输出电流波形　　　(d) 纯电感负载时的输出电流波形

(e) 阻感(R-L)负载时的输出电流波形

图 4-6　电压型单相全桥方波逆变器电路及 PAM 控制时的相关波形

对于采用 PAM 控制的逆变器输出 180°方波交流电压波形，逆变器输出电压有效值、瞬时值 U_{ab}、u_{ab} 分别为

$$U_{ab} = \left(\frac{2}{T_s} \int_0^{T_s/2} u_d{}^2 dt \right)^{\frac{1}{2}} = u_d \tag{4-5}$$

$$u_{ab}(t) = \sum_{n=1,3,5,\cdots}^{\infty} \frac{4u_d}{n\pi} \sin n\omega t \tag{4-6}$$

显然，输出基波电压的有效值 U_1 为

$$U_1 = \frac{4u_d}{\sqrt{2}\pi} = 0.9u_d \tag{4-7}$$

值得注意的是，改变方波电压周期即可改变交流输出电压频率，但对于 PAM 控制方式，若需改变逆变器输出电压的基波幅值，则只能通过控制逆变器直流电压幅值来实现，从而增加了系统和控制复杂性，因而 PAM 控制方式通常较少应用于电压型逆变器中。

(2) 单脉冲调制(SPM)。

为了克服电压型逆变器 PAM 控制方式的不足，可以采用 SPM 控制。即通过电压型逆变器输出单脉冲电压方波的宽度调节来控制逆变器输出基波电压的幅值，因此无须调节逆变器直流侧电压幅值。在电压型方波逆变器控制中，SPM 控制通常采用方波移相控制加以实现，其 SPM 控制的相关驱动信号与输出波形如图 4-7 所示，其中：单相全桥逆变器四个开关管驱动信号均为 180°

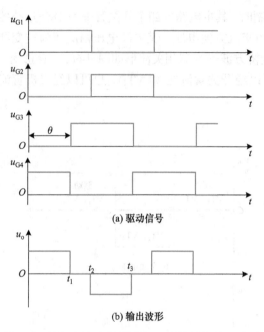

(a) 驱动信号

(b) 输出波形

图 4-7　单相全桥逆变器 SPM 驱动信号与输出波形

方波，而同一相上下桥臂开关管驱动信号相差 180°，并且负载一端上下桥臂开关管的驱动信号相位超前负载另一端上下桥臂开关管的驱动信号一个相位角 θ。一般称驱动信号相位固定的桥臂为超前桥臂，称驱动信号可移相的桥臂为滞后桥臂。显然，调节相角 θ，就可以调节单相全桥逆变器的输出方波宽度，从而控制逆变器输出电压的基波幅值。

2) 电压型单相半桥方波逆变器

实际上，若将单相全桥逆变器的直流电压分解为两个相等的电压源串联(可用两个足够大容量且容量相等的电容串联实现)，并将串联电压源的电压中心点与负载一端相连，而负载的另一端与桥臂支路的输出端相连，即可构成只有一相桥臂支路的电压型单相逆变器，称为电压型单相半桥逆变器，其电路结构和采用 180°方波 PAM 控制时不同负载时的相关波形如图 4-8 所示。由图 4-8(b)看出：在 $0 \leqslant t \leqslant T_s/2$ 期间，VT_1 得到驱动，VT_2 截止，逆变器的输出电压 $u_{an}=+u_d/2$；在 $T_s/2 \leqslant t < T_s$ 期间，VT_2 得到驱动，VT_1 截止，逆变器的输出电压 $u_{an}=-u_d/2$。显然，以上 180°方波调制时的电压型半桥逆变器输出电压波形为 $u_d/2$ 幅值的 180°交流方波电压。可见，在直流侧电压相同的情况下，电压型单相半桥逆变器输出方波电压的幅值只有电压型单相全桥逆变器输出方波电压的一半。

显然，与电压型单相全桥方波逆变器相比，电压型单相半桥方波逆变器所用功率器件减少一半，而且当直流侧电压相等时，采用 180° PAM 控制的输出电压幅值也降低一半。值得注意的是，在直流侧电压和输出功率相等的条件下，电压型单相半桥逆变器功率器件的耐压值与电压型单相全桥逆变器功率器件的耐压值相同，但电压型单相半桥逆变器功率器件的电流定额则应比电压型单相全桥逆变器功率器件的电流定额提高一倍。因此，电压型单相半桥方波逆变器较适合于"高电压"输入且"低电压"输出的逆变应用场合。另外，在感性负载条件下，电压型单相半桥逆变器只能采用上下桥臂互补通断的 PAM 控制，而无法实现 SPM 控制，这是因为：当电压型单相半桥逆变器带感性负载时，如果要实现 SPM 控制，其逆变器上、下桥臂开关管关断时，逆变器必须能瞬间输出零电压，但对于驱动感性负载的电压型单相半桥逆变器而言，若上桥臂开关管关断时，由于感性负载电流不能突变，因此下桥臂二极管瞬间导通续流，输出电压瞬间变负，这样逆变器上、下桥臂开关管关断瞬间无法输出零电压，也就是说电压型单相半桥逆变器无法实现 SPM 控制。

3) 带中心抽头变压器的电压型单相推挽式方波逆变器

以上分析表明，电压型单相半桥方波逆变器较适合于"高电压"输入且"低电压"输出的逆变应用场合。

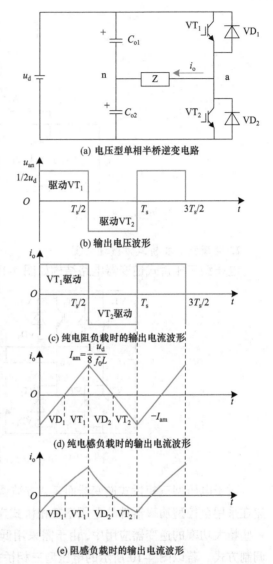

(a) 电压型单相半桥逆变电路

(b) 输出电压波形

(c) 纯电阻负载时的输出电流波形

$$I_{am} = \frac{1}{8}\frac{u_d}{f_0 L}$$

(d) 纯电感负载时的输出电流波形

(e) 阻感负载时的输出电流波形

图 4-8　电压型单相半桥逆变器电路及其不同
负载时的相关波形

但若实际应用是要求逆变器与输出负载隔离或者负载电压与逆变器直流电压的幅值相差较大时，如何设计出满足要求的电压型单相逆变器电路呢？实际上，图 4-9 所示的带中心抽头变压器的电压型单相推挽式方波逆变器电路就能满足这一要求。

与电压型单相全桥方波逆变器相比，带中心抽头变压器的电压型单相推挽式方波逆变器虽然少用了一半的功率器件，但功率器件承受的正向电压却提高了一倍，并且还增加了一个带中心抽头的变压器。因此，带中心抽头逆变器的电压型单相推挽式逆变器适用于"低电压"输入且要电气隔离的逆变应用场合。

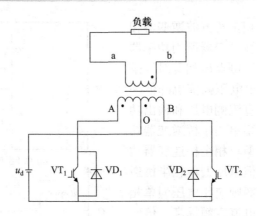

图 4-9　带中心抽头变压器的电压型单相推挽式方波逆变器电路

2. 电压型三相桥式方波逆变器

电压型三相桥式逆变器电路结构如图 4-10 所示。

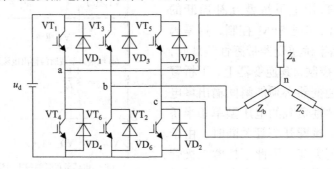

图 4-10　电压型三相桥式逆变器电路结构

对于电压型三相桥式逆变器而言，方波调制是 DC-AC 变换最简单的一种控制方式。虽然在采用全控型功率器件的电压型三相桥式逆变器中，一般已较少采用方波调制方式，但在一些特大功率的逆变器应用中，由于需采用低开关频率以降低开关损耗，因此仍需采用方波调制方式。若以图 4-10 所示的电压型三相桥式逆变器直流电压中心点为电位参考点，控制相应的开关管使逆变器各相输出相位互差 120° 的交流方波电压，即可实现电压型三相桥式逆变器的交流方波电压输出。在电压型三相桥式方波逆变器中，三相桥式逆变器每相的方波变换采用 180° 方波调制方式，这种调制方式要求逆变器中开关管的驱动信号为 180° 方波，其相关波形如图 4-11 所示。

观察图 4-11，电压型三相桥式逆变器 180° 方波调制时，其开关管控制及其相关波形具有以下特征：

(1) 每相上下桥臂开关管均采用 180° 互补控制模式。

(2) 相邻相桥臂开关管的驱动信号相位互差 120°。

(3) 任何时刻有且只有 3 个桥臂导通，或 2 个上桥臂 1 个下桥臂导通，或 1 个上桥臂 2 个下桥臂导通。

(4) 按图 4-10 所标功率器件的序号,相邻序号开关管的驱动信号相位互差 60°。

(5) 若逆变器直流侧电压为 u_d,当负载为星形连接的对称负载时,则逆变器输出相电压波形为交流六阶梯波波形,即每间隔 60°就发生一次电平的突变,且电平取值分别为 $\pm u_d/3$、$\pm 2u_d/3$。

(6) 若逆变器直流侧电压为 u_d,则逆变器输出线电压波形为 120°导电的交流方波波形,其方波幅值为 u_d。

对于电压型三相桥式逆变器电路而言,由于每相上、下桥臂共有两个开关模式(上桥臂通且下桥臂断、上桥臂断且下桥臂通),则三相共计有 2^3=8 个开关模式,去除三个上桥臂全通和三个下桥臂全通这 2 个零电压开关模式,则电压型三相桥式逆变器共有 6 个非零电压开关模式。对应每个非零电压开关模式的三相逆变器等值电路及其输出电压如表 4-1 所示。

考察电压型三相桥式方波逆变器的相电压波形,如果取时间坐标为相电压阶梯波的起点,并利用傅里叶分析,则不难求得逆变器输出 a 相电压的瞬时值 u_{an} 为

$$u_{an}(t) = \frac{2}{\pi} u_d \left(\sin \omega t + \frac{1}{5} \sin 5\omega t + \frac{1}{7} \sin 7\omega t \right.$$
$$\left. + \frac{1}{11} \sin 11\omega t + \frac{1}{13} \sin 13\omega t + \cdots \right) \tag{4-8}$$

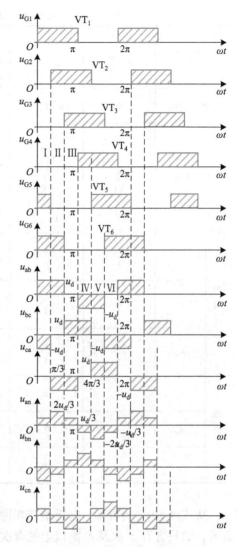

图 4-11　电压型三相桥式逆变器 180°方波调制时的相关波形

从式(4-8)分析可知,电压型三相桥式方波逆变器的输出相电压波形中不含偶次和 3 次谐波,而只含有 5 次及 5 次以上的奇次谐波,且谐波幅值与谐波次数成反比,其中相电压基波幅值 U_{anlm} 为

$$U_{anlm} = \frac{2u_d}{\pi} \tag{4-9}$$

另外,考察电压型三相桥式方波逆变器的线电压波形,如果取时间坐标为线电压零电平的中点,并利用傅里叶分析,则不难求得逆变器输出线电压的瞬时值 u_{ab} 为

$$u_{ab}(t) = \frac{2\sqrt{3}}{\pi} u_d \left(\sin \omega t - \frac{1}{5} \sin 5\omega t - \frac{1}{7} \sin 7\omega t + \frac{1}{11} \sin 11\omega t + \frac{1}{13} \sin 13\omega t + \cdots \right) \tag{4-10}$$

表 4-1　电压型三相桥式方波逆变器的等值电路及其输出电压

模式	I $0 \sim \dfrac{\pi}{3}$	II $\dfrac{\pi}{3} \sim \dfrac{2\pi}{3}$	III $\dfrac{2\pi}{3} \sim \pi$	IV $\pi \sim \dfrac{4\pi}{3}$	V $\dfrac{4\pi}{3} \sim \dfrac{5\pi}{3}$	VI $\dfrac{5\pi}{3} \sim 2\pi$
导通管号	5、6、1	6、1、2	1、2、3	2、3、4	3、4、5	4、5、6
等值电路	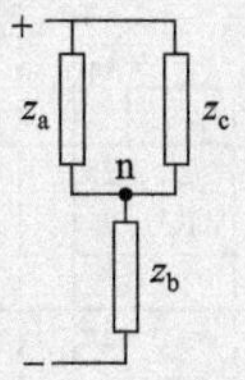 $z_a \| z_c$，z_b	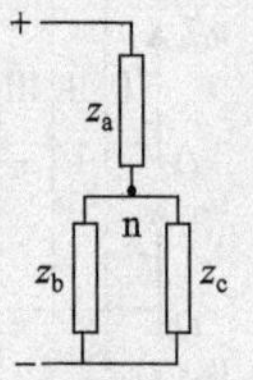 z_a，$z_b \| z_c$	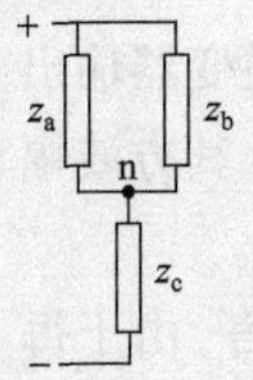 $z_a \| z_b$，z_c	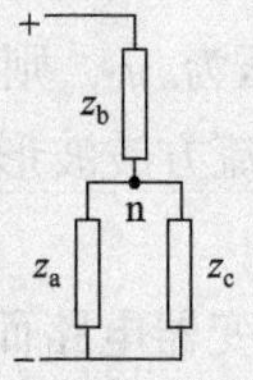 z_b，$z_a \| z_c$	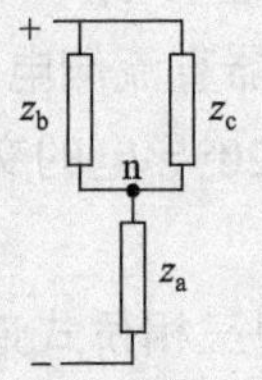 $z_b \| z_c$，z_a	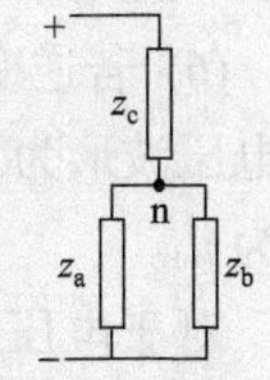 z_c，$z_a \| z_b$
相电压 u_{an}	$\dfrac{+u_d}{3}$	$\dfrac{+2u_d}{3}$	$\dfrac{+u_d}{3}$	$\dfrac{-u_d}{3}$	$\dfrac{-2u_d}{3}$	$\dfrac{-u_d}{3}$
相电压 u_{bn}	$\dfrac{-2u_d}{3}$	$\dfrac{-u_d}{3}$	$\dfrac{+u_d}{3}$	$\dfrac{+2u_d}{3}$	$\dfrac{+u_d}{3}$	$\dfrac{-u_d}{3}$
相电压 u_{cn}	$\dfrac{+u_d}{3}$	$\dfrac{-u_d}{3}$	$\dfrac{-2u_d}{3}$	$\dfrac{-u_d}{3}$	$\dfrac{+u_d}{3}$	$\dfrac{+2u_d}{3}$
线电压 u_{ab}	$+u_d$	$+u_d$	0	$-u_d$	$-u_d$	0
线电压 u_{bc}	$-u_d$	0	$+u_d$	$+u_d$	0	$-u_d$
线电压 u_{ca}	0	$-u_d$	$-u_d$	0	$+u_d$	$+u_d$

从式(4-10)分析可知，电压型三相桥式方波逆变器的输出线电压波形中不含偶次和 3 次谐波，而只含有 5 次及 5 次以上的奇次谐波，且谐波幅值与谐波次数成反比，其中线电压的基波幅值 U_{ablm} 为

$$U_{ablm} = \frac{2\sqrt{3}}{\pi} u_d = 1.1 u_d \tag{4-11}$$

【例 4-1】　如图 4-12 所示的三相 180° 方波逆变器，负载为对称的纯电阻负载，直流侧电压中点为 o，负载中性点为 n，输出电压频率 50Hz。

(1) 画出稳态时逆变桥输出 a 相电压 u_{ao}、负载 a 相电压 u_{an} 的波形，并分析比较；

(2) 绘制输出线电压 13 次谐波及以下的各次电压分量有效值(含基波)比上直流电压的散点图；

(3) 直流电压 $U_d = 487\text{V}$，求输出线电压基波的有效值、直流电压利用率。

【提示】　先给出三相桥臂上管互差 120° 的驱动电压波形，根据驱动波形，分析并绘制出输出电压波形，明确以直流侧电压中点为参考的桥臂输出电压电平的变化是由该桥臂上管开关状态决定的，与负载特性无关。进而推广到单相、三相正弦波逆变器同样满足这种关

系。直流电压利用率定义为逆变器输出线电压的最大基波幅值与直流电压之比。

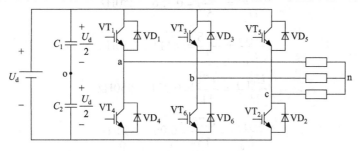

图 4-12　三相 180°方波逆变器

【解析】　(1) 稳态时的输出相电压波形如图 4-13 所示。

分析比较：u_{ao} 电压波形仅取决于 a 相上桥臂 VT_1 的驱动电压，是一个与 u_{G1} 频率及脉宽一致、幅值为 $U_d / 2$ 的交流波形，与 b、c 相电压无关。由此关系，可快速得出 u_{bo}、u_{co} 电压波形。而电压 u_{an} 是六阶梯波波形，电平变化与 b、c 相电压有关。

(2) 由 $u_{ao} - u_{bo} = u_{ab}$，得输出线电压 u_{ab} 波形如图 4-14 所示。

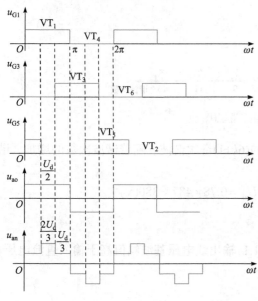

图 4-13　输出相电压波形　　　　　　　　　　图 4-14　输出线电压波形

输出线电压各次分量幅值为

$$U_{LLhm} = \frac{2\sqrt{3}}{\pi h}U_d = \frac{1.1}{h}U_d, \quad h = 1,5,7,11,\cdots$$

则输出线电压各次分量有效值为

$$U_{LLh} = \frac{2\sqrt{3}}{\sqrt{2}\pi h}U_d = \frac{0.78}{h}U_d, \quad h = 1,5,7,11,\cdots$$

基波：
$$\frac{U_{LL1}}{U_d} = 0.78，\quad 50\text{Hz}$$

$$\frac{U_{LL5}}{U_d} = \frac{0.78}{5} = 0.156，250Hz$$

$$\frac{U_{LL7}}{U_d} = \frac{0.78}{7} = 0.111，350Hz$$

$$\frac{U_{LL11}}{U_{dc}} = \frac{0.78}{11} = 0.071，550Hz$$

$$\frac{U_{LL13}}{U_d} = \frac{0.78}{13} = 0.06，650Hz$$

绘制散点图如图 4-15 所示。

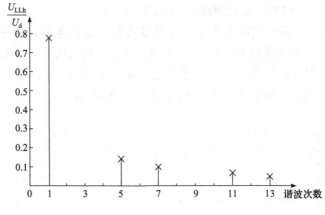

图 4-15 谐波电压散点图

可以看出，输出相电压只含有 5 次及以上的$(6k\pm1)$奇次谐波，随着谐波次数的增加，谐波幅值与谐波次数成反比减小。

(3) 输出线电压基波的有效值：$U_{LL1} = 0.78U_d = 0.78 \times 487 \approx 380(V)$

当 $h = 1$ 时，$U_{LL1m} = \frac{1.1}{h}U_d = 1.1U_d$

因此三相方波逆变器的直流电压利用率为 1.1，输出线电压基波幅值高于输入直流电压。

*4.2.2 电压型阶梯波逆变器

电压型阶梯波逆变器的拓扑结构种类较多，主要包括：变压器移相叠加结构、级联多电平结构、钳位型多电平结构等，具体讨论如下。

1. 采用变压器移相叠加结构的电压型阶梯波逆变器

采用变压器移相叠加结构的电压型阶梯波逆变器通常需要多个电压型逆变器组合，并通过变压器绕组进行移相多重化来实现电压阶梯波的输出。图 4-16 为基于两个三相电压型逆变器组合且采用变压器绕组串联移相叠加结构的电压型阶梯波逆变器电路。

由于三相电压型方波逆变器输出线电压为 120°方波电压，为了形成串联移相叠加的阶梯波电压，可使逆变器 2 的输出电压相位滞后于逆变器 1 的输出电压相位 30°。另外，为进一步降低输出电压谐波，逆变器 1 的输出变压器 T_1 绕组采用 △/Y 形接法，而逆变器 2 的输出

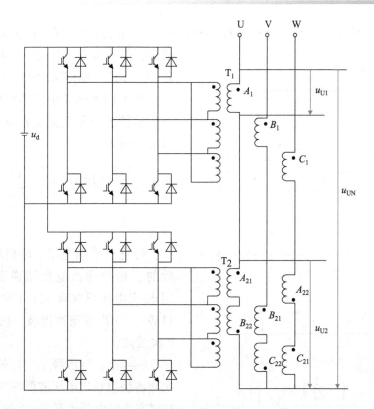

图 4-16　基于两个三相电压型逆变器组合且采用变压器绕组串联移相叠加结构的电压型阶梯波逆变器电路

变压器 T_2 一次侧绕组采用△形接法，而二次侧绕组则采用曲折 Y 形接法。若使变压器 T_1 的二次侧输出电压幅值与变压器 T_2 的二次侧输出电压幅值相等，变压器 T_1、T_2 的变比分别为 $1:1$ 和 $1:1/\sqrt{3}$，且变压器 T_1、T_2 的一次侧绕组匝数应相等。需要注意的是，图 4-16 中变压器 T_2 的二次侧平行绕组应绕在同一铁心上，变压器 T_1、T_2 的二次侧基波电压合成相量图如图 4-17 所示，图中 U_{A1}、U_{A21}、U_{B22} 分别为变压器 T_1、T_2 绕组 A_1、A_{21}、B_{22} 上的基波电压相量。其中串联移相叠加输出一相的相关波形如图 4-18 所示。

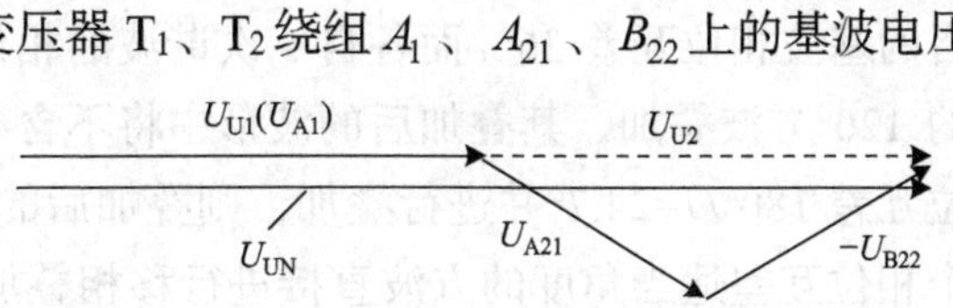

考察图 4-16、图 4-18，并根据傅里叶分析，可得变压器 T_1、T_2 的一相(U 相)二次侧各绕组输出电压分别为

图 4-17　变压器 T_1、T_2 的二次侧基波电压合成相量

$$u_{A1} = \frac{2\sqrt{3}}{\pi} u_d \left[\sin\omega t + \frac{1}{n} \sum_{\substack{n=6k\pm1 \\ k=1,2,3,\cdots}} (-1)^k \sin n\omega t \right] \tag{4-12}$$

$$u_{A21} = \frac{2\sqrt{3}}{\pi} u_d \left[\sin(\omega t - 30°) + \frac{1}{n} \sum_{\substack{n=6k\pm1 \\ k=1,2,3,\cdots}} (-1)^k \sin n(\omega t - 30°) \right] \tag{4-13}$$

$$-u_{B22} = \frac{2\sqrt{3}}{\pi} u_d \left[\sin(\omega t + 30°) + \frac{1}{n} \sum_{\substack{n=6k\pm1 \\ k=1,2,3,\cdots}} (-1)^k \sin n(\omega t + 30°) \right] \tag{4-14}$$

显然，每个绕组的输出电压只含有 $6k\pm1(k=1,2,3,\cdots)$ 次谐波，即含有 5 次、7 次等奇次谐波，而不含有 3 次谐波。将变压器 T_1、T_2 的一相(U 相)二次侧各绕组输出电压叠加，则采用变压器输出串联移相叠加后的三相阶梯波电压型逆变器的一相(U 相)的输出电压为

$$u_{\mathrm{UN}} = \frac{4\sqrt{3}}{\pi}u_{\mathrm{d}}\left[\sin\omega t + \frac{1}{n}\sum_{\substack{n=12k\pm1 \\ k=1,2,3,\cdots}} (-1)^k \sin n\omega t\right]$$

(4-15)

可见，采用变压器输出串联移相叠加后的三相阶梯波电压型逆变器的一相(U 相)输出电压只含有 $12k\pm1$ 次谐波，即含有 11 次、13 次等奇次谐波，而不含有 5 次、7 次谐波。

实际上，变压器 T_1、T_2 的一相(U 相)二次侧各绕组输出电压波形均为 120°方波，而 120°方波可由两个互差 60°的 180°方波叠加而成。虽然 180° 方波中含有 3、5、7、9 等 $2k\pm1$ 次谐波，但两个互差 60°的 180°方波，其各自的基波相位互差 60°，而各自 3 次谐波的相位则互差 3×60°=180°，因此 120°方

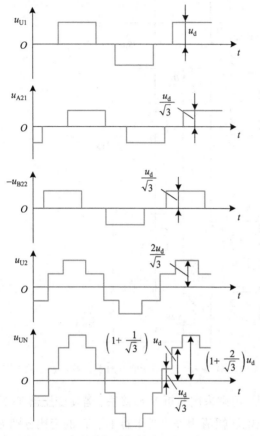

图 4-18   串联移相叠加输出一相的相关波形

波中不含有 3 次谐波。以此获得启发，若将两个 120°方波的相位互差 180°/5=36°，则其各自的基波相位互差 36°，而各自 5 次谐波的相位则互差 5×36°=180°，因此两个相位互差 36°的 120°方波叠加，其叠加后的波形中将不含有 5 次谐波。同理，若将两个 120°方波的相位互差 180°/7=24.7°并进行叠加，则叠加后的波形中将不含有 7 次谐波。显然，若通过两个相位互差适当角度的方波直接进行移相叠加，其叠加后的波形中只能消除某一特定次谐波。但是，若两个相位互差适当角度的方波通过变压器进行移相叠加，只要适当选择变压器的变比和二次侧绕组的电压合成方式，就可以同时消除 2 个特定次谐波(如 5 次、7 次谐波)。当然，利用串联移相叠加的逆变器组数越多，其输出阶梯波的阶梯数就越多，能消除的谐波也就越多。

2. 采用级联多电平结构的电压型阶梯波逆变器

图 4-19(a)为基于级联多电平逆变器结构的电压型阶梯波逆变器，这里采用了 2 个单相电压型全桥逆变器进行级联，当每个逆变器采用单脉冲方波调制且脉冲宽度为 θ，并且使 2 个逆变器输出方波的相位角错开 ϕ 角度后再进行级联(串联叠加)，则级联后的阶梯波电压波形如图 4-19(b)所示。

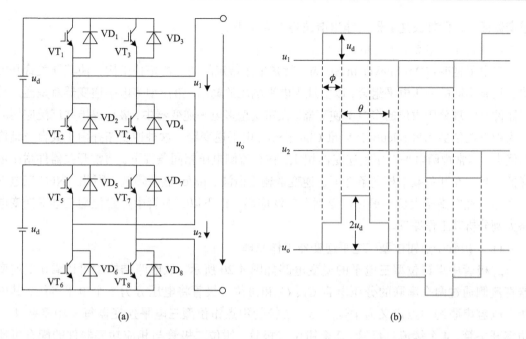

图 4-19　基于级联多电平逆变器结构的电压型阶梯波逆变器及其输出电压波形

根据傅里叶分析，每个逆变器的输出电压 u_1、u_2 以及其叠加输出电压 u_o 分别为

$$u_1 = \frac{4u_d}{\pi} \sum_{n=1,3,5,\cdots}^{\infty} \frac{1}{n} \sin \frac{n\theta}{2} \sin n\left(\omega t + \frac{\phi}{2}\right) \tag{4-16}$$

$$u_2 = \frac{4u_d}{\pi} \sum_{n=1,3,5,\cdots}^{\infty} \frac{1}{n} \sin \frac{n\theta}{2} \sin n\left(\omega t - \frac{\phi}{2}\right) \tag{4-17}$$

$$u_o = u_1 + u_2 = \frac{4u_d}{\pi} \sum_{n=1,3,5,\cdots}^{\infty} \frac{2}{n} \sin \frac{n\theta}{2} \cos \frac{\phi}{2} \sin n(\omega t) \tag{4-18}$$

其中叠加输出电压的基波与各次谐波幅值为

$$U_{m(n)} = \frac{8u_d}{n\pi} \sin \frac{n\theta}{2} \cos \frac{n\phi}{2} \tag{4-19}$$

如果要消除第 n 次谐波，则只要使式(4-19)中的 $\cos(n\phi/2)=0$ 即可，为此须使 $n\phi/2=\pi/2$，即 $\phi=\pi/n$。显然，要消除 3 次谐波时，$\phi=\pi/3$；而要消除 5 次谐波时，$\phi=\pi/5$。

值得一提的是：为消除第 n 次谐波，则 $\cos(n\phi/2)=0$，即 $n\phi/2=2k\pi\pm\pi/2$，其中 $k=0$,1,2,3,$\cdots$，因此 $n=(4k\pi\pm\pi)/\phi$。可见，在消除 3 次谐波时，$\phi=\pi/3$，此时 $n=(4k\pi\pm\pi)/(\pi/3)$，即 $n=12k\pi\pm3$，如果将 $k=0$,1,2,3,$\cdots$代入其中，则不难发现 n 为 3 以及 3 的奇数倍。同理分析可得，在消除 5 次谐波时，$\phi=\pi/5$，这样 $n=20k\pi\pm5$，如果将 $k=0$,1,2,3,$\cdots$代入其中，则不难发现 n 为 5 以及 5 的奇数倍。

以上分析表明：当采用上述两个单相电压型逆变器级联以构成阶梯波逆变器时，如果移相角 $\phi=\pi/3$，则不仅消除了 3 次谐波，而且同时也消除了 3 的奇次倍谐波；另外，如果移相角 $\phi=\pi/5$，则不仅消除了 5 次谐波，而且同时也消除了 5 的奇次倍谐波；可见，相对于方波逆变器而言，阶梯波逆变器的输出谐波将大为减小。

3. 采用钳位型多电平结构的电压型阶梯波逆变器

三电平NPC
拓扑的推演

多电平逆变器(Multilevel Inverter)，就是采用特定的逆变器拓扑结构，使其开关管开关状态具有不同的分压电平组合，以实现多电平电压的输出。钳位型多电平逆变器就是通过功率器件来实现分压钳位的多电平逆变器。在钳位型多电平逆变器中，最早提出并广泛应用的即为中点钳位型 NPC(Neutral Point Clamped)三电平逆变器，这种逆变拓扑由于其自身结构的优点，与常规两电平电压型逆变器相比：在直流侧电压相同条件下，通常开关器件耐压可降低一半；在开关频率相同条件下，逆变器输出谐波、$\mathrm{d}u/\mathrm{d}t$ 显著降低。因此，NPC 三电平逆变器已经在高压大功率等领域得到了广泛应用。以下以二极管中点钳位型三电平逆变电路为例分析其工作原理。

1) 二极管中点钳位型三电平逆变器工作原理

二极管中点钳位型三电平的逆变电路如图 4-20 所示。从电路结构中可以看出，逆变器直流侧通过两个串联的分压电容 C_1、C_2 和钳位二极管将电压分为三个电平等级，其中两个电容串联的中点定义为中性点 o。二极管中点钳位型三电平逆变器每一相需要 4 个功率开关管，4 个续流二极管，2 个钳位二极管。钳位二极管与相应功率器件的配合可使逆变器的输出钳位在零电位，并使每一个开关管承受的正向阻断电压为 $u_\mathrm{d}/2$。下面简要分析其工作原理。

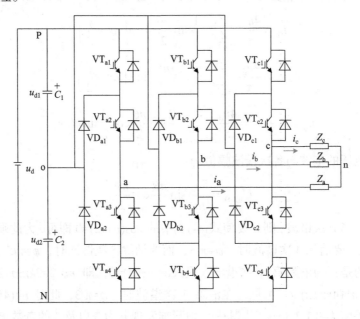

图 4-20　二极管中点钳位型三电平逆变器拓扑结构

所谓三电平是指逆变器交流侧每相输出电压相对于直流侧中性点 o 有三种可能的电平电压，即正电压、零电压和负电压。以 a 相为例，电容 C_1、C_2 为逆变电路提供 2 个相同的直流电压，二极管 VD_{a1}、VD_{a2} 用于电平钳位。当同时驱动 VT_{a1}、VT_{a2} 导通(实际由电流方向决定是 VT_{a1}、VT_{a2} 导通还是 VT_{a1}、VT_{a2} 相应反并联二极管导通)而关断 VT_{a3}、VT_{a4} 时，逆变电路输出相电压(相对于直流中点 o)为 $u_d/2$；当同时驱动 VT_{a2}、VT_{a3} 导通(实际由电流方向决定是 VT_{a2} 导通还是 VT_{a3} 导通)而关断 VT_{a1}、VT_{a4} 时，逆变电路输出相电压为 0；当同时驱动 VT_{a3}、VT_{a4} 导通(实际由电流方向决定是 VT_{a3}、VT_{a4} 导通还是 VT_{a3}、VT_{a4} 相应反并联二极管导通)而关断 VT_{a1}、VT_{a2} 时，逆变电路输出相电压为 $-u_d/2$。从三电平逆变电路结构可以看出，零电平是由开关管(如 a 相中的 VT_{a2}、VT_{a3})和钳位二极管(如 a 相中的 VD_{a1}、VD_{a2})共同作用实现的。显然，通过对逆变器每相四个开关管(如 a 相中的 $VT_{a1}\sim VT_{a4}$)的控制，可以使图 4-20 所示的逆变器电路每相输出电压具有 $+u_d/2$、0、$-u_d/2$ 三种电平。

设功率器件为理想器件，且不计导通时的管压降，以 a 相为例来分析二极管中点钳位型三电平逆变器稳态工作状态。如图 4-20 所示，定义电流由逆变器流向负载为正方向。整个换流工作过程可分为 P(正)、0(零)、N(负)三种换流工作状态。

(1) P(正)工作状态：即同时驱动 VT_{a1}、VT_{a2} 导通，而 VT_{a3}、VT_{a4} 关断，令此时开关状态以"1"表示。当 a 相电流为正时，VT_{a1}、VT_{a2} 导通，电流从 C_1 正极经 VT_{a1}、VT_{a2} 流出，如图 4-21(a)所示；当 a 相电流为负时，VT_{a1}、VT_{a2} 的反并联二极管导通，电流经开关管 VT_{a1}、VT_{a2} 的反并联二极管流向 C_1 正极，如图 4-21(b)所示。显然，无论电流正、负，其逆变器输出相电压 $u_{ao}=u_d/2$，此时 VT_{a3}、VT_{a4}、VD_{a1} 的正向阻断电压均为 $u_d/2$。

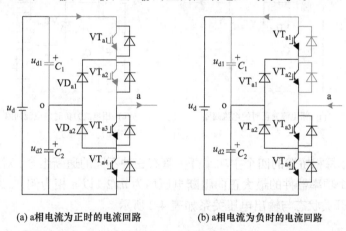

(a) a相电流为正时的电流回路　　　　(b) a相电流为负时的电流回路

图 4-21　P(正)工作状态时的 a 相电流回路示意

(2) 0(零)工作状态：即同时驱动 VT_{a2}、VT_{a3} 导通，而 VT_{a1}、VT_{a4} 关断，令此时开关状态以"0"表示。当 a 相电流为正时，VD_{a1}、VT_{a2} 导通(此时 VT_{a1} 的正向阻断电压为 $u_d/2$)，电流从 C_2 正极经钳位二极管 VD_{a1}、VT_{a2} 流出，如图 4-22(a)所示；当 a 相电流为负时，VT_{a3}、VD_{a2} 导通(此时 VT_{a4} 的正向阻断电压为 $u_d/2$)，电流经 VT_{a3}、VD_{a2} 流向 C_2 正极，如图 4-22(b)所示。显然，无论电流正、负，其逆变器输出相电压 $u_{ao}=0$。

(3) N(负)工作状态：即同时驱动 VT_{a3}、VT_{a4} 导通，而 VT_{a1}、VT_{a2} 关断，令此时开关状态以"-1"表示。当 a 相电流为正时，VT_{a3}、VT_{a4} 的反并联二极管导通，电流从 C_2 负极经 VT_{a3}、VT_{a4} 的反并联二极管流通，如图 4-23(a)所示；当 a 相电流为负时，VT_{a3}、VT_{a4} 导通，电流经 VT_{a3}、VT_{a4} 流到 C_2 负极，如图 4-23(b)所示。显然，无论电流正、负，其逆变器输出相电压 $u_{ao}=-u_d/2$，此时 VT_{a1}、VT_{a2}、VD_{a2} 的正向阻断电压均为 $u_d/2$。

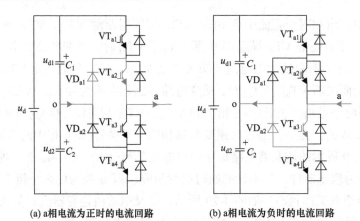

(a) a相电流为正时的电流回路　　　　　(b) a相电流为负时的电流回路

图 4-22　0(零)工作状态 a 相电流回路示意

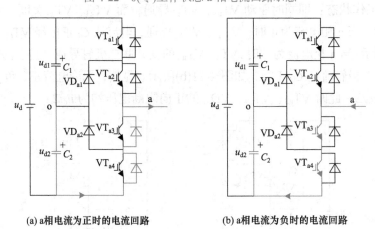

(a) a相电流为正时的电流回路　　　　　(b) a相电流为负时的电流回路

图 4-23　N(负)工作状态 a 相电流回路示意

由此可见，每相桥臂的四个主功率开关管有三种不同的通断组合，对应三种不同的输出电平，并且每个功率器件的最大正向阻断电压均为 $u_d/2$。以 a 相为例，二极管中点钳位型三电平逆变器的开关状态与输出电压关系如表 4-2 所示。

表 4-2　二极管中点钳位型三电平逆变器的开关状态与输出电压关系(以 a 相为例)

开关状态				u_{An}	导通器件	流通路径
VT_{a1}	VT_{a2}	VT_{a3}	VT_{a4}			
1	1	0	0	$u_d/2$	当 $i_a>0$ 时，VT_{a1}、VT_{a2} 主开关器件导通	图 4-21(a)
					当 $i_a<0$ 时，VT_{a1}、VT_{a2} 续流二极管导通	图 4-21(b)
0	1	1	0	0	当 $i_a>0$ 时，VT_{a2} 主开关器件和 VD_{a1} 导通	图 4-22(a)
					当 $i_a<0$ 时，VT_{a3} 主开关器件和 VD_{a2} 导通	图 4-22(b)
0	0	1	1	$-u_d/2$	当 $i_a>0$ 时，VT_{a3}、VT_{a4} 续流二极管导通	图 4-23(a)
					当 $i_a<0$ 时，VT_{a3}、VT_{a4} 主开关器件导通	图 4-23(b)

注：表中开关状态 1 为对应开关器件开通，0 为对应开关器件关断。

2) 二极管中点钳位型三电平逆变器的控制要求

从上面分析的二极管中点钳位型三电平逆变器工作过程可以看出：①开关状态 P 和 0 间、0 和 N 间可以相互切换，但 P 和 N 间不能直接切换，必须通过中间状态 0 来过渡，以避免输出电平 1、−1 间的直接跳变；②对主开关管的控制脉冲是有严格要求的，即每一相总是相邻的两个开关管同时驱动开通，其他两个开关管关断，以防止同一桥臂短路，即：VT_{a1} 与 VT_{a3}，VT_{a2} 与 VT_{a4} 的驱动脉冲都要求是互补的，同时每一对开关管要遵循先断后通的原则，即在开关管驱动脉冲中必须加入死区时间；③为了保证主电路开关管的安全工作，必须使开关管的驱动脉冲有最小脉宽和最小间歇宽度的限制，以保证最小脉冲宽度大于开关管的导通时间，最小脉冲间歇宽度大于开关管的关断时间。

4.2.3　电压型正弦波逆变器

以上讨论的电压型方波逆变器以及电压型阶梯波逆变器当需要改变输出电压幅值时，一般常采用脉冲幅值调制(PAM)或单脉冲调制(SPM)。这类逆变器应用于大功率场合具有开关损耗低，运行可靠等优点，但也存在动态响应慢、谐波含量大(方波逆变器)、结构复杂(阶梯波逆变器)等一系列不足。例如，当利用电压型逆变器驱动交流电动机时，需进行变频变压(VVVF)控制，此时若采用 PAM 方式，则必须采用直流调压和交流调频两套功率调节和控制电路。这不仅使电路结构和控制复杂化，而且因电压与频率的不同控制响应将导致系统响应变慢，这主要是由于逆变器直流侧的储能元件惯性会使其直流电压的调节速度远慢于其输出频率的调节速度，从而影响交流电机的驱动控制性能。为此，考虑设计另一类能克服上述不足且性能优越的电压型逆变器调制控制，即所谓的脉冲宽度调制(Pulse Width Modulation，PWM)控制，在 PWM 控制中，脉冲幅值一定，而脉冲宽度可调。对于要求输出正弦波电压的电压型逆变器，常称为电压型正弦波逆变器，通常需要采用 PWM 控制。这种采用 PWM 控制电压型正弦波逆变器一般应具备以下特点：

(1) 逆变器的直流电压固定且无须增设功率电路进行调节；

(2) 采用 PWM 控制，可同时调节逆变器的输出频率和输出电压，动态响应快；

(3) 逆变器的输出谐波含量低。

1. 电压型正弦波逆变器的基本原理

为阐述电压型正弦波逆变器的基本原理，首先考虑如图 4-24(a)所示频率恒定的正弦波斩控波形。从图中容易看出：在频率恒定的一个正弦波周期中，斩控脉冲的占空比和斩控周期一定，而斩控脉冲的幅值则按正弦函数变化，当要改变斩控波形的基波幅值时，若被斩控正弦波的幅值不变，则只需要控制斩控占空比即可。显然，当斩控频率足够高时，其斩控波形的谐波含量会足够低。由于被斩控正弦波的频率恒定，因此，该方案适用于交流变压恒频(VVCF)控制，这实际上属于 AC-AC 变换中的交流斩波变换，这种交流斩波变换的优点就是

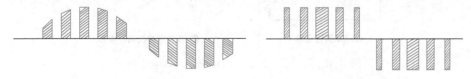

(a) 正弦波斩控波形　　　　　　　　　　　　　　(b) 正弦脉宽调制波形

图 4-24　正弦波的斩波与脉宽调制

可以直接对频率一定的输入(如50Hz交流电)进行斩控,以调节交流输出的基波幅值。然而,针对基于逆变器的交流变压变频(VVVF)控制,即在改变交流输出幅值的同时,还需改变其交流输出频率,那么,如何利用逆变器来实现基于正弦波斩控的VVVF控制输出呢?

首先,考察图4-24(a)所示的正弦波斩控波形,其特征是斩波脉冲宽度不变,而斩波脉冲幅值则按正弦变化。实际上,考虑脉冲的等面积变换,若使其斩波脉冲幅值不变,而斩波脉冲宽度按正弦变化[图4-24(b)],则当斩控频率足够高时,对图4-24(a)和(b)所示斩控波形进行低通滤波,将输出相同频率和幅值的正弦波。因此,针对其直流电压一定的电压型逆变器而言,正好可以考虑采用脉冲幅值不变而脉冲宽度可调的脉冲宽度调制,即PWM。显然,采用PWM控制的逆变器可同时调节其输出脉冲序列的基波周期和幅值,从而实现基于PWM的VVVF控制输出。对于脉冲宽度按正弦函数变化的脉冲宽度调制通常称为正弦脉冲宽度调制(SPWM)。

实际上,PWM的基本原理可以由冲量等效原理进行描述,即冲量相等而形状不同的窄脉冲加在具有惯性的环节上时,其惯性环节的输出基本相同。这里所谓的“冲量”是指窄脉冲的面积,而“惯性环节的输出基本相同”是指输出波形的频谱中,低频段基本相同,仅在高频段略有差异。图4-25依次表示了四种冲量相等而形状不同的脉冲波形,即矩形脉冲、三角波脉冲、正弦半波脉冲以及单位脉冲。

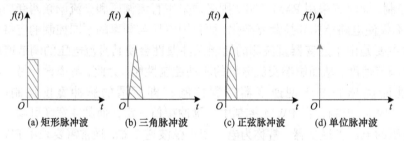

(a) 矩形脉冲波　　(b) 三角脉冲波　　(c) 正弦脉冲波　　(d) 单位脉冲波

图4-25　冲量相等而形状不同的四种脉冲波形

若将图4-25所示的四种等冲量波形分别作为电压脉冲,并按图4-26(a)所示电路以激励一阻感负载(惯性环节),这样,四种等冲量电压脉冲会在阻感负载中产生十分相近的电流响应,阻感负载中的电流波形如图4-26(b)所示。从各自的电流响应波形中可以看出,虽然电流响应的上升沿略有差异,但电流响应的下降沿几乎一样。显然,电压脉冲越窄,各电流响应的差异就越小。实际上,利用傅里叶级数分解对各电流响应进行频域分析发现,各电流响应的低频特性几乎一样,只是相应的高频特性有所不同。对于逆变器而言,其低频特性决定了其输出基波响应。

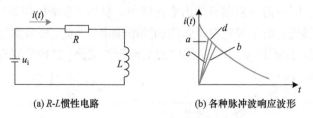

(a) R-L惯性电路　　　　(b) 各种脉冲波响应波形

图4-26　等冲量电压脉冲激励电路及其电流响应

2. SPWM及其基本问题

以上根据冲量等效原理构想出电压型正弦波逆变器的基本控制思路,即采用SPWM控制技术，那么如何实现 SPWM 及其波形发生呢？1963 年，F.G.Turnbll 首次提出了特定谐波消除法，即通过特定谐波为零的约束条件直接确定 PWM 脉冲的上升、下降沿时刻，然而由于超越方程在线运算的困难，因而该方法没能推广。1964 年，德国学者 A.Schnoung 和 H.Stemmler 首次将通信系统的调制技术应用到交流传动中的变频器控制中，诞生了 SPWM 技术，后来由英国 Bristol 大学的 S.R.Bowes 于 1975 年进行了推广与应用，使这种基于通信调制技术的 SPWM 技术得到广泛的接受并成为 PWM 研究的热点。此后，随着微处理器技术的发展，Bowes 又相继提出了规则采样数字化 SPWM 方案和能提高直流电压利用率的优化 SPWM 方案，通过诸多学者的不断改进，使 SPWM 技术日趋成熟，但其基本的调制规则并没有改变，以下就 SPWM 技术的基本问题加以阐述。

1) 基于载波的对称调制与非对称调制

随着 SPWM 技术发展，已研究出多种特性各异的 SPWM 控制方案，但大多数 SPWM 控制方案仍采用了基于通信调制技术的基本调制规则。这种基本调制规则是以正弦参考波作为"调制波"(Modulating Wave)，并以 N 倍调制波频率的具有分段线性特性的三角波或锯齿波为"载波"(Carrier Wave)，将载波与调制波对称相交，就可以得到一组幅值相等，而宽度正比于正弦调制波函数的方波脉冲序列。利用这一方波脉冲序列，并通过相应的驱动电路驱动逆变器对应的功率开关，便可以实现逆变器的 SPWM 控制。采用三角载波和锯齿载波的 SPWM 波形调制如图 4-27 所示。

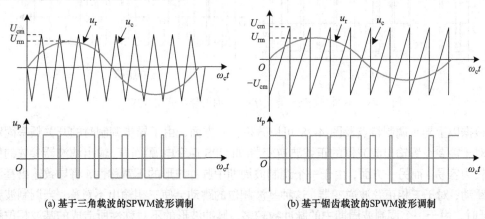

(a) 基于三角载波的SPWM波形调制   (b) 基于锯齿载波的SPWM波形调制

图 4-27 三角载波和锯齿载波的 SPWM 波形调制示意

若令调制波频率为 f_r，载波频率为 f_c，则定义 $N=f_c/f_r$ 为载波比；若令调制波幅值为 U_{rm}，载波幅值为 U_{cm}，则定义 $M=U_{rm}/U_{cm}$ 为调制度。

由于三角载波的对称特性和锯齿载波的非对称特性，因而采用三角载波的 SPWM 属于对称载波调制，而采用锯齿载波的 SPWM 则属于非对称载波调制。相比之下，基于锯齿载波的 SPWM 实现较为简单，而在相同的开关频率以及调制波条件下，基于三角载波的 SPWM 其输出波形的谐波含量相对较低。以下均以三角载波的 SPWM 进行讨论。

2) 异步调制

对于任意的调制波频率 f_r，载波频率 f_c 恒定的脉宽调制称为异步调制。在异步调制方式中，由于载波频率 f_c 保持一定，因而当调制波频率 f_r 变化时，载波比 N 变化且与调制波频率 f_r 成反比，因此异步调制具有以下特点：

(1) 由于载波频率 f_c 固定，因而逆变器具有固定的开关频率，这有利于逆变器输出滤波环节的设计。

(2) 当调制波频率 f_r 变化时，载波比 N 与调制波频率 f_r 成反比。例如：当调制波频率 f_r 变高时，载波比 N 变小，即一个调制波周期中的脉冲数变少，谐波分量增大；而当调制波频率 f_r 变低时，载波比 N 变大，即一个调制波周期中的脉冲数变多，谐波分量减小。

(3) 当调制波频率 f_r 固定时，一个调制波正、负半个周期中的脉冲数以及起始和终止脉冲的相位角也不固定。换言之，一个调制波正、负半个周期以及每半个周期中的前后 1/4 周期的脉冲波形不具有对称性，这种波形的不对称性理论上也会导致输出基波的相位跳变。

不同调制波频率 f_r 时的异步调制 SPWM 波形如图 4-28 所示。

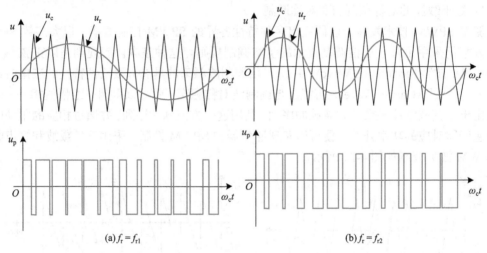

(a) $f_r = f_{r1}$　　　　　　　　(b) $f_r = f_{r2}$

图 4-28　不同调制波频率 f_r($f_{r1} < f_{r2}$)时的异步调制 SPWM 波形

根据以上异步调制特点及图 4-28 可以分析：一方面，由于异步调制时的开关频率固定，所以对于需要设置输出滤波器的正弦波逆变器(如 UPS 逆变电源)而言，输出滤波器参数的优化设计较为容易。而另一方面，由于一个调制波周期中脉冲波形的不对称性，将导致输出基波相位的跳动，对于三相正弦波逆变器，这种基波相位的跳动会使三相输出不对称。当调制波频率 f_r 较低时，由于一个调制波周期中的脉冲数较多，脉冲波形的不对称性所造成的基波相位跳动的相角相对较小；而当调制波频率 f_r 较高时，由于一个调制波周期中的脉冲数较少，脉冲波形的不对称性所造成的基波相位跳动的相角相对变大。可见，采用异步调制时，SPWM 的低频性能相对较好，而高频性能相对较差。为了克服这一不足，异步调制时，应尽量提高 SPWM 的载波频率 f_c。但较高的载波频率设计会使变流器的开关频率增加，从而导致开关损耗增加。

3) 同步调制

对于任意的调制波频率 f_r，载波比 N 保持恒定的脉宽调制称为同步调制。在同步调制方式中，由于载波比 N 保持恒定，因而当调制波频率 f_r 变化时，调制波信号与载波信号应保持同步，即载波频率 f_c 与调制波频率 f_r 成正比，因此，同步调制具有以下特点：

(1) 由于载波频率 f_c 与调制波频率 f_r 成正比，因此当调制波频率 f_r 变化时，载波频率 f_c 相应变化，使逆变器的开关频率也相应变化，从而不利于逆变器输出滤波环节的设计。

(2) 由于载波比 N 保持一定，当调制波频率 f_r 变化时，一个调制波周期中的脉冲数将固定不变,且不存在输出基波相位的跳变。

(3) 当载波比 N 为奇数时,一个调制波正、负半个周期以及半个周期中的前后 1/4 周期的脉冲波形具有对称性,从而可以消除偶次谐波以及各次谐波电压的余弦项,有利于降低谐波,因此同步调制时一般取 N 为奇数。

不同调制波频率 f_r 时的同步调制 SPWM 波形如图 4-29 所示。

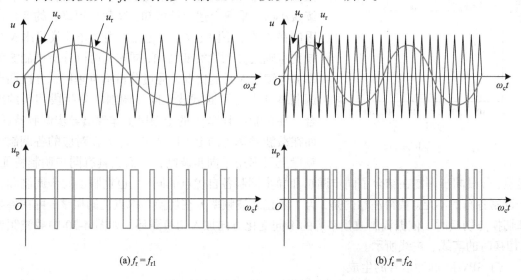

(a) $f_r = f_{r1}$　　　　　　　　　　　　(b) $f_r = f_{r2}$

图 4-29　不同调制波频率 $f_r(f_{r1} < f_{r2})$ 时的同步调制 SPWM 波形

根据以上同步调制特点及图 4-29 可以分析:由于同步调制时的开关频率随调制波频率 f_r 的变化而变化,所以对于需要设置输出滤波器的正弦波逆变器(如 UPS 逆变电源)而言,输出滤波器参数的优化设计较为困难。当调制波频率 f_r 变高时,载波频率 f_c 变高,从而使开关频率变高,输出谐波相应减小;当调制波频率 f_r 变低时,载波频率 f_c 变低,从而使开关频率变低,输出谐波相应增大。因此采用同步调制时,SPWM 的高频性能相对较好,而低频性能相对较差。为了克服这一不足,同步调制时,也应尽量提高 SPWM 的载波比 N,但较高的载波比设计会使调制波频率变大时逆变器的开关频率增加,从而导致开关损耗增加。

4) 分段同步调制

对比上述同步调制和异步调制特点不难发现两者的性能特点具有互补性,但是对于各自不足的改进,都要求通过提高开关频率来实现,而提高开关频率会导致开关损耗的增加,因此可设法加以改进。那么是否可将同步与异步调制相结合,构成一种新的调制方案呢? 这就是所谓的分段同步调制。

分段同步调制是在结合异步调制优点(低频特性好)基础上,并克服了同步调制的不足(低频特性差)而产生的。所谓分段同步调制,顾名思义,就是首先将调制波频率 f_r 的变化范围划分为若干个频段区域,在每个频段区域中,采用同步调制(载波比 N 为奇数且恒定)。为克服同步调制低频特性差的这一不足,可以结合异步调制时其载波比 N 与调制波频率 f_r 成反比的特点,使不同频段区域中的载波比 N 发生突变,并控制其载波频率 f_c 在其上下限值以内变化。这样,调制波频率 f_r 越低,其载波比 N 则越高,只是载波比 N 是随着调制波频率 f_r 的分段变化而突变,分段同步调制示意如图 4-30 所示。

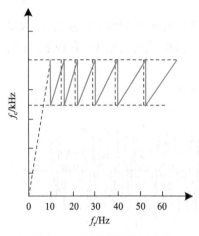

图 4-30   分段同步调制示意

在图 4-30 中，当调制波频率 f_r 在一定限值范围减小时，采用同步调制且载波比 N 固定，此时载波频率 f_c 也相应减小(对应图 4-30 中载波频段中的斜线段)，待载波频率 f_c 减小至低限值 f_{cmin} 时，突增载波频率 f_c 至上限值 f_{cmax}，此时载波比 N 也相应突增。当调制波频率 f_r 连续减小时，重复上述分析可知，其载波频率 f_c 的变化被限制在 f_c 的上下限值 f_{cmax}、f_{cmin} 以内，并且载波比 N 载波比也随之分频段突变增加，同理也可以分析调制波频率 f_r 连续增大时的情况。通过分析不难理解，分段同步调制本质上是不同载波比同步调制的分频段切换的组合，在调制波频率 f_r 的全频段上体现出异步调制特征，而在载波频率 f_c 的上下限值 f_{cmax}、f_{cmin} 对应的各调制频段上又采用了同步调制，因而又具有同步调制特征。

显然，分段同步调制在结合了同步调制和异步调制各自优点的同时，也克服了同步调制和异步调制各自的不足。值得注意的是，为了防止载波频率 f_c 在切换频率点上的振荡，可在各频率切换点切换时，依据调制波频率 f_r 的不同变化方向加入切换滞环，如图 4-30 中载波频率 f_c 切换时的实线、虚线所示。

5) SPWM 脉冲信号的生成

所谓 SPWM 脉冲信号的生成是指：通过模拟或数字电路对载波信号(如三角波信号)和调制波信号(如正弦波信号)进行适当的比较运算处理，从而生成与调制波信号相对应的脉宽调制信号，以此驱动正弦波逆变器的功率开关。SPWM 脉冲信号的生成主要包括模拟生成法和数字生成法。

(1) 模拟生成法——模拟比较法。

基于模拟比较法的 SPWM 脉冲信号生成原理电路如图 4-31 所示。模拟比较法就是将载波信号(如三角波信号)和调制波信号(如正弦波信号)通过模拟比较器进行比较运算，从而输出 SPWM 脉冲信号，模拟比较法简单、直观，通常应用于基于模拟电路的 SPWM 控制中。

(2) 数字生成法 1——自然采样法。

自然采样法就是通过联立三角载波信号和正弦调制波信号的函数方程并求解出三角载波信号和正

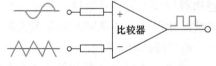

图 4-31   基于模拟比较法的 SPWM 脉冲信号生成原理电路

弦调制波信号交点的时间值，从而求出相应的脉宽和脉冲间隙时间以生成 SPWM 脉冲信号。自然采样法实际上就是模拟比较法的数字实现，其 SPWM 脉冲信号生成原理如图 4-28 所示。

图 4-32 中，若令三角载波幅值 $U_{cm}=1$，调制度为 M，正弦调制波角频率为 ω_r，则正弦调制波的瞬时值为

$$u_r = M \sin \omega_r t \tag{4-20}$$

由图 4-32 中相似三角形的几何关系，可得自然采样法 SPWM 脉宽 t_2 的表达式为

$$t_2 = \frac{T_c}{2}[1 + \frac{M}{2}(\sin\omega_r t_A + \sin\omega_r t_B)] \qquad (4\text{-}21)$$

式中，T_c 为 SPWM 载波信号周期；t_A、t_B 为 SPWM 调制波信号与载波信号交点的时间值。

显然，式(4-21)是一个超越方程，并且由于脉冲波形关于三角载波周期中心线的不对称性，即 t_A、t_B 与 SPWM 载波比 N 和调制度 M 均有关，因此，在线运算求解较为困难。显然，自然采样法不便应用于基于微处理器的数字 SPWM 控制系统中。为此，必须对自然采样法进行简化。

(3) 数字生成法 2——规则采样法。

规则采样法就是将自然采样法中的正弦调制波以阶梯调制波进行拟合后的一种简化的 SPWM 脉冲信号发生方法，其原理如图 4-33 所示。

值得注意的是，每个载波周期中，原正弦调制波与

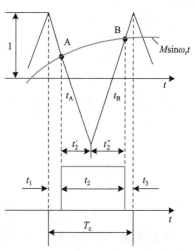

图 4-32　基于自然采样法的 SPWM
脉冲信号生成原理

三角载波周期中心线的交点就是阶梯波水平线段的中点 E。这样，三角载波与阶梯波水平线段的交点 A、B 两点关于三角载波周期中心线对称，因而可使信号交点 A、B 两点时间的在线求解得以简化。由图 4-33，并根据相似三角形的几何关系，容易得出规则采样法 SPWM 脉宽 t_2 以及脉冲间隙时间 t_1、t_3 的表达式分别为

$$t_2 = \frac{T_c}{2}(1 + M\sin\omega_r t_e) \qquad (4\text{-}22)$$

$$t_1 = t_3 = \frac{1}{2}(T_c - t_2) \qquad (4\text{-}23)$$

式中，t_e 为三角载波周期中心的时间值。

由于 t_e、T_c、M 均为已知量，因此，规则采样法 SPWM 脉宽 t_2 的在线计算较为简便，适用于基于微处理器的数字 SPWM 控制。

(4) 数字生成法 3——特定谐波消除法。

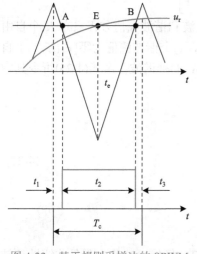

图 4-33　基于规则采样法的 SPWM
脉冲信号生成原理

特定谐波消除法是 F.G.Turnbull 于 1963 年首先提出的，其主要思路就是利用 PWM 波形的傅里叶级数分解，通过数个特定谐波幅值为零以及基波幅值为定值的方程式的联立，求解出 PWM 波形脉冲沿的转换角，从而实现 SPWM 脉冲信号的发生。图 4-34 为基于特定谐波消除法的 SPWM 脉冲信号生成原理示意。

为了减小谐波和简化波形发生，首先考虑消除偶次谐波，为此应使 PWM 脉冲波形关于正弦调制波的正、负半周奇对称，即 $f(\omega t) = -f(2\pi - \omega t)$；另外，为了消除谐波中的余弦项，则应使 PWM 脉冲波形关于正弦调制波 1/4 周期偶对称，即 $f(\omega t) = f(\pi - \omega t)$。

为说明特定谐波消除法的算法原理，令半个调制波周期中脉冲沿的转换角 $\alpha_i(i=1, 2, 3, \cdots, K)$ 满足如下条件：

$$0 \leqslant \alpha_1 \leqslant \alpha_2 \leqslant \alpha_3 \leqslant \cdots \leqslant \alpha_K \leqslant \pi/2 \qquad (4\text{-}24)$$

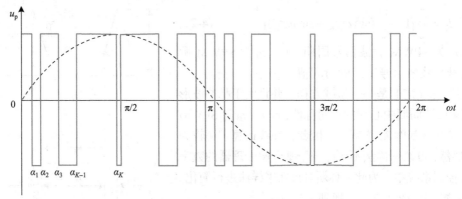

图 4-34　基于特定谐波消除法的 SPWM 脉冲信号生成原理

根据傅里叶级数分解，上述 PWM 脉冲波形的谐波和基波幅值可分别描述为

$$U_{m(n)} = \frac{4}{\pi}\int_0^{\pi/2} E \sin n\omega t \mathrm{d}(\omega t) = \frac{4E}{n\pi}\left[1 + 2\sum_{i=1}^{k}(-1)^i \cos n\alpha_i\right] \tag{4-25}$$

$$U_{m(1)} = \frac{4E}{\pi}\left[1 + 2\sum_{i=1}^{K}(-1)^{i+1} \cos \alpha_i\right] \tag{4-26}$$

由于有 K 个转换角 $\alpha_i(i=1,2,3,\cdots,K)$ 需要求解，上述基波和谐波幅值方程只有 K 个自由度。为了使基波幅值可控(占一个自由度)，则必然只能使 $(K-1)$ 个谐波幅值为零[占 $(K-1)$ 个自由度]，因此在上述 PWM 脉冲波形中，只能消除指定的 $(K-1)$ 种谐波。由式(4-25)可令其中的 $(K-1)$ 种谐波幅值为零，即

$$1 + 2\sum_{i=1}^{K}(-1)^{i+1} \cos 3\alpha_i = 0$$

$$1 + 2\sum_{i=1}^{K}(-1)^{i+1} \cos 5\alpha_i = 0 \tag{4-27}$$

$$\vdots$$

$$1 + 2\sum_{i=1}^{K}(-1)^{i+1} \cos n\alpha_i = 0$$

求解式(4-27)，即可求出相关的 K 个转换角 $\alpha_i(i=1,2,3,\cdots,K)$。显然，这些方程是非线性超越方程，当基波幅值变化时，转换角 α_i 也相应改变，因此一般需要用计算机离线计算，并通过查表实现基于特定谐波消除法的 SPWM 脉冲信号发生。

(5) 跟踪型两态调制法。

两态调制(Two-State Modulation，TSM)是美国学者 A.G.Bose 于 1966 年提出的。所谓跟踪型两态调制是指利用一个闭环控制中的误差滞环比较器，直接产生一个只有两态(高电平、低电平)的 PWM 控制信号，以使某一输出量能自动跟踪控制指令。当将 TSM 运用于逆变器的控制时，若控制指令为正弦波时，通过误差滞环比较器的输出就可以实现 SPWM 脉冲信号发生。这种跟踪型 TSM 法既可以利用模拟生成法实现也可以利用数字生成法实现。图 4-35(a)表示了一个电压型半桥逆变器的电流跟踪型 TSM 控制结构，其 PWM 及其电流跟踪波形如图 4-35(b)所示。从图中可以分析出电流跟踪的基本规律，即当 VT_1 或 VD_1 导通时(VD_1 导通为电流反向续流)，输出电流 i 上升；而当 VT_2 或 VD_2 导通时(VD_2 导

通为电流正向续流),输出电流 i 下降。因此,通过环宽为 $2\Delta I$ 的滞环比较器的闭环控制,就可以将逆变器的输出电流控制在 $i^*-\Delta I$ 和 $i^*+\Delta I$ 的范围内。显然,输出电流波形为沿 $i^*-\Delta I$ 和 $i^*+\Delta I$ 往复切换且类似锯齿波的电流波形。值得注意的是,在直流侧电压足够的前提下,电流跟踪控制精度取决于滞环比较器的环宽,环宽越小,跟踪控制精度越高,但同时也相应增大了功率器件的开关频率,因此,功率器件的开关损耗亦随之增加。显然,逆变器中功率器件的开关频率上限值限制了滞环比较器的环宽,也就限制了跟踪控制精度。

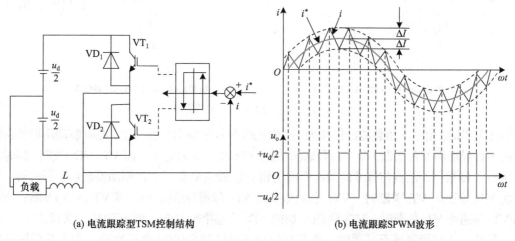

(a) 电流跟踪型TSM控制结构   (b) 电流跟踪SPWM波形

图 4-35 电流跟踪型 TSM 控制结构及其电流跟踪 SPWM 波形

总之,与前几种 PWM 脉冲信号发生方式不同,跟踪型两态调制法的 PWM 脉冲信号发生方式实际上是一种基于滞环比较器的闭环调制 PWM 脉冲信号方式。

3. 单相电压型正弦波逆变器的 SPWM 控制

单相电压型正弦波逆变器原理电路如图 4-36 所示。

对于单相电压型正弦波逆变器,可采用三种 SPWM 控制方案,即单极性 SPWM 控制、双极性 SPWM 控制以及倍频单极性 SPWM 控制。以下分别进行讨论。

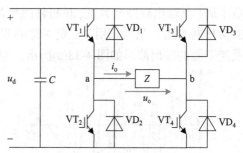

单相逆变器仿真

1) 单极性 SPWM 控制

所谓单极性 SPWM 控制是指逆变器的输出脉冲具有单极性特征,即:当输出正半周时,输出脉冲为单一的正极性脉冲;而当输出负半周时,输出脉冲则为单一的负极性脉冲。为此,必

图 4-36 单相电压型正弦波逆变器原理电路

须采用使三角载波极性与正弦调制波极性相同的所谓单极性三角载波调制,单极性 SPWM 及逆变器的输出调制波形如图 4-37(a)所示。

为实现单极性 SPWM 控制,根据单相电压型正弦波逆变器电路桥臂控制功能的不同,可将其分为周期控制桥臂以及调制桥臂。例如,若将图 4-36 中的 $VT_3(VD_3)$、$VT_4(VD_4)$ 作为周期控制桥臂,那么 $VT_1(VD_1)$、$VT_2(VD_2)$ 则作为调制桥臂。单极性 SPWM 控制时的开关管驱动信号生成原理电路如图 4-37(b)所示,其中比较器 A 用于驱动调制桥臂开关管,而比较器 B 则用于驱动周期控制桥臂开关管,并且三角载波的极性变化与正弦调制波的极性变化同步。在正弦

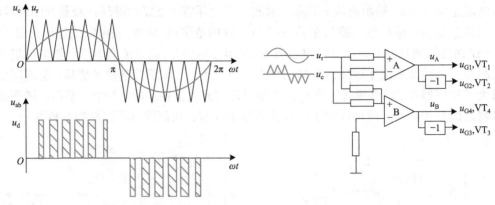

(a) 单极性SPWM控制时的调制波形　　　　(b) 相应的驱动信号生成原理电路

图 4-37　单极性 SPWM 控制时的调制波形与驱动信号生成电路

调制波正半周，由于三角载波的极性为正，则比较器 B 的输出极性为正，此时驱动周期控制桥臂的 VT_4 导通而 VT_3 关断，即 VT_4 导通($i_a>0$) 或 VD_4 续流导通($i_a<0$)，而 $VT_3(VD_3)$ 关断。同时，比较器 A 则根据调制波与载波的调制而输出相应的 SPWM 信号，以驱动调制桥臂开关管。当驱动 VT_1 导通而 VT_2 关断时，VT_1 导通($i_a>0$) 或 VD_1 续流导通($i_a<0$)，而 $VT_2(VD_2)$ 关断；当驱动 VT_2 导通而 VT_1 关断时，VT_2 导通($i_a<0$) 或 VD_2 续流导通($i_a>0$)，而 $VT_1(VD_1)$ 关断。

　　显然，正弦调制波正半周时，逆变器输出正极性的 SPWM 电压脉冲，当正弦调制波负半周时，逆变器输出负极性的 SPWM 电压脉冲，如图 4-37(a)所示。

　　单极性 SPWM 控制由于采用了单极性三角载波调制，从而使控制信号的发生变得较为复杂，因而工程上很少采用。

　　2) 双极性 SPWM 控制

　　所谓双极性 SPWM 控制是指逆变器的输出脉冲具有双极性特征，即无论调制波的正、负半周，其输出脉冲全为正、负极性跳变的双极性脉冲。当采用基于三角载波调制的双极性 SPWM 控制时，只需采用正、负对称的双极性三角载波即可，双极性 SPWM 控制时的调制及逆变器的输出波形如图 4-38(a)所示。为实现双极性 SPWM 控制，需对逆变器的开关管进

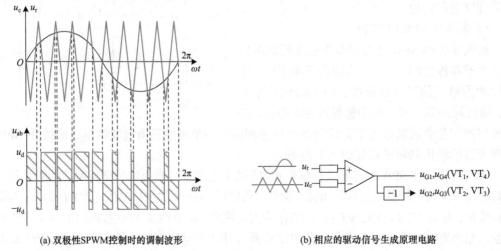

(a) 双极性SPWM控制时的调制波形　　　　(b) 相应的驱动信号生成原理电路

图 4-38　双极性 SPWM 控制时的调制波形与驱动信号生成

行互补控制。双极性 SPWM 控制时的开关管驱动信号生成原理电路如图 4-38(b)所示。

由图 4-38 看出：当正弦调制波信号瞬时值大于三角载波信号瞬时值时，比较器的输出极性为正，驱动 VT_1、VT_4 导通，而 VT_2、VT_3 关断，即 VT_1、VT_4 导通($i_a>0$)或 VD_1、VD_4 续流导通($i_a<0$)，同时，$VT_2(VD_2)$、$VT_3(VD_3)$ 关断，此时，逆变器输出为正极性的 SPWM 电压脉冲。同理，当正弦调制波信号瞬时值小于三角载波信号瞬时值时，比较器的输出极性为负，驱动 VT_2、VT_3 导通，而 VT_1、VT_4 关断，即 VT_2、VT_3 导通($i_a<0$)或 VD_2、VD_3 续流导通($i_a>0$)，同时，$VT_1(VD_1)$、$VT_4(VD_4)$ 关断，此时，逆变器输出为负极性的 SPWM 电压脉冲。与单极性 SPWM 控制相比，双极性 SPWM 控制由于采用了正、负对称的双极性三角载波，从而简化了 SPWM 控制信号的发生。

3) 倍频单极性 SPWM 控制

所谓倍频单极性 SPWM 控制是指逆变器输出脉冲的调制频率是载波频率的两倍，并且输出脉冲具有单极性特征。倍频单极性 SPWM 控制有调制波反相和载波反相两种 PWM 控制模式，具体讨论如下：

(1) 调制波反相的倍频单极性 SPWM 控制模式。

采用调制波反相的倍频单极性 SPWM 控制模式时，其开关管驱动信号生成原理电路与双极性 SPWM 控制时的开关管驱动信号生成原理电路类似[图 4-38(b)]，只是两者在调制波的设计上有所不同，即：双极性 SPWM 控制时的逆变器两相桥臂的调制波信号采用了同一的调制波信号，而调制波反相的倍频单极性 SPWM 控制时的逆变器两相桥臂的调制信号则采用了幅值相等且相位互差 180° 的调制波信号，其 SPWM 相关波形如图 4-39(a)所示。

(2) 载波反相的倍频单极性 SPWM 控制模式。

采用载波反相的倍频单极性 SPWM 控制模式时，其开关管驱动信号的生成原理电路如图 4-40 所示。其中载波反相的倍频单极性 SPWM 控制模式时的逆变器两相桥臂的载波信号则采用了幅值相等且相位互差 180° 的对称双极性载波信号，而调制波则采用同一的正弦调制波信号，其 SPWM 相关波形如图 4-39(b)所示。

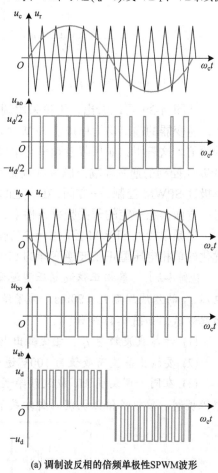

(a) 调制波反相的倍频单极性SPWM波形

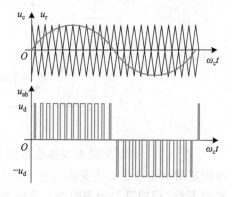

(b) 载波反相的倍频单极性SPWM波形

图 4-39　两种倍频单极性 SPWM 模式
时的调制波形

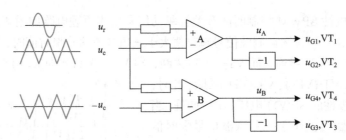

图 4-40　采用载波反相的倍频单极性 SPWM 控制模式时的驱动信号生成原理电路

从图 4-39 可以看出，无论采用调制波反相还是载波反相的倍频单极性 SPWM 控制模式，逆变器的输出均为单极性 SPWM 波形，并且逆变器输出脉冲的调制频率均为载波频率的两倍。这表明：如果载波频率与单极性 SPWM 控制时的载波频率相同，这种倍频单极性 SPWM 控制的逆变器输出脉冲的调制频率是单极性 SPWM 控制时的两倍。因此，采用倍频单极性 SPWM 控制，一方面，在一定的输出谐波条件下，可以有效降低开关管的开关频率；另一方面，在一定的开关频率条件下，可以有效减小输出谐波。

倍频单极性 SPWM 控制由于控制简单且具有输出倍频特性，谐波含量低，因而是一种优化的单相电压型正弦波逆变器的 SPWM 控制方案。

【例 4-2】　单相正弦波电压型逆变器，直流电压为 $U_d=400\text{V}$，载波比 $N=200$，逆变电压 u_{ab} 的基波周期 $T_r=20\text{ms}$。为了给负载提供理想正弦波电压，在逆变器输出端加 LC 低通滤波器，如图 4-41 所示。

(1) 计算载波频率 f_c、逆变输出电压基波有效值 U_{ab1} 的范围；

(2) 要输出基波有效值为 100V 逆变电压，调制度 M 是多少？

(3) 在同一调制度 M、载波频率 f_c 的条件下，为了获得同样的滤波器设计指标，设计单极性调制、单极性倍频调制两种方式下的 LC 参数，比较两种调制的优缺点。

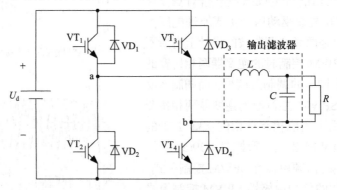

图 4-41　带输出滤波器的单相逆变器

【提示】　调制波频率与逆变输出电压基波频率相同；在直流电压不变的情况下可以通过控制调制度来改变逆变输出电压大小。设计 LC 参数，要保证接入滤波器后，对基波电压影响不大，但对开关频率附近的高频谐波分量有明显的衰减。可结合工程实际，给定滤波器设计指标，计算 LC 参数。

【解析】　(1) 载波频率：$f_c=Nf_r=\dfrac{N}{T_r}=\dfrac{200}{20\times10^{-3}}=10(\text{kHz})$

输出电压 u_{ab} 的基波有效值为 $U_{ab1} = \dfrac{MU_d}{\sqrt{2}}$，$0 < M \leqslant 1$

则逆变电压基波有效值范围为 $0 < U_{ab1} \leqslant \dfrac{U_{dc}}{\sqrt{2}} = \dfrac{400}{\sqrt{2}} = 282.8(\text{V})$

(2) 要输出基波有效值为 100V 逆变电压，调制度为

$$M = \frac{\sqrt{2}U_{ab1}}{U_d} = \frac{\sqrt{2} \times 100}{400} \approx 0.35$$

(3) 滤波器的截止频率 $f_{LC} = \dfrac{1}{2\pi\sqrt{LC}}$，特征阻抗 $Z = \sqrt{\dfrac{L}{C}}$

设输出电压脉冲频率为 f_{ab}，输出电压基波频率为 f_r，滤波器的截止频率 f_{LC} 应满足：

$$10f_r < f_{LC} < \frac{1}{2}f_{ab}$$

则可定设计目标：$f_{LC} = \dfrac{1}{5}f_{ab}$，$Z = 50\Omega$

在相同的载波频率 f_c 情况下，单极性调制时，$f_{ab} = f_c = 10\text{kHz}$，计算出

$$L = 4\text{mH}，C = 1.6\mu\text{F}$$

倍频单极性调制时，$f_{ab} = 2f_c = 20\text{kHz}$，计算出

$$L = 2\text{mH}，C = 0.8\mu\text{F}$$

对比两种调制方式下 LC 参数，在获得同样的滤波器设计指标条件下，倍频单极性调制时的滤波器参数比较小，意味着滤波器体积会更小；换而言之，在同样的滤波器体积条件下，倍频单极性调制时的负载上电压总谐波畸变因数(THD$_u$)会更小。

4. 三相电压型正弦波逆变器的 PWM 控制

三相电压型正弦波逆变器原理电路如图 4-42 所示。对于三相电压型正弦波逆变器，可采用多种 SPWM 控制，如三相双极性 SPWM 控制、鞍形调制波 SPWM 控制、断续 SPWM 控制、空间矢量 PWM 等，以下分别进行讨论。

三相逆变器
仿真

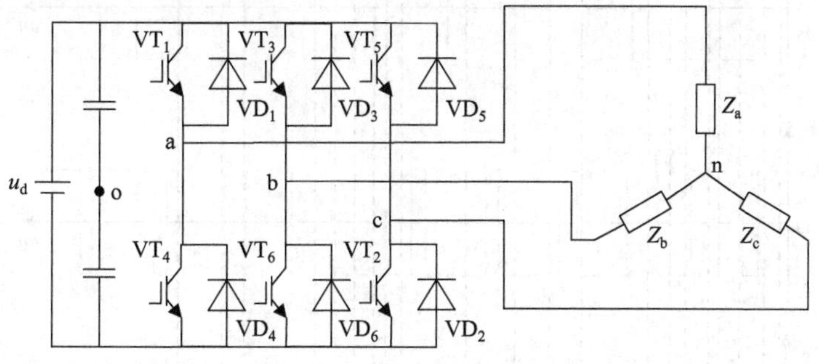

图 4-42　三相电压型正弦波逆变器原理电路

1) 三相双极性 SPWM 控制

三相双极性 SPWM 控制是三相电压型正弦波逆变器基本的 SPWM 控制方案，这种控制方案对每相桥臂采用以上讨论的双极性 SPWM 控制，即三相桥臂采用同一个三角载波信号，而三相桥臂的调制波采用三相对称的正弦波信号。三相双极性 SPWM 控制时的调制波

形和开关管驱动信号生成原理电路如图 4-43 所示。

观察图 4-43(b)所示的三相双极性 SPWM 相关波形，可以得出其主要特点如下：

(1) 相对于逆变器直流电压中点的输出相电压波形为双极性 SPWM 波形，且幅值为 $\pm u_d/2$。

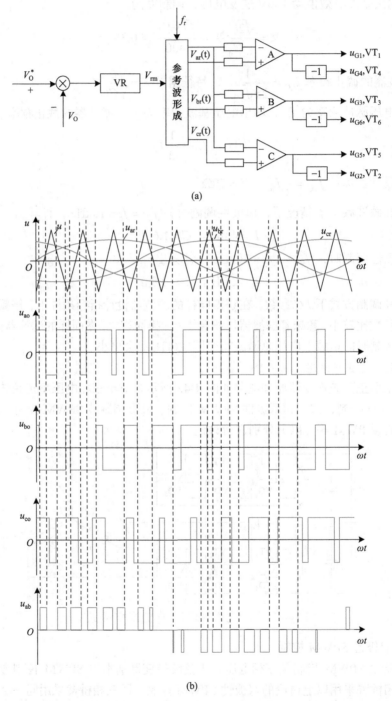

(a)

(b)

图 4-43　三相双极性 SPWM 控制时的开关管驱动信号生成原理电路及调制波形

(2) 逆变器输出的线电压波形为单极性 SPWM 波形，且幅值为 $\pm u_d$。

(3) 任何 SPWM 调制瞬间，逆变器每相桥臂有且只有一个功率器件导通(开关管或二极管)。

由于三相双极性 SPWM 控制较为简单，因而在实际工程中得以广泛应用。

2) 鞍形调制波 SPWM 控制

对采用三相双极性 SPWM 控制的三相电压型正弦波逆变器线电压波形进行傅里叶分析，可得到其输出线电压的基波幅值为 $\sqrt{3}u_d/2 \approx 0.866u_d$，同理，对三相电压型方波逆变器线电压波形进行傅里叶分析，则可得到其输出线电压的基波幅值为 $2\sqrt{3}u_d/\pi \approx 1.1u_d$。若定义逆变器输出线电压的基波幅值与逆变器直流电压之比为电压型逆变器的电压利用率，显然，三相双极性 SPWM 控制时的正弦波逆变器电压利用率(约为 0.866)比三相电压型方波逆变器电压利用率(约为 1.1)低。为了提高 SPWM 控制时的电压利用率，最直接的方法就是使正弦调制波的峰值大于三角载波的峰值，使 SPWM 过调制。但这种使正弦调制波过调制的 SPWM 控制，在其输出基波幅值增加的同时(提高了电压利用率)，必然导致波形畸变，从而使 SPWM 输出谐波增加。

那么，如何在不增加 SPWM 输出谐波的同时，有效地提高电压型逆变器 SPWM 控制时的电压利用率呢？试设想：如果能在 PWM 调制波信号临界过调制时(正弦调制波峰值等于三角载波峰值)使调制波信号中的基波分量过调制(基波峰值大于三角载波峰值)，并且由此而导致的三相调制波信号的畸变并不会导致三相电压型逆变器 SPWM 线电压的波形畸变，那么，这就可以实现在不增加谐波的同时，有效地提高电压型逆变器 SPWM 控制时的电压利用率。

实际上，对于三相对称无中线输出的电压型逆变器，由于不存在中线，若在每相相电压中引入零序电压，由于三相零序电压的瞬时值相等，因此，零序电压的引入将不会改变三相线电压波形。换言之，如果在三相电压型逆变器每相桥臂的正弦调制波信号中引入零序分量，虽然会使调制波信号发生畸变，但利用这种畸变的调制波信号进行 PWM 控制，其结果并不会影响三相电压型逆变器的线电压波形品质，显然，这实际上是一种基于线电压的 SPWM 控制方案。零序调制分量的引入为避免输出线电压波形的畸变提供了一条途径，那么如何引入某种特定的零序调制分量，并使其能极大地提高三相电压型逆变器的电压利用率？

为提高电压利用率，可选择一特定的零序调制分量，并使其注入正弦调制波，如果注入零序调制分量后的 PWM 调制波出现类似方波的"平顶"，则调制波中的基波峰值将大于该调制波峰值，从而实现基波的过调制。最简单的零序分量可选择三次谐波。由于三次谐波的引入，原正弦调制波变成鞍形调制波，而鞍形调制波在 90°两侧可形成类似的"平顶"，从而有效地提高三相电压型逆变器的电压利用率。那么，注入多大幅值的三次谐波，才能最大限度地提高三相电压型逆变器的电压利用率？

若在单位峰值(峰值为 1)的正弦调制波信号中注入峰值为 a 的三次谐波信号，合成后的调制波波形为鞍形波，其波形如图 4-44(a)所示。

根据以上假设，合成后的鞍形调制波方程为

$$y = \sin\omega t + a\sin 3\omega t \tag{4-28}$$

由式(4-28)，并令 $dy/d\omega t = 0$，即可求出鞍形调制波的峰值 y_M 为

$$y_{\mathrm{M}} = 8a\left(\frac{1+3a}{12a}\right)^{3/2} \tag{4-29}$$

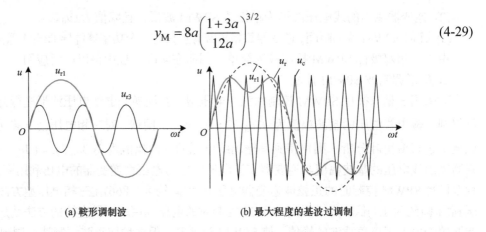

(a) 鞍形调制波　　　　　　　　(b) 最大程度的基波过调制

图 4-44　正弦波中注入三次谐波的鞍形调制波信号波形

观察图 4-44 可知，选择某一峰值的三次谐波并将其注入单位峰值正弦波之中，若能使正弦波峰值与合成后的鞍形调制波的峰值 y_{M} 之差 $(1-y_{\mathrm{M}})$ 最大，或使合成后的鞍形调制波的峰值 y_{M} 最小。此时，若合成后的鞍形调制波 "临界过调制"，则相应的正弦调制波将取得最大程度的 "过调制"。显然，以该鞍形调制波对三相电压型逆变器进行 PWM 控制时，将取得最大的电压利用率。

由式(4-29)，并令 $\mathrm{d}y_{\mathrm{M}}/\mathrm{d}a = 0$，即可求出：当 $a = 1/6$ 时，鞍形调制波的峰值 y_{M} 取得最小值，且最小值 $y_{\mathrm{Mmin}} = \sqrt{3}/2 \approx 0.866$。这一结果表明：如果以上述选择的鞍形调制波进行 PWM 控制，当鞍形调制波的调制度为 0.866 时，鞍形调制波中的基波调制度则为 1；而当鞍形调制波的调制度为 1 时(临界过调制)，鞍形调制波中的基波调制度则为 $2/\sqrt{3} \approx 1.155$ (过调制)，从而获得最大程度的基波过调制，如图 4-44(b)所示。

可见，对三相电压型逆变器 PWM 控制而言，注入三次谐波的鞍形调制波 PWM 控制时的电压利用率比正弦调制波 PWM 控制时的电压利用率最大能提高约 15.5%。

3) 断续 SPWM 控制

上述鞍形调制波 PWM 控制方案表明，对于三相电压型逆变器，若在正弦调制波中注入适当的 "零序分量"，不但不会导致输出线电压波形的畸变，而且还可以提高电压利用率以改善三相电压型逆变器的性能。那么，是否可以在提高电压利用率的同时，有效降低开关管的开关损耗，从而使 PWM 控制取得综合优化呢？一般而言，要降低逆变器开关损耗，或降低开关频率，或采用软开关技术(使开关管通、断瞬间的开关管电压或电流为零)。前者必然导致输出谐波增大，而后者使电路和控制相对复杂化。因此，可以考虑通过选取注入适当 "零序分量" 的 PWM 调制波，从而使三相电压型逆变器在不导致输出线电压波形畸变的前提下，提高电压利用率且有效降低其开关损耗。那么如何实现这一设想呢？

首先，为了提高电压利用率，所选取的 PWM 调制波应具有类似鞍形调制波的 "平顶" 特征；其次，为了有效降低开关损耗，所选取的 PWM 调制波应使开关管的 PWM 调制周期出现开关管不调制的 "断续 PWM 区段"。显然，为了最大限度地降低开关损耗，必须使 "断续 PWM 区段" 尽可能的长。由于要求逆变器三相输出对称，因此，PWM 调制波的 "断续 PWM 区段" 最长不能超过 1/3 调制波周期。这表明：所选取的断续 SPWM 调制波必须存在

120°(1/3 调制波周期)的 "不调制区段"。

观察图 4-44 的鞍形调制波，并结合以上分析，提出实现综合优化 SPWM 控制调制波设计的两点基本思路：

(1) 为提高电压利用率，应使调制波的正侧仍具有类似鞍形调制波的 "平顶" 特征；

(2) 为了最大限度地降低开关损耗，可在调制波的负侧出现 120°(1/3 调制波周期)的 "不调制区段"，即使调制波出现 120°的 "平底"，并且该调制波 "平底" 始终处于 "临界过调制"，而这一状态不应随 PWM 调制度的变化而改变。

为了实现上述基本思路，关键就是要提出调制波的合成规律，即给出所注入 "零序分量" 的函数方程。

设原三相调制波信号是峰值为 1 的三相对称正弦波 (u_{ar1}、u_{br1}、u_{cr1})，其波形如图 4-45(a) 所示。为了使调制波信号出现 "平底"，考虑在原三相正弦调制波信号 u_{ar1}、u_{br1}、u_{cr1} 上叠加与其负侧 120°脉动波形关于横坐标轴对称的 120°脉动波信号。如此叠加，必将使合成后的 120°水平线段与横坐标轴重合，为此还需再叠加一幅值为–1 的直流分量，叠加直流分量后的 120°脉动波信号 u_p 如图 4-45(b) 所示。可见，u_p 中含有三次谐波，因此，为形成调制波的 "平顶" 提供了条件。显然，具有直流分量的 120°脉动波信号 u_p 就是所选择的 "零序分量"。

其函数方程如下：

$$u_p = -\min(u_{ar1},\ u_{br1},\ u_{cr1}) - 1 \tag{4-30}$$

因此，叠加 "零序分量" u_p 的调制波(u_{ar}、u_{br}、u_{cr})波形如图 4-45(c) 所示，其函数方程为

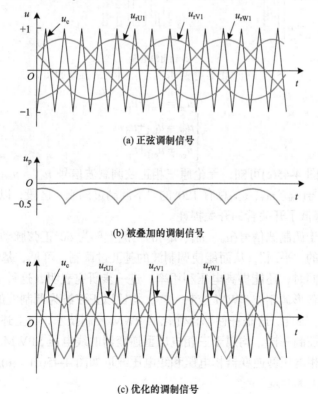

(a) 正弦调制信号

(b) 被叠加的调制信号

(c) 优化的调制信号

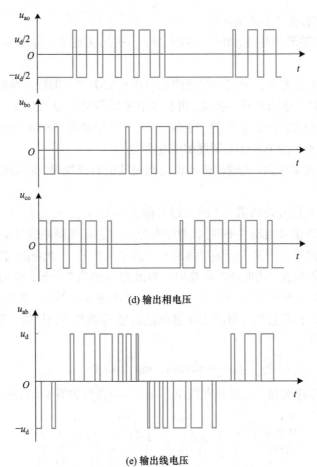

(d) 输出相电压

(e) 输出线电压

图 4-45　三相电压型逆变器综合优化 PWM 控制的相关波形

$$\begin{cases} u_{ar} = u_{ar1} + u_{p} \\ u_{br} = u_{br1} + u_{p} \\ u_{cr} = u_{cr1} + u_{p} \end{cases} \tag{4-31}$$

从以上分析及图 4-45(c)可知，无论原三相正弦调制波信号 u_{ar1}、u_{br1}、u_{cr1} 的幅值大小，合成后的调制波信号(u_{ar}、u_{br}、u_{cr})总有 120°的"不调制过调制"区段，以构成调制波的"平底"，从而有效地降低了开关管的开关损耗。

另一方面，由于调制波信号(u_{ar}、u_{br}、u_{cr})的正侧上部为 60°正弦脉动波信号，因此也使调制波形成了类似的"平顶"，从而能使调制波的基波过调制。可见，基于 u_{p} 的 PWM 调制在降低开关损耗的同时，还能提高电压利用率。进一步研究表明，这种基于 u_{p} 的 PWM 调制的电压利用率与鞍形调制波 PWM 控制一样，均比以正弦波为调制波的 SPWM 的电压利用率约提高 15.5%。因此，这是一种综合优化的 PWM 控制技术，与上述提高电压利用率的鞍形调制波 PWM 控制一样，均属于三相电压型逆变器的线电压 SPWM 控制。采用综合优化 PWM 控制的三相电压型逆变器相电压和线电压波形如图 4-45(d)、(e)所示。

5. SPWM 谐波及其特征

为了定量评价 SPWM 输出波形的品质，必须定量研究 SPWM 谐波及其特征，而 SPWM

谐波及其特征也是衡量 SPWM 逆变器性能的重要指标之一。

根据以上讨论可知,SPWM 的波形调制包括同步调制和异步调制。当采用异步调制时,SPWM 的波形调制在调制波的各周期内所包含的脉冲模式没有重复性,因此,在以傅里叶级数为基础的频谱分析时,无法以调制波角频率 ω_r 为基准并将其分解为调制波角频率倍数的谐波。为此,可以考虑以载波角频率 ω_c 为基准,考察其边频带谐波分布情况以描述 SPWM 谐波及其特征,这就需要采用双重傅里叶级数谐波分析法。考虑到同步调制是异步调制的特例,因此,这种双重傅里叶级数谐波分析法也同样适用于 SPWM 的同步调制。由于基于双重傅里叶级数谐波分析过程的复杂性,因此,以下只针对相关结论加以讨论。

1) 单相双极性 SPWM 谐波及其特征

以载波角频率 ω_c 为基准并采用双重傅里叶级数谐波分析法,可以推导出单相电压型逆变器采用双极性 SPWM 控制时的输出电压谐波方程

$$u_L = M u_d \sin(\omega_r t - \varphi) + \frac{4 u_d}{\pi} \sum_{m=1,3,5,\cdots}^{\infty} \frac{J_0\left(\dfrac{mM\pi}{2}\right)}{m} \sin\frac{m\pi}{2} \cos(mN\omega_r t)$$

$$+ \frac{4 u_d}{\pi} \sum_{m=1,2,\cdots}^{\infty} \sum_{n=\pm1,\pm2,\cdots}^{\pm\infty} \frac{J_n\left(\dfrac{mM\pi}{2}\right)}{m} \sin\left(\frac{m+n}{2}\pi\right) \cos\left[(mN+n)\omega_r t - n\varphi - \frac{n\pi}{2}\right] \quad (4\text{-}32)$$

式中, u_d 为直流输出电压, φ 为基波初始相角, m 为相对于载波的谐波次数, n 为相对于调制波的谐波次数。

由式(4-32)不难看出,当单相电压型逆变器采用双极性 SPWM 控制时,其基波幅值与调制度 M 成正比,故通过调节正弦调制波的幅值就可以调节输出电压。除基波分量外,输出电压的谐波还包含下列成分:载波和载波的 m 次谐波、载波及载波的 m 次谐波的上下边频谐波。其中当 m 为偶数时,载波的 m 次谐波不存在;当 $m+n$ 为偶数时,载波与载波的 m 次谐波的上下边频谐波也不存在。

当 $M = 0 \sim 1$ 时,根据式(4-32)可画出单相电压型逆变器采用双极性 SPWM 控制时 N 等于任意正整数时的频谱分布及谐波幅值与 M 的关系,如图 4-46 所示。

由图 4-46 可以看出,频谱的分布不只与 M 的大小有关,也与载波比 N 有关。换言之,改变 M 可以改变谐波的幅值,而改变 N 则可以改变谐波的频率。由于 N 越大,谐波频率越高,所需输出滤波器的体积越小,因此,适当提高载波频率可以改善 SPWM 控制的波形品质。另外,从图 4-46 所示的频谱分布来看,单相电压型逆变器采用双极性 SPWM 控制时,其 PWM 波形中不含低次谐波,其谐波主要分布在载波角频率 ω_c 以及 $2\omega_c$、$3\omega_c$ 附近,并以载波角频率 ω_c 附近的谐波幅值为最大。

2) 单相单极性 SPWM 谐波及其特征

以载波角频率 ω_c 为基准并采用双重傅里叶级数谐波分析法,可以推导出单相电压型逆变器采用单极性 SPWM 控制时的输出电压谐波方程

$$u_L = ME\sin(\omega_r t - \varphi) + \frac{2E}{\pi} \sum_{m=1,2,\cdots}^{\infty} \sum_{n=\pm1,\pm3,\cdots}^{\pm\infty} \cos(m\pi) \frac{J_n(mM\pi)}{m} \sin[(mN+n)\omega_r t - n\varphi] \quad (4\text{-}33)$$

由式(4-33)可以画出单相电压型逆变器采用单极性 SPWM 控制时 $M = 0.5$ 或 1 时的频谱

分布及谐波幅值与 M 的关系，如图 4-47 所示。

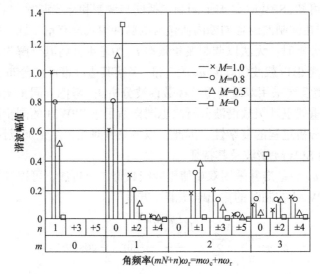

图 4-46 单相电压型逆变器双极性 SPWM 控制时的输出电压频谱及谐波幅值与 M 的关系

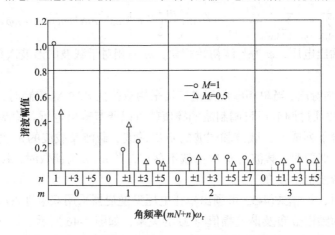

图 4-47 单相电压型逆变器单极性 SPWM 控制时的输出电压频谱及谐波幅值关系

比较图 4-46 与图 4-47 的频谱可知，载波采用单极性三角波的单极性 SPWM 波形的谐波含量比载波采用双极性三角波的双极性 SPWM 波的谐波含量要小得多。从图 4-47 所示的频谱分布来看，与采用双极性 SPWM 控制类似，单相电压型逆变器采用单极性 SPWM 控制时，其 PWM 波形中仍不含低次谐波，其谐波主要分布在载波角频率 ω_c 以及 $2\omega_\text{c}$、$3\omega_\text{c}$ 附近，并以载波角频率 ω_c 附近的谐波幅值为最大。考察载波角频率 ω_c 点，即当 $m=1$ 时，对同样的 M 值，单极性 SPWM 波的谐波幅值，明显地比双极性 SPWM 波的谐波幅值小。另外，当双极性 SPWM 波的载波比为单极性 SPWM 波的载波比的一半时，即双极性 SPWM 波谱中的 m 为 2,4,6,… 的载波谐波的上下边频成分，分别与单极性 SPWM 波中 m 为 1,2,3,… 的相应成分完全一致；而双极性 SPWM 波中 m 为 1,3,5,… 的载波、载波谐波及上下边频成分在单极性 SPWM 波中为零。

以上分析表明，相对于双极性 SPWM 而言，单极性 SPWM 具有更低的输出谐波。

3) 三相 SPWM 谐波及其特征

对于三相电压型逆变器的 SPWM 控制，用与上述分析同样的方法可以求出逆变器输出线电压 u_{ab} 的方程式为

$$u_{ab} = \frac{\sqrt{3}}{2} M u_d \cos\left(\omega_r t - \frac{2\pi}{6} - \varphi\right) + \frac{4 u_d}{\pi} \sum_{m=1,2,\cdots}^{\infty} \sum_{n=\pm1,\pm2,\cdots}^{\pm\infty} \frac{J_n\left(\frac{mM\pi}{2}\right)}{m} \sin\left(\frac{m+n}{2}\pi\right)$$

$$\cdot \sin\frac{(mN+n)2\pi}{6} \sin\left[(mN+n)\left(\omega_r t - \frac{2\pi}{6}\right) - \frac{n\pi}{2} - n\varphi\right] \tag{4-34}$$

同理也可以求出 u_{bc}、u_{ca} 的方程式。由于三相对称，因此只需要讨论线电压 u_{ab} 的频谱特征即可。三相电压型逆变器的 SPWM 控制时输出电压的频谱如图 4-48 所示。从式(4-34)可以看出：u_{ab} 的频谱中，基波幅值为相电压的 $\sqrt{3}$ 倍。与上述单相 SPWM 谐波及其特征相比较，其共同点就是均不含有低次谐波。所不同的是，三相电压型逆变器 SPWM 控制时，载波角频率 ω_c 及其整数倍谐波全为零，并且它们的上下边频中的零序谐波成分也不存在了。谐波中幅值较高的谐波是 $\omega_c\pm2\omega_r$ 以及 $2\omega_c\pm\omega_r$。值得注意的是，式(4-34)中的 $\sin\left(\frac{m+n}{2}\pi\right)$ 是消除 m 和 n 同时为偶数或同时为奇数时的那些项。

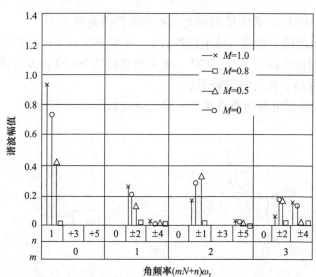

图 4-48   三相电压型逆变器 SPWM 控制时的输出电压频谱

【例 4-3】   三相桥式电压型正弦波逆变器，直流电压 1000V，接△形对称电阻负载，直流电压中点为 o。

(1) 采用 SPWM 控制，最大输出相电压基波幅值是多少？

(2) 给出两种使输出电压提高 15%的方法，比较两种方法的优缺点；

(3) 假定基波调制度不变，在采用 SPWM 控制、鞍形调制波 SPWM 控制两种方式下，负载相电流是什么关系？为什么？

【提示】   不同的调制方法可优化对直流电压大小要求。△形对称负载的相电流是由供电电源的线电压决定，电源相电压中增加零序相电压不影响线电压。

【解析】 (1) 三相 SPWM 控制时，逆变桥输出线电压的基波幅值为

$$U_{ab1} = \frac{\sqrt{3}}{2} M U_{dc}$$

则逆变桥输出 a 相电压的基波幅值为

$$U_{ao1} = \frac{U_{ab1}}{\sqrt{3}} = \frac{1}{2} M U_{dc}$$

当 $M = 1$ 时，最大输出相电压基波幅值是 $\frac{U_{dc}}{2} = 500V$。

(2) 方法一　将直流电压提高 15%，即 $U_{dc} \times 115\% = 1150V$，可使得最大输出相电压基波幅值提高到 575V。

方法二　鞍形调制波 SPWM 控制：

记鞍形波的调制度为 M，则鞍形波中的基波调制度为

$$M_1 = \frac{1}{0.866} M \approx 1.15M$$

则逆变桥输出 a 相电压的基波幅值为

$$U_{ao1} = \frac{1}{2} M_1 U_{dc} = \frac{U_{dc}}{2} \times 1.15M$$

当 $M = 1$、$U_{dc} = 1000V$ 时，最大输出相电压基波幅值提高到 575V。

比较：方法一采用的是提高直流电压的方式，不需要改变 PWM 控制方式，但对逆变桥中的功率开关器件耐压提高了要求；方法二采用的是改变 PWM 控制方式，无须改变功率开关器件耐压要求，提高了直流电压利用率。

(3) 逆变桥输出三相电源给负载供电，等效电路如图 4-49 所示。

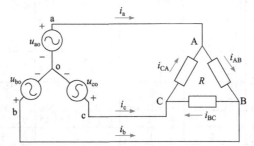

图 4-49　逆变桥输出三相电源给负载供电等效电路

在采用 SPWM 控制、鞍形调制波 SPWM 控制两种方式下，负载相电流相等。因为负载相电流(如 i_{AB})取决于逆变电源的线电压 u_{ab}，与逆变电源的相电压无关。鞍形调制波 SPWM 的相电压引入同幅值、同相位的三相零序电压，但线电压依然由相电压基波决定，与 SPWM 控制的输出线电压相等，因此负载相电流也相等。

*4.3　空间矢量 PWM 控制

4.3.1　概述

正弦脉宽调制(Sinusoidal Pulse Width Modulation，SPWM)其 PWM 信号的数字实现

通常需采用规则采样法，而规则采样法仅仅是对自然采样法的近似实现。除了 SPWM，另外一种脉宽调制技术，即空间矢量脉宽调制(Space Vector Pulse Width Modulation，SVPWM)技术在 DC-AC 等变换器中得到了广泛的应用，相应的数字计算方法所形成的空间矢量脉宽调制与传统 SPWM 相比具有更多的优点。实际上，空间矢量 PWM 调制(SVPWM)作为一种优化的 PWM 调制技术，具有直流电压利用率高、控制响应快、易于数字化实现等优点。

SVPWM 的思想是：在矢量空间利用逆变器有限的静止矢量去合成和跟踪对应调制波的空间旋转矢量。

实际上，对于三相对称的正弦波电压，可以利用一个以正弦波角频率旋转的空间电压矢量进行描述，该空间电压矢量顶点的旋转轨迹是一个圆，其半径是正弦波电压峰值，而在坐标轴上的投影就是该坐标轴电压的瞬时值，其瞬时值满足 $u_a + u_b + u_c = 0$。

而在如图 4-42 所示的三相电压型逆变器中，如果每相上桥臂开关管导通时的开关状态记为 1，而下桥臂开关管导通时的开关状态通记为 0，则三相电压型逆变器开关管的开关状态共有 8 种开关状态，分别用电压矢量 $U_0 \sim U_7$ 表示，如图 4-50 所示：其中包括 6 个模非零且离散的非零矢量 $U_1 \sim U_6$ 和 2 个模为零的零矢量 U_0、U_7。另外，6 个离散的非零电压矢量 $U_1 \sim U_6$ 在空间上两两互差 60°，各矢量的顶点构成正六边形的顶点。

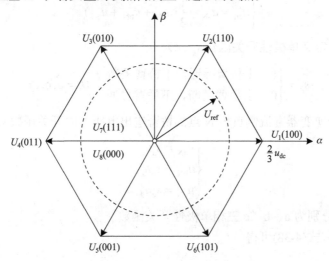

图 4-50　三相电压型逆变器空间矢量分布

那么如何通过三相逆变器输出电压矢量 $U_0 \sim U_7$ 的控制，来实现对如图 4-44 中描述三相正弦波电压的参考电压矢量 U_{ref} 的跟踪控制？实际上可以采用 PWM 控制，使 $U_0 \sim U_7$ 按一定的规律切换以合成参考电压矢量 U_{ref}，从而实现对参考电压矢量 U_{ref} 的跟踪控制。这就是三相电压型逆变器空间矢量调制(Space Vector Pulse Width Modulation，SVPWM)的基本工作思路。

4.3.2　三相电压型逆变器空间电压矢量分析

针对如图 4-42 所示的三相电压型逆变器主电路,其交流侧输出相电压 (u_{an}, u_{bn}, u_{cn}) 可表示为

$$\begin{cases} u_{an} = u_{aN} - u_{nN} \\ u_{bn} = u_{bN} - u_{nN} \\ u_{cn} = u_{cN} - u_{nN} \end{cases} \tag{4-35}$$

由式(4-35)可求得

$$u_{nN} = \frac{1}{3}(u_{aN} + u_{bN} + u_{cN}) - \frac{1}{3}(u_{an} + u_{bn} + u_{cn}) \tag{4-36}$$

当三相负载对称时，$u_{an} + u_{bn} + u_{cn} = 0$，因此式(4-36)可写成

$$u_{nN} = \frac{1}{3}(u_{aN} + u_{bN} + u_{cN}) \tag{4-37}$$

将式(4-37)代入式(4-35)得

$$\begin{cases} u_{an} = u_{aN} - \frac{1}{3}(u_{aN} + u_{bN} + u_{cN}) \\[2mm] u_{bn} = u_{aN} - \frac{1}{3}(u_{aN} + u_{bN} + u_{cN}) \\[2mm] u_{cn} = u_{aN} - \frac{1}{3}(u_{aN} + u_{bN} + u_{cN}) \end{cases} \tag{4-38}$$

为分析方便，定义单极性开关函数 s_k，为

$$s_k = \begin{cases} 1 & \text{上桥臂导通，下桥臂关断} \\ 0 & \text{上桥臂关断，下桥臂导通} \end{cases} \quad (k = a, b, c) \tag{4-39}$$

显然，每相相对于逆变器直流侧负极 N 点的桥臂输出电压可由开关函数 s_k 表示为

$$\begin{cases} u_{aN} = s_a u_d \\ u_{bN} = s_b u_d \\ u_{cN} = s_c u_d \end{cases} \tag{4-40}$$

式中，s_a、s_b、s_c 分别为 a、b、c 三相单极性开关函数。

将式(4-40)代入式(4-38)可得

$$\begin{cases} u_{an} = \left[s_a - \frac{1}{3}(s_a + s_b + s_c) \right] u_d \\[3mm] u_{bn} = \left[s_b - \frac{1}{3}(s_a + s_b + s_c) \right] u_d \\[3mm] u_{cn} = \left[s_c - \frac{1}{3}(s_a + s_b + s_c) \right] u_d \end{cases} \tag{4-41}$$

显然，对于 a、b、c 三相，其单极性开关函数 s_a、s_b、s_c 将有 $2^3 = 8$ 种开关函数组合(对应 8 种开关状态)，将 8 种开关函数组合代入式(4-41)，即得到相应的三相电压型逆变器不同开关状态时的交流输出电压值，如表 4-3 所示。

表 4-3 三相电压型逆变器不同开关状态时的交流输出电压值

s_a	s_b	s_c	u_{an}	u_{bn}	u_{cn}	U_k
0	0	0	0	0	0	U_0
0	0	1	$-\dfrac{1}{3}u_d$	$-\dfrac{1}{3}u_d$	$\dfrac{2}{3}u_d$	U_5
0	1	0	$-\dfrac{1}{3}u_d$	$\dfrac{2}{3}u_d$	$-\dfrac{1}{3}u_d$	U_3
0	1	1	$-\dfrac{2}{3}u_d$	$\dfrac{1}{3}u_d$	$\dfrac{1}{3}u_d$	U_4
1	0	0	$\dfrac{2}{3}u_d$	$-\dfrac{1}{3}u_d$	$-\dfrac{1}{3}u_d$	U_1
1	0	1	$\dfrac{1}{3}u_d$	$-\dfrac{2}{3}u_d$	$\dfrac{1}{3}u_d$	U_6
1	1	0	$\dfrac{1}{3}u_d$	$\dfrac{1}{3}u_d$	$-\dfrac{2}{3}u_d$	U_2
1	1	1	0	0	0	U_7

分析表 4-3 不难发现,三相电压型逆变器不同开关状态时的交流输出电压可以用一个模为 $2u_d/3$ 的空间电压矢量在复平面上表示出来,由于三相电压型逆变器开关状态的有限组合,因而其空间电压矢量只有 $2^3 = 8$ 条,如图 4-51 所示,其中 $U_0(0\ 0\ 0)$,$U_7(1\ 1\ 1)$ 由于模为零而称为零矢量。

显然,三相电压型逆变器的某一开关状态就对应一条空间矢量,该开关状态对应的三相电压型逆变器的输出电压 u_{an}、u_{bn}、u_{cn} 即为该空间矢量在三相坐标轴(a,b,c)上的投影。

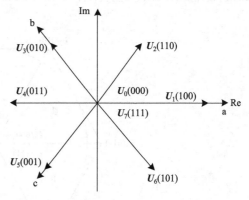

图 4-51 三相电压型逆变器空间电压矢量分布

上述分析表明,复平面上三相电压型逆变器空间电压矢量 U_k 可定义

$$\begin{cases} U_k = \dfrac{2}{3}u_d \mathrm{e}^{\frac{\mathrm{j}(k-1)\pi}{3}} & (k = 1,\cdots,6) \\ U_{0,7} = 0 \end{cases} \tag{4-42}$$

式(4-42)可表达成开关函数形式,即

$$U_k = \frac{2}{3}u_d(s_a + s_b \mathrm{e}^{\mathrm{j}2\pi/3} + s_c \mathrm{e}^{-\mathrm{j}2\pi/3}) \tag{4-43}$$

实际上,若考虑三相对称正弦波电压瞬时值 u_{an}、u_{bn}、u_{cn},即 $u_{an} + u_{bn} + u_{cn} = 0$,则复平面内的三相基波电压的空间矢量可表示为

$$U = \frac{2}{3}(u_{an} + u_{bn}\mathrm{e}^{\mathrm{j}2\pi/3} + u_{cn}\mathrm{e}^{-\mathrm{j}2\pi/3}) \tag{4-44}$$

式(4-44)表明:如果 u_{an}、u_{bn}、u_{cn} 是角频率为 ω 的三相对称正弦波电压,那么矢量 U 即

是模为相电压峰值，且以角频率 ω 按逆时针方向匀速旋转的空间矢量，而 U 在三相坐标轴 (a，b，c) 上的投影就是对称的三相正弦电压瞬时值。

将式(4-35)代入式(4-44)，不难发现

$$
\begin{aligned}
U &= \frac{2}{3}(u_{an} + u_{bn}e^{j2\pi/3} + u_{cn}e^{-j2\pi/3}) \\
&= \frac{2}{3}[(u_{aN} - u_{nN}) + (u_{bN} - u_{nN})e^{j2\pi/3} + (u_{cN} - u_{nN})e^{-j2\pi/3}] \\
&= \frac{2}{3}[u_{aN} + u_{bN}e^{j2\pi/3} + u_{cN}e^{-j2\pi/3}]
\end{aligned}
\tag{4-45}
$$

式(4-45)表明，对于三相对称系统，三相电压型逆变器空间电压矢量表达式与输出相电压参考点(如图 4-42 中的 n 或 N 点)的选择无关。

4.3.3　空间电压矢量的合成

上述分析表明：三相电压型逆变器空间电压矢量共有 8 条，除 2 条零矢量外，其余 6 条非零矢量对称均匀分布在复平面上。对于任一给定的空间电压矢量 U^*，均可由 8 条三相电压型逆变器空间电压矢量合成，如图 4-52 所示。

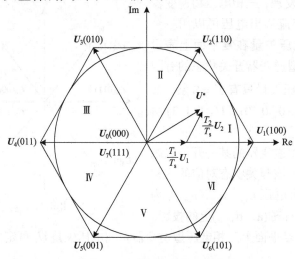

图 4-52　空间电压矢量分区及合成

图 4-52 中，6 条模为 $2u_d/3$ 的空间电压矢量将复平面均分成六个扇形区域 Ⅰ～Ⅵ，对于任一扇形区域中的电压矢量 U^*，均可由该扇形区两边的电压型逆变器空间电压矢量来合成。如果 U^* 在复平面上匀速旋转，就对应得到了三相对称的正弦量。实际上，由于开关频率和矢量组合的限制，U^* 的合成矢量只能以某一步进速度旋转，从而使矢量端点运动轨迹为一多边形准圆轨迹。显然，PWM 开关频率越高，多边形准圆轨迹就越接近圆。

图 4-52 中，若 U^* 在 Ⅰ 区时，则 U^* 可由 U_1、U_2 和 $U_{0,7}$ 合成，依据平行四边形法则，有

$$
\frac{T_1}{T_s}U_1 + \frac{T_2}{T_s}U_2 = U^*
\tag{4-46}
$$

式中，T_1、T_2 分别为矢量 U_1、U_2 在一个开关周期中的持续时间；T_s 为 PWM 开关周期。

令零矢量 $U_{0,7}$ 的持续时间为 $T_{0,7}$，则

$$T_1 + T_2 + T_{0,7} = T_s \tag{4-47}$$

令 U^* 与 U_1 间的夹角为 θ，由正弦定理得

$$\frac{|U^*|}{\sin\dfrac{2\pi}{3}} = \frac{\left|\dfrac{T_2}{T_s}U_2\right|}{\sin\theta} = \frac{\left|\dfrac{T_1}{T_s}U_1\right|}{\sin\left(\dfrac{\pi}{3}-\theta\right)} \tag{4-48}$$

又因为 $|U_1| = |U_2| = 2u_d/3$，则联立式(4-47)、式(4-48)，易得

$$\begin{cases} T_1 = mT_s \sin\left(\dfrac{\pi}{3}-\theta\right) \\ T_2 = mT_s \sin\theta \\ T_{0,7} = T_s - T_1 - T_2 \end{cases} \tag{4-49}$$

式中，m 为 SVPWM 调制系数，并且

$$m = \frac{\sqrt{3}}{u_d}|U^*| \tag{4-50}$$

显然，当 $m=1$ 时电压利用率为 $\dfrac{|U|}{u_d} = \dfrac{\sqrt{3}}{3}$。这与常规 SPWM 电压利用率 $\dfrac{|U|}{u_d} = \dfrac{1}{2}$ 相比，提高了 15.4%。

对于零矢量的选择，主要考虑选择 U_0 或 U_7 应使开关状态变化尽可能少，以降低开关损耗。在一个开关周期中，令零矢量插入时间为 $U_{0,7}$，若其中插入 U_0 的时间为 $T_0 = kT_{0,7}$，则 U_7 的时间为 $T_7 = (1-k)T_{0,7}$，其中 $0 \leqslant k \leqslant 1$。

实际上，对于三相电压型逆变器某一给定的电压空间矢量 U^*，常有几种合成方法，以下讨论均考虑 U^* 在电压型逆变器空间矢量 Ⅰ 区域的合成。

方法一　该方法将零矢量 U_0 均匀地分布在 U^* 矢量的起、终点上，然后依次由 U_1、U_2 按三角形方法合成，如图 4-53(a)所示。另外，再从该合成法的开关函数波形上[图 4-53(b)]分析，一个开关周期中，电压型逆变器上桥臂开关管共开关 4 次，由于开关函数波形不对称，因此 PWM 谐波分量主要集中在开关频率 f_s 及 $2f_s$ 上，其频谱分布如图 4-53(c)所示，显然在频率 f_s 处的谐波幅值较大。

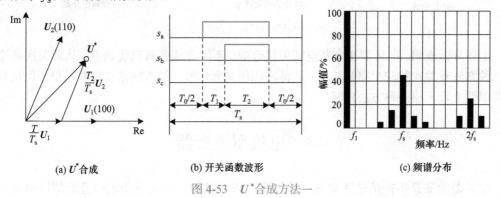

(a) U^* 合成　　　　(b) 开关函数波形　　　　(c) 频谱分布

图 4-53　U^* 合成方法一

方法二　矢量合成仍然将零矢量 U_0 均匀地分布在 U^* 矢量的起、终点上，与方法一不同的是，除零矢量外，依次由 U_1、U_2、U_1 合成，并从 U^* 矢量中点截出两个三角形，如图 4-54(a) 所示。另外，由图 4-54(b) 的 PWM 开关函数波形分析，一个开关周期中电压型逆变器上桥臂开关管共开关 4 次，且波形对称，因而其 PWM 谐波分量仍主要分布在开关频率的整数倍频率附近，谐波幅值显然比方法一有所降低，其频谱分布如图 4-54(c) 所示。

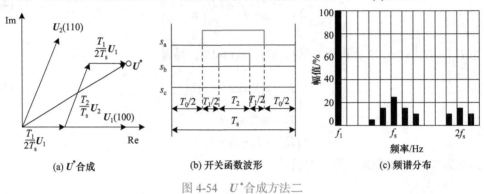

(a) U^* 合成　　　　(b) 开关函数波形　　　　(c) 频谱分布

图 4-54　U^* 合成方法二

方法三　将零矢量周期分成三段，其中 U^* 矢量的起、终点上均匀地分布 U_0 矢量，而在 U^* 矢量中点处分布 U_7 矢量，且 $T_7 = T_0$。除零矢量外，U^* 矢量合成与方法二类似，即均以 U^* 矢量中点截出两个三角形，U^* 的合成矢量如图 4-55(a) 所示。从开关函数波形(见图 4-55(b))可以看出，在一个 PWM 开关周期，该方法使电压型逆变器桥臂开关管开关 6 次且波形对称，其 PWM 谐波仍主要分布在开关频率的整数倍频率附近。显然，在频率 f_s 附近处的谐波幅值降低十分明显，其频谱分布如图 4-55(c) 所示。

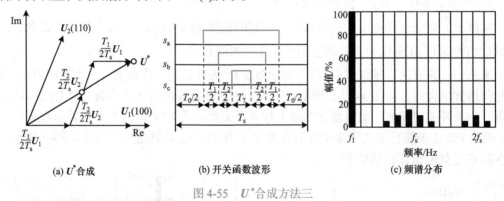

(a) U^* 合成　　　　(b) 开关函数波形　　　　(c) 频谱分布

图 4-55　U^* 合成方法三

上述分析表明，电压型逆变器空间矢量合成，不同方法各有其优缺点。从开关次数来看第二种方法开关次数较少损耗较低；从谐波幅值来看，第三种方法谐波相对较低；但从算法的简单性上看，第一种方法较好。

4.4　电流型逆变器

电流型逆变器拓扑是逆变器另一类主要的拓扑结构。这类逆变器的直流侧以电感为能量缓冲元件，从而使其直流侧呈现出电流源特性。电流型逆变器有以下主要特点：

(1) 直流侧有足够大的储能电感元件，从而使其直流侧呈现出电流源特性，即稳态时的直流侧电流恒定不变。

(2) 逆变器输出的电流波形为方波或方波脉冲序列，并且该电流波形与负载无关。

(3) 逆变器输出的电压波形则取决于负载，且输出电压的相位随负载功率因数的变化而变化。

(4) 逆变器输出电流的控制仍可以通过 PAM(脉冲幅值调制)和 PWM(脉冲宽度调制)两种基本控制方式来实现。

值得注意的是，电流型逆变器与电压型逆变器在结构上具有一定的对偶性，例如：电压型逆变器直流侧的储能元件为电容，而电流型逆变器直流侧的储能元件为电感；另外，电压型逆变器的开关管旁有反向并联的续流二极管，而电流型逆变器的开关管，当采用常规全控型器件时，考虑到其较弱的抗反压性能，则一般需在全控型器件支路上正向串联阻断二极管(具有反向阻断能力的开关管除外，如晶闸管、逆阻型 IGBT 等)。

与电压型逆变器类似，依据控制方式和结构的不同，电流型逆变器也可分为方波型、阶梯波型、正弦波型(PWM 型)三类。下面主要讨论方波型、阶梯波型电流型逆变器。

4.4.1 电流型方波逆变器

电流型方波逆变器按拓扑结构的不同可分为电流型单相全桥逆变器以及电流型三相桥式逆变器两类；也可以按电流型逆变器所采用功率器件的不同分为半控型和全控型两类。由于电流型逆变器尤其是大功率电流型方波逆变器仍有不少采用基于晶闸管的半控型结构，因此，除全控型结构外，以下讨论还将涉及半控型电流型逆变器。

1. 单相全桥电流型方波逆变器

1) 全控型单相全桥电流型方波逆变器

全控型单相全桥电流型方波逆变器的电路结构如图 4-56(a)所示。从图 4-56(a)可以看出，为了使全控型功率器件具有足够的反向阻断能力，通常在每个开关管上正向串联一个二极管；另外，由于电流型逆变器的输出电流是基于功率器件通断直流侧电流的方波电流，因此，为了防止输出过电压，电流型逆变器的输出需要接入滤波电容。当开关管 $VT_1(VD_1)$、VT_4 (VD_4)导通时，电流型逆变器的输出电流为正向方波电流；当开关管 $VT_2(VD_2)$、$VT_3(VD_3)$导通时，电流型逆变器的输出电流为负向方波电流。与全控型单相全桥电压型方波逆变器类似，单相全桥电流型方波逆变器也可采用 PAM(脉冲幅值调制)控制和 SPM(单脉冲控制)两种控制方式。

当采用 PAM(脉冲幅值调制)时，输出方波电流的频率由开关管导通周期控制，输出方波电流的幅值则通过其直流电流幅值控制来实现，而直流电流的幅值可通过调节其直流输入电压的电流闭环进行控制。输出电流波形如图 4-56(c)所示。

当采用 SPM(单脉冲控制)时，其直流侧电流的幅值恒定，输出方波电流的频率可由输出周期的改变来控制，而通过改变电流方波宽度便可以控制输出方波电流的幅值。

值得注意的是，对于全控型电流型逆变器而言，当桥臂开关管通断时，必须使直流侧电流连续，必要时使一相的上下桥臂直通，以克服开关管通断切换时间延迟的影响。

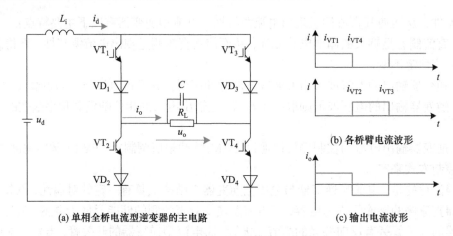

(a) 单相全桥电流型逆变器的主电路

(b) 各桥臂电流波形

(c) 输出电流波形

图 4-56　全控型单相全桥电流型方波逆变器电路结构及其输出电流波形

2) 半控型单相全桥电流型方波逆变器结构

半控型单相全桥电流型方波逆变器的功率器件为晶闸管，而基于晶闸管的半控型逆变器的换流可采用强迫换流和负载换流两种换流方式。当晶闸管逆变器采用强迫换流时，一般需增加强迫换流电路，从而使其结构复杂化。而晶闸管逆变器采用负载换流时，晶闸管的换流电压需要由负载提供，即要求负载电流相位超前负载电压相位，显然，这就要求负载为容性负载。

采用负载换流的晶闸管单相全桥电流型方波逆变器的电路结构如图 4-57(a)所示。由于采用了负载换流，此时，无须增加强迫换流电路，因此电路结构较为简单。图 4-57(a)所示电路实际上是中频感应加热的电流型逆变器电路，其中 LC 并联支路为电磁感应线圈及容性补偿电容的等效电路。为了使输出电压波形近似为正弦波，将逆变器输出电路设计成并联谐振电路。这是因为：当并联谐振电路的谐振频率接近逆变器的输出基波频率时，负载将对输出基波电流呈现高阻抗，而对输出谐波电流呈现低阻抗，这样就使基波电流在负载电路中产生较大的压降，而谐波电流在负载电路中产生较小的压降，因此输出电压波形近似为正弦波。

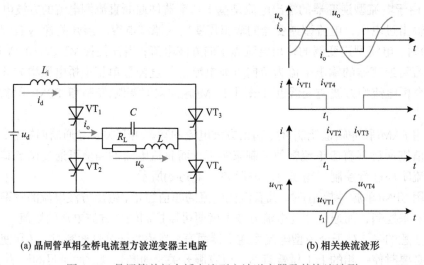

(a) 晶闸管单相全桥电流型方波逆变器主电路

(b) 相关换流波形

图 4-57　晶闸管单相全桥电流型方波逆变器及其换流波形

　　另一方面，为了实现晶闸管逆变器的负载换流，这就要求负载为容性负载，因此其输出电路中的补偿电容设计应使负载电路工作在容性小失谐状态。采用负载换流的晶闸管单相全桥电流型方波逆变器的换流波形如图 4-57(b)所示。设 t_1 时刻前晶闸管 VT$_1$、VT$_4$ 导通，VT$_2$、VT$_3$ 关断，此时逆变器的输出电压 u_o、输出电流 i_o 均为正，故此时的晶闸管 VT$_2$、VT$_3$ 承受正向电压(u_o)。若在 t_1 时刻触发晶闸管 VT$_2$、VT$_3$ 并使其导通，则负载电压 u_o 通过 VT$_2$、VT$_3$ 使 VT$_1$、VT$_4$ 关断，从而使电流从 VT$_1$、VT$_4$ 转移到 VT$_2$、VT$_3$。需要指出的是，为了使 VT$_1$、VT$_4$ 彻底关断并使其顺利换流，触发 VT$_2$、VT$_3$ 的时刻 t_1 必须在 u_o 过零前，并留有足够的时间余量。

2. 三相桥式电流型方波逆变器

1) 全控型三相桥式电流型方波逆变器

　　全控型三相桥式电流型方波逆变器的电路结构如图 4-58(a)所示。从图 4-58(a)可以看出，与全控型单相全桥电流型方波逆变器的电路结构一样，电路中的每个开关管上正向串联一个反向阻断二极管；另外，为了防止电流换相所导致的输出过电压，一般电流型逆变器的输出均接有过电压抑制电容。与单相全桥电流型方波逆变器类似，三相桥式电流型方波逆变器可采用 PAM 控制和 SPM 两种控制方式，这里只讨论 PAM 控制方式。

　　对于三相桥式电压型方波逆变器而言，当采用 PAM 控制方式时，其开关管的控制通常采用 180°导电方式，即每个开关管一个基波周期中导通 180°；而三相桥式电流型方波逆变器一般采用 120°导电方式(每个开关管一个基波周期中导通 120°)。需要指出的是：采用 180°导电方式时，任何瞬间，三相全桥有且只有三个桥臂导电(如一个上桥臂、两个下桥臂；或两个上桥臂、一个下桥臂)，换流时采用上下桥臂换流模式，适用于电压脉冲波输出的电压型逆变器。而采用 120°导电方式时，任何瞬间，三相全桥有且只有两个桥臂导电(一个上桥臂、一个下桥臂)，换流时采用相邻桥臂的横向换流模式，适用于电流脉冲波输出的电流型变流器。三相桥式电流型变流器 120°导电方式时的相关波形如图 4-58(c)所示。需要注意的是：当负载为 Y 形连接时[图 4-58(a)]，负载的相电流波形为 120°交流方

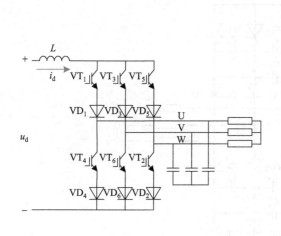

(a) 全控型三相桥式电流型方波逆变器主电路结构

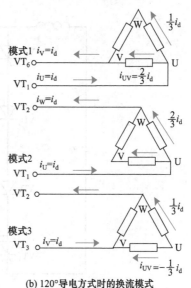

(b) 120°导电方式时的换流模式

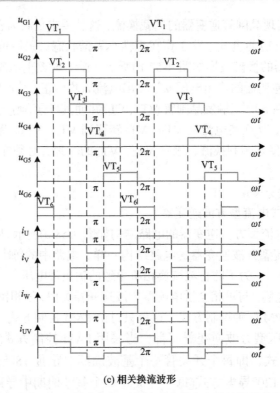

(c) 相关换流波形

图 4-58 全控型三相桥式电流型方波逆变器主电路结构及其相关波形

波(电流幅值为±I_d、0)；当负载为△形连接时[图 4-58(b)]，负载的相电流为变流器两相输出电流之差，即负载的相电流波形为交流 6 阶梯波波形(电流幅值为±(2/3)I_d、±(1/3)I_d)[图 4-58(c)]。可见，将三相桥式电流型变流器的负载接成△形连接时，能有效降低输出电流谐波。

2) 半控型三相桥式电流型变流器

基于晶闸管的半控型三相桥式电流型方波逆变器的电路结构如图 4-59 所示。

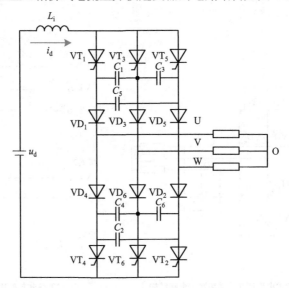

图 4-59 晶闸管三相桥式(串联二极管式)电流型方波逆变器的电路结构

图 4-59 所示电路采用了强迫换流方式，其中 $C_1 \sim C_6$ 为换流电容，$VD_1 \sim VD_6$ 为串联二极管。请注意，由于晶闸管本身具有反向阻断能力，因此，图 4-59 所示电路中的串联二极管 $VD_1 \sim VD_6$ 其主要作用是为了阻断换流电容间的相互放电。图 4-59 所示电路通常称为串联二极管式晶闸管逆变器。基于晶闸管的半控型三相桥式电流型方波逆变器仍采用 120° 导电方式，其输出波形可参见图 4-58(c)。以下讨论该电路的强迫换流过程。

假设换流前的逆变器电路已进入稳态，并且换流电容已完成充电，为简化起见，只讨论逆变器 U 相上桥臂到 V 相上桥臂的换流过程。换流过程的等值电路如图 4-60 所示，图中的换流电容 C_{13} 为 C_3 和 C_5 串联后再与 C_1 并联的等效电容。具体换流过程分析如下：

(1) $0 \sim t_1$ 时段，初始恒流供电阶段，如图 4-60(a)所示：上桥臂 VT_1、VD_1 和下桥臂 VD_2、VT_2 导通，直流电流 i_d 通过 VT_1、VD_1 和 VD_2、VT_2 向 U 相和 W 相负载恒流供电，此时，VT_3 承受正向电压。

(2) $t_1 \sim t_2$ 时段，换流电容恒流放电阶段，如图 4-60(b)所示：在 t_1 时刻触发 VT_3，由于此时的 VT_3 承受正向电压，因此 VT_3 导通，此时，换流电容 C_{13} 通过 VT_3 使 VT_1 承受

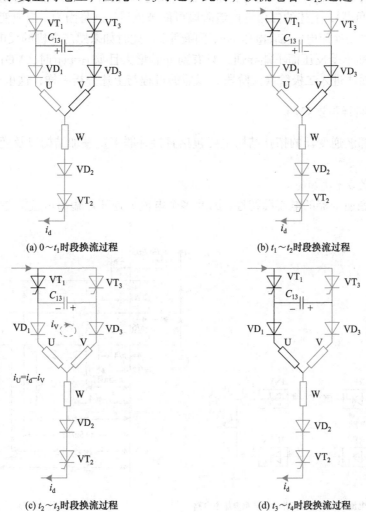

(a) $0 \sim t_1$ 时段换流过程　　　　　　　　　(b) $t_1 \sim t_2$ 时段换流过程

(c) $t_2 \sim t_3$ 时段换流过程　　　　　　　　　(d) $t_3 \sim t_4$ 时段换流过程

图 4-60　晶闸管三相桥式(串联二极管式)电流型方波逆变器的换流过程

反压而关断，直流电流 i_d 通过 VT_1 换流到 VT_3，并通过 VT_3、VD_1 和 VD_2、VT_2 使 C_{13} 向 U 相和 W 相负载恒流放电。在换流电容电压 u_{C13} 下降到零以前，VT_1 一直承受反向电压，只要反压时间大于晶闸管的关断时间，就能确保 VT_1 可靠关断。

(3) $t_2 \sim t_3$ 时段，二极管换流阶段，如图 4-60(c)所示：假设逆变器负载为阻感性负载，若 t_2 时刻换流电容电压 u_{C13} 下降到零，此时在 U 相负载电感的作用下，开始对 C_{13} 反向充电，若忽略负载压降，当 $u_{C13}>0$ 时，u_{C13} 使 VD_3 正偏而导通并流过电流 i_V，此时 VD_1 和 VD_3 同时导通并进入二极管换流过程。二极管换流过程中，VD_1 的电流 $i_U=i_d-i_V$。显然，随着 i_V 的逐渐增大，i_U 将随之减小，若设 t_3 时刻 $i_U=0$，则 $i_V=i_d$，从而使 VD_1 承受反压而关断，二极管换流过程结束。

(4) $t_3 \sim t_4$ 时段，换流后恒流供电阶段，如图 4-60(d)所示：t_3 时刻以后，换流电容 C_{13} 反向充电过程结束并为提供下一次换流电压做好了准备，此时 VT_3、VD_3 稳定导通，换流过程结束。直流电流 i_d 通过 VT_3、VD_3 和 VD_2、VT_2 向 V 相和 W 相负载恒流供电。

需要注意的是，以上分析没有考虑逆变器负载电压的变化。但是若考虑逆变器负载电压的变化(反电势负载)，上述的二极管换流阶段可能被推迟。这是因为：当逆变器负载为感应电机时，若 t_2 时刻换流电容 C_{13} 电压 u_{C13} 下降到零，此时如果感应电机的反电势 $e_{VU}>0$，则二极管 VD_3 仍然承受反压而不能导通，只有到 u_{C13} 增大且 $u_{C13}=e_{VU}$ 时，VD_3 方承受正向电压而导通，从而才进入二极管换流阶段。以后的过程与上述分析一样，这里不再赘述。

*4.4.2 电流型阶梯波逆变器

电流型阶梯波逆变器的拓扑结构主要包括直接并联多重叠加结构以及变压器移相多重叠加结构等。

1. 直接并联多重叠加的电流型阶梯波逆变器

由于电流型逆变器的电流源特性，因此多个电流型逆变器输出可直接并联。图 4-61 为

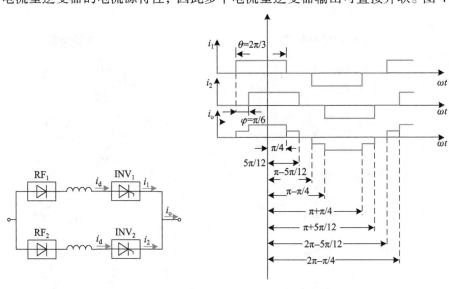

(a) 两个三相电流型逆变器直接并联的多重叠加主电路   (b) 输出电流的叠加波形

图 4-61　两个三相电流型逆变器直接并联的多重叠加结构以及输出电流的叠加波形

两个三相电流型逆变器采用输出直接并联的多重叠加结构以及输出电流的叠加波形。显然，图 4-61(a)电路采用了 120°导电方式的 PAM 移相叠加控制，由于 120°导电方式时的开关管每 60°换向一次，因此当两个三相电流型逆变器输出叠加时，可将 PAM 方波相位互相错开 60°/2=30°角。这样，原来每相输出的 120°方波电流通过 30°角的移相叠加即得 8 阶梯波电流，一相的电流叠加波形如图 4-61(b)所示。

对图 4-61(b)所示的电流波形进行谐波分析可知：

每相输出的 120°方波谐波电流表达式为

$$i_a = \frac{2\sqrt{3}}{\pi} I_d (\sin\omega t - 0.2\sin 5\omega t - 0.143\sin 7\omega t + 0.09\sin 11\omega t + \cdots) \tag{4-51}$$

叠加输出的 8 阶梯波谐波电流表达式为

$$i = 1.673 \frac{4I_d}{\pi} (\sin\omega t - 0.0536\sin 5\omega t - 0.0383\sin 7\omega t + \cdots) \tag{4-52}$$

对比式(4-51)、式(4-52)后不难发现，两重叠加后的输出电流波形中不存在零序谐波(如 3 次、9 次等)，并且 5 次、7 次谐波得到了显著衰减。

图 4-62 为三个三相电流型逆变器采用输出直接并联的多重叠加结构以及输出电流的叠加波形。显然，图 4-62(a)电路仍采用了 120°导电型的 PAM 移相叠加控制，由于是三个三相电流型逆变器输出叠加，因此可将 PAM 方波相位互相错开 60°/3=20°角。这样，原来每相输出的 120°方波电流通过 20°角的移相叠加即得 12 阶梯波电流，一相的电流叠加波形如图 4-62(b)所示。

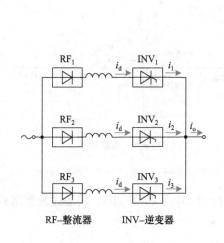

RF-整流器　　INV-逆变器

(a) 三个三相电流型逆变器直接并联的多重叠加主电路

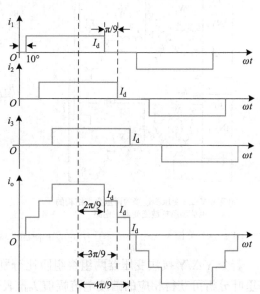

(b) 输出电流的叠加波形

图 4-62　三个三相电流型逆变器直接并联的多重叠加结构以及输出电流的叠加波形

对图 4-62(b)所示的电流波形进行谐波分析可知：

叠加输出的 12 阶梯波谐波电流表达式为

$$i = 2.494 \frac{4I_d}{\pi}(\sin\omega t - 0.0454\sin 5\omega t - 0.0264\sin 7\omega t + \cdots) \tag{4-53}$$

对比式(4-52)以及式(4-53)后不难发现，三重叠加后的输出电流波形中仍不存在零序谐波(如 3 次、9 次等)，并且 5 次、7 次谐波得到了进一步衰减。

显然，叠加重数越多，输出阶梯波电流波形的阶梯数也越多，电流的谐波含量就越小。

2. 变压器移相多重叠加的电流型阶梯波逆变器

以上分析表明，将两个三相采用了 PAM 控制(120°导电型)的电流型方波逆变器相位互错 30°，并使输出直接并联，从而可获得 8 阶梯波的电流输出。同样，如果将两个三相采用了 PAM 控制(120°导电型)的电流型方波逆变器相位互错 30°，但是使两逆变器输出通过变压器进行移相叠加，则可获得 10 阶梯波的电流输出。两个三相电流型方波逆变器通过变压器的移相叠加可采用如下两种结构。

1) 采用 Y△/Y 变压器连接的两重叠加结构

采用 Y△/Y 变压器连接的两重叠加结构的电流型阶梯波逆变器主电路和输出电流波形如图 4-63 所示。

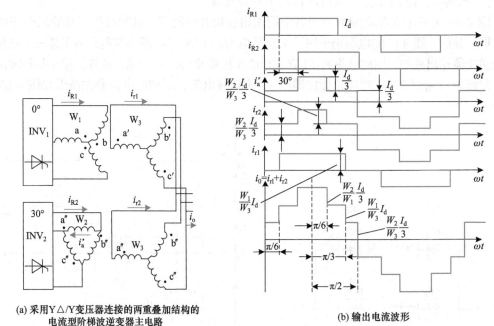

(a) 采用Y△/Y变压器连接的两重叠加结构的
电流型阶梯波逆变器主电路

(b) 输出电流波形

图 4-63　采用 Y△/Y 变压器连接的两重叠加结构的电流型阶梯波逆变器主电路和输出电流波形

若令 Y△/Y 接法变压器两组绕组匝比分别为 $A_1=W_1/W_3$、$A_2=W_2/W_3$，则通过复数形式的傅里叶分析可获得相应的谐波电流幅值 $I_{m(n)}$ 表达式为

$$I_{m(n)} = \frac{2I_d(1-e^{-jn\pi})}{n\pi}\left(\frac{W_2}{W_3}\frac{1}{3}\sin\frac{n\pi}{6} + \frac{W_1}{W_3}\sin\frac{n\pi}{3} + \frac{W_2}{W_3}\frac{1}{3}\sin\frac{n\pi}{2}\right) \tag{4-54}$$

显然，要消除第 n 次谐波电流，应使 $I_{m(n)}=0$，则必须满足

$$\frac{W_2}{W_3}\frac{1}{3}\sin\frac{n\pi}{6} + \frac{W_1}{W_3}\sin\frac{n\pi}{3} + \frac{W_2}{W_3}\frac{1}{3}\sin\frac{n\pi}{2} = 0 \tag{4-55}$$

例如要使这种采用 Y△/Y 变压器连接的两重叠加结构的电流型阶梯波逆变器消除 5 次和 7 次谐波，可由式(4-55)列出相关方程式，即

$$\begin{cases} A_2 \dfrac{1}{3} \sin \dfrac{5\pi}{6} + A_1 \sin \dfrac{5\pi}{3} + A_2 \dfrac{1}{3} \sin \dfrac{5\pi}{2} = 0 \\ A_2 \dfrac{1}{3} \sin \dfrac{7\pi}{6} + A_1 \sin \dfrac{7\pi}{3} + A_2 \dfrac{1}{3} \sin \dfrac{7\pi}{2} = 0 \end{cases} \tag{4-56}$$

求解式(4-56)可得满足上述谐波消除条件的 Y△/Y 接法变压器的绕组匝比分别为

$$A_1 = 1, \quad A_2 = \sqrt{3}$$

可见，对于 Y△/Y 接法变压器，当一次侧、二次侧绕组满足 $W_1 = W_3$、$W_2 = \sqrt{3}\, W_3$ 时，即可消除 5 次和 7 次谐波，以及相关的同组谐波 $6k \pm 5$、$6k \pm 7$ 次谐波($k=1,2,3,\cdots$)。

2) 采用△/Y△变压器连接的两重叠加结构

以上采用 Y△/Y 变压器连接的两重叠加结构，其变压器的二次侧绕组均采用 Y 形接法，且绕组匝数相等。实际上这类基于变压器的两重叠加结构，其变压器绕组还可以采用△/Y△连接，此时变压器的一次侧绕组均采用△形接法，且两组绕组匝比均为 1∶1。这种采用△/Y△变压器连接的两重叠加结构同样可获得 10 阶梯波的电流输出，如图 4-64 所示。谐波分析表明，采用△/Y△接法变压器的两重叠加结构，其输出的 10 阶梯波电流也不包含 5 次和 7 次谐波等谐波，而只含有包含 $12k \pm 1$ 次谐波($k=1,2,3,\cdots$)。

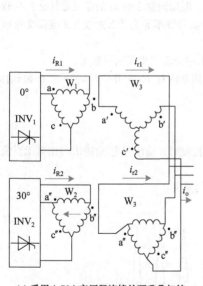

(a) 采用△/Y△变压器连接的两重叠加结
构的电流型阶梯波逆变器主电路

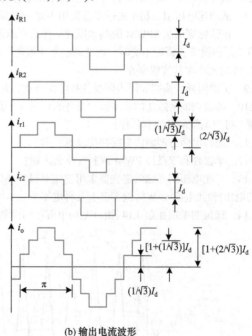

(b) 输出电流波形

图 4-64　采用△/Y△变压器连接的两重叠加结构的电流型阶梯波逆变器主电路和输出电流波形

本章小结

DC-AC 变换器即无源逆变电路(简称为逆变器)作为在国民经济各领域有着广泛而重要

应用的电能变换装置，多年来备受关注，其相关技术也得到了快速发展。本章分别以电压型逆变器和电流型逆变器为研究对象，具体阐述了相应方波逆变器、阶梯波逆变器的基本原理、电路拓扑、波形调制以及谐波特征等。在研究了基于脉冲幅值调制(PAM)的方波逆变器和阶梯波逆变器基础上，重点讨论了电压型正弦波逆变器及其脉宽调制(PWM)技术。针对正弦波逆变器的正弦脉宽调制(SPWM)，在详细论述了其基本问题之后，具体分析了单相、三相电压型正弦波逆变器的 SPWM 控制，并讨论了 SPWM 谐波及其特征。鉴于 PWM 技术的发展，本章还简单讨论了较正弦脉宽调制技术性能优越的空间矢量脉宽调制(SVPWM)技术。

思考与练习

简答题

4.1   什么是电压型逆变器？什么是电流型逆变器？二者各有何特点？

4.2   逆变器波形变换方式有哪些？它们各有什么特点？

4.3   逆变器主要有哪几种分类？逆变器的典型应用领域有哪些？

4.4   逆变器输出波形的谐波系数与畸变系数有何不同？

4.5   在直流侧电压和输出功率相等条件下，电压型单相半桥逆变器与电压型单相全桥逆变器相比具有何种优缺点？

4.6   试分析电压型单相全桥方波逆变器采用单脉冲调制时的工作过程。

4.7   试阐述电压型三相桥式逆变器采用180°方波调制时的换流顺序及每60°区间导通管号。

4.8   正弦脉宽调制 SPWM 的基本原理是什么？载波比 N、电压调制系数 M 的定义是什么？在载波电压幅值 V_{cm} 和频率 f_c 恒定不变时，改变调制参考波电压幅值 V_{rm} 和频率 f_r 为什么能改变逆变器交流输出基波电压 V_1 的大小和基波频率 f_1？

4.9   试说明异步调制和同步调制各有何优缺点，并说明采用分段同步调制的意义。

4.10   特定谐波消除法的基本原理是什么？设半个信号波周期内有 10 个开关时刻(不含 0 和π时刻)可以控制，可以消除的谐波有几种？

4.11   跟踪型两态调制法有哪些优缺点？

4.12   单极性和双极性 PWM 调制有什么区别？

4.13   三相电压型正弦波逆变器采用三相双极性 SPWM 控制时，输出相电压(输出端相对于直流电源中点的电压)和线电压 SPWM 波形各有几种电平？

4.14   试说明采用如题 4.14 图(a)或(b)中所示的调制波 u_r 的意义。

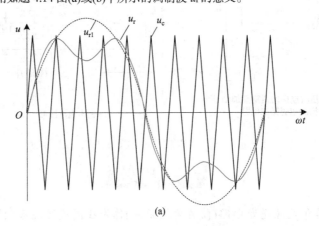

(a)

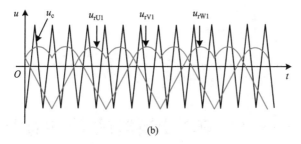

(b)

题 4.14 图

4.15　SPWM 输出波形中的谐波和哪些因素有关?

4.16　采用如题 4.16 图所示的晶闸管单相全桥电流型方波逆变器,已知 $L=5\text{mH}$,$R=30\Omega$,$C=4.7\mu\text{F}$,试问该逆变电路可否实现负载换流? (假设基波频率为 50Hz)

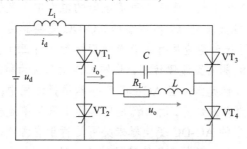

题 4.16 图

4.17　晶闸管单相全桥电流型方波逆变器可采用哪几种换流方式?

4.18　半控型三相全桥电流型逆变器中的二极管和电容有何作用? 该逆变器采用的是哪一种换流方式? 试分析换流过程。

计算题

4.19　三相电压型桥式逆变器采用 180°方波调制方式,$u_d=100\text{V}$。试求输出相电压的基波幅值 U_{UN1m} 和有效值 U_{UN1}、输出线电压的基波幅值 U_{UV1m} 和有效值 U_{UV1}、输出线电压中 5 次谐波的有效值 U_{UV5}。

4.20　SPWM 控制的逆变器,若调制波频率为 400Hz,载波比为 50,调制波幅值为 100V,载波幅值为 150V 则载波频率为多少? 一个基波周期内有多少个脉冲波? 调制度为多少?

设计题

4.21　UPS(Uninterruptible Power System/Uninterruptible Power Supply,不间断电源)是将蓄电池与逆变器相连接,通过逆变器等模块电路将直流电转换成市电的系统设备。主要用于给单台计算机、计算机网络系统或其他电力电子设备提供稳定、不间断的电力供应。当市电输入正常时,UPS 将市电稳压后供应给负载使用,同时它还向机内电池充电;当市电中断(事故停电)时,UPS 立即将电池的直流电能,通过逆变器转换成交流电向负载继续供电,维持负载正常工作并保护负载软、硬件不受损坏。以某公司产品为例,UPS 额定功率8kW,额定容量10kV·A,输出电压220/230/240Vac,频率50/60Hz±0.1Hz,电池240Vdc,效率>90%,试设计满足要求的逆变电路结构,并选取合适的功率器件。

第5章

AC-DC 变换器(整流和有源逆变电路)

学习指导

　　AC-DC 变换器是指将交流电能变换为直流电能的电力电子装置，而 AC-DC 变换器的交流侧一般连入电网或其他交流电源。通常根据 AC-DC 变换器运行过程中电能传递方向的不同，AC-DC 变换器又可分为整流运行和有源逆变运行两种工作状态：当 AC-DC 变换器运行过程中，若电能由交流侧向直流侧传递，此种工作状态称为整流，运行于整流工作状态的 AC-DC 变换器通常称为整流器；当 AC-DC 变换器运行过程中，若电能由直流侧向交流侧传递，此种工作状态称为有源逆变，而有源逆变实际上只是整流器的一种可逆运行状态。一般而言，运行于整流状态的 AC-DC 变换器未必可运行于有源逆变状态，而运行于有源逆变状态的 AC-DC 变换器，在外部电路条件满足时，一般均可运行于整流状态。

　　使用不可控器件(二极管)、半控型器件(晶闸管)和全控器件(如 Power MOSFET 和 IGBT)可分别组成不控整流、相控整流以及 PWM 整流电路。不控整流只能运行于整流状态，无法实现有源逆变运行；而相控整流电路和全控器件组成的 PWM 整流电路则有可能运行在整流和有源逆变两种状态。针对上述几种整流电路，建议重点学习以下内容：

(1) 不控整流电路。

(2) 相控整流电路。

(3) 相控有源逆变电路。

(4) 电压型桥式 PWM 整流电路。

5.1 概　　述

　　凡能将交流电能转换为直流电能的电路统称为整流电路，简称为 AC-DC。众所周知，交流电是我们日常生活和工作中的主要电能来源，但我们使用的各种装置和仪器中的很多电气和电子设备不能直接使用交流电源，如直流电动机需要直流供电，各种电子元件需要 +3.3V、+5V、±15V 等各种规格的直流电源。为满足这部分设备对电源的要求，可通过整流电路对交流输入进行整流，再按要求对整流后的直流电进行处理。

　　整流电路是出现最早的电力电子电路，自 20 世纪 20 年代至今已经历了以下几种类型：旋转式变流机组(交流电动机-直流发电机组)、静止式离子整流器和静止式半导体整流器。由于旋转式变流机组和静止式离子整流器的经济技术指标均不及静止式半导体整流器，因而已被取代。

　　整流电路有多种分类方法。例如，按交流电源输入相数来分类，可分为单相与多相整流电路；按电路结构来分类，可分为半波、全波与桥式整流电路；若按整流电路中使用的电力电子器件来划分,由不可控器件二极管组成的整流电路称为不控整流电路;由半控型器件晶闸管组成的整流电路称为相控电路,它是半导体变流电路中历史最长、技术最成熟的整流电路;而由全控器件组成的 PWM 整流电路是近年来才发展起来的电路,由于性能优良已在工程领域得到应用。本章将对这三种整流电路进行逐一介绍。

5.2 不控整流电路

利用功率二极管的单相导电性可以十分简单地实现交流-直流电力变换。由于二极管整流电路输出的直流电压只与交流输入电压的大小有关,不能控制其数值,故称为不控整流电路。

5.2.1 单相不控整流电路

图 5-1 为最简单的单相不控整流器电路,该电路采用一个二极管 VD_1 作为整流器件,为简化分析,忽略二极管的正向导通压降。

当图 5-1(a)所示的单相不控整流电路带电阻负载时,其中电源变压器原边电压瞬时值为 u_1,副边电压瞬时值为 u_2。其对应的工作波形如图 5-1(e)所示,当 u_2 处于正半周时,二极管 VD_1 导通,负载电压 $u_d=u_2$;当 u_2 处于负半周时,VD_1 承受反压而截止,$u_d=0$。负载电流 i_d 波形与 u_d 波形相似,相位相同,但幅值不同。由于该单相整流电路只有正半周波导电,因此称为单相半波整流电路。表 5-1 为单相半波不控整流电路电阻负载时各区间工作情况。

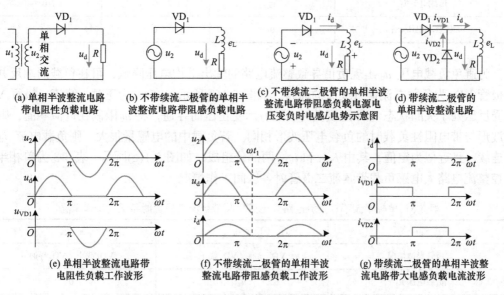

(a) 单相半波整流电路带电阻性负载电路

(b) 不带续流二极管的单相半波整流电路带阻感负载电路

(c) 不带续流二极管的单相半波整流电路带阻感负载电源电压变负时电感 L 电势示意图

(d) 带续流二极管的单相半波整流电路

(e) 单相半波整流电路带电阻性负载工作波形

(f) 不带续流二极管的单相半波整流电路带阻感负载工作波形

(g) 带续流二极管的单相半波整流电路带大电感负载电流波形

图 5-1 单相半波不控整流电路及波形

表 5-1 单相半波不控整流电路电阻负载时各区间工作情况

ωt	$0\sim\pi$	$\pi\sim2\pi$	$2\pi\sim3\pi$
二极管导通情况	VD_1 导通	VD_1 截止	VD_1 导通
负载电压 u_d	u_2	0	u_2

续表

ωt	$0\sim\pi$	$\pi\sim2\pi$	$2\pi\sim3\pi$
负载电流 i_d	u_2/R	0	u_2/R
二极管端电压 u_{VD1}	0	u_2	0
负载电压平均值 U_d	$\dfrac{1}{2\pi}\displaystyle\int_0^{\pi}\sqrt{2}U_2\sin\omega t\mathrm{d}(\omega t)=0.45U_2$ 电源变压器副边电压有效值为 U_2		

图 5-1(b)为单相半波整流电路带阻感负载。在 u_2 过零变负后，其电感 L 电势等效图如图 5-1(c)所示，由于电感有阻止电流变化的作用，在电感 L 两端因电流的变化而产生感应电势 e_L，当负载电流 i_d 下降时，e_L 极性为下正上负，与 u_2 叠加，使得 VD_1 在 u_2 进入负半周后仍然在一段时间内承受正压而导通，这会造成负载电压 u_d 出现负值，工作波形如图 5-1(f)所示。到了 ωt_1 时刻，i_d 下降到 0，VD_1 才关断。表 5-2 为单相半波不控整流电路阻感负载时各区间工作情况。

表 5-2　单相半波不控整流电路阻感负载时各区间工作情况

ωt	$0\sim\pi$	$\pi\sim\omega t_1$	$\omega t_1\sim2\pi$
二极管导通情况	VD_1 导通	VD_1 导通	VD_1 截止
负载电压 u_d	u_2	u_2	0
负载电流 i_d	有	有	0
二极管端电压 u_{VD1}	0	0	u_2

为避免负载电压 u_d 出现负值导致整流电路的输出平均电压降低，可在负载两端反并联二极管 VD_2 为负载电流提供续流的通路，如图 5-1(d)所示。在 u_2 为正时，续流二极管 VD_2 承受反压处于关断状态，而 u_d 变负时，VD_2 承受正压而导通，将 u_d 限制在近似零值，则 u_d 的波形与带电阻性负载时的负载电压波形相同。若负载中的电感量很大，则负载电流 i_d 波形连续，且近似为定值，其由 i_{VD1} 和 i_{VD2} 两部分组成，如图 5-1(g)所示。表 5-3 为单相半波不控整流电路大电感负载带续流二极管时各区间工作情况。

表 5-3　单相半波不控整流电路大电感负载带续流二极管时各区间工作情况

ωt	$0\sim\pi$	$\pi\sim2\pi$
二极管导通情况	VD_1 导通、VD_2 截止	VD_1 截止、VD_2 导通
负载电压 u_d	u_2	0
负载电流 i_d	稳定直流	
整流二极管电流 i_{VD1}	方波电流	0
续流二极管电流 i_{VD2}	0	方波电流
整流二极管端电压 u_{VD1}	0	u_2
续流二极管端电压 u_{VD2}	$-|u_2|$	0

由图 5-1 中的负载电压 u_d 波形可看出，除阻感负载不带续流二极管电路之外，半波整流负载电压仅为交流电源的正半周电压，造成交流电源利用率偏低，输出脉动大，因此使用范围较窄。若能经过变换将交流电源的负半周电压也得到利用，即获得图 5-2(a)中的负载电压波形，则负载电压平均值 U_d 可提高 1 倍，从而使交流电源利用率得以成倍提高。为此可采用图 5-2(b)中的单相全波整流电路。

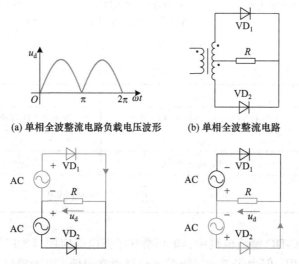

(a) 单相全波整流电路负载电压波形　　(b) 单相全波整流电路

(c) 交流输入正半周整流电路工作图　　(d) 交流输入负半周整流电路工作图

图 5-2　单相全波整流电路及工作状态

单相全波整流电路的正、负半周工作状态时的电流回路如图 5-2(c)、(d)中的蓝线所示，工作情况如表 5-4 所示。

表 5-4　单相全波整流电路各区间工作情况

ωt	$0\sim\pi$	$\pi\sim 2\pi$
二极管导通情况	VD$_1$ 导通、VD$_2$ 截止	VD$_2$ 导通、VD$_1$ 截止
u_d	$|u_2|$	$|u_2|$
u_{VD1} 和 u_{VD2}	$u_{VD1}=0$，$u_{VD2}=-2|u_2|$	$u_{VD1}=-2|u_2|$，$u_{VD2}=0$
U_d	$\dfrac{1}{\pi}\displaystyle\int_0^{\pi}\sqrt{2}U_2\sin\omega t\,\mathrm{d}(\omega t)=0.9U_2$	

从图 5-2(b)可看出，单相全波整流电路虽然只用了两个二极管，但必须要有一个带中心抽头的变压器，其制作加工较烦琐，且二极管承受的最高电压为 $2\sqrt{2}U_2$，对二极管的耐压要求较高，因而适用于低压场合，具有通态压降低的优点。为获得全波整流电路的负载电压波形，并克服全波整流电路的缺点，可采用桥式整流电路，其电路和工作状态如图 5-3(a)所示。

单相桥式整流电路的正、负半周工作状态时的电流回路如图 5-3(b)、(c)中蓝线所示，其具体工作情况如表 5-5 所示。

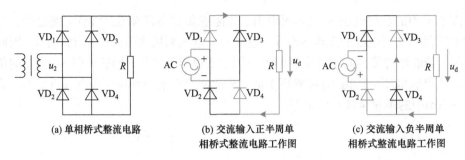

(a) 单相桥式整流电路　　(b) 交流输入正半周单　　(c) 交流输入负半周单
　　　　　　　　　　　　相桥式整流电路工作图　　相桥式整流电路工作图

图 5-3　单相桥式整流电路

表 5-5　单相桥式整流电路各区间工作情况

ωt	$0\sim\pi$	$\pi\sim2\pi$
二极管导通情况	VD_1 和 VD_4 导通、VD_2 和 VD_3 截止	VD_2 和 VD_3 导通、VD_1 和 VD_4 截止
u_d	$|u_2|$	$|u_2|$
u_{VD}	$u_{VD1,4}=0$，$u_{VD2,3}=-|u_2|$	$u_{VD2,3}=0$，$u_{VD1,4}=-|u_2|$
U_d	$\frac{1}{\pi}\int_0^\pi \sqrt{2}U_2\sin\omega t\,d(\omega t)=0.9U_2$	

在单相输入的 AC-DC 整流电路中，单相桥式整流电路应用极为广泛，目前已有模块形式的二极管桥可供使用。但由于单个二极管的价格通常很低，以大规模、低成本方式制造的较小功率的设备中仍然使用四个单个的二极管。

通过对半波和桥式、全波整流电路的分析可得，半波整流电路交流电源电流是单方向的，交流电源电流含有较大的直流分量，电源变压器存在直流磁化现象，为避免变压器铁心饱和，需增大铁心截面积，导致设备体积增大，这也是半波整流电路应用不广泛的主要原因之一。而桥式和全波整流电路交流电源电流双向流动，在使交流电源得到充分利用的同时，也不存在电源变压器直流磁化现象，能有效克服半波整流电路的缺点，因而得以广泛应用。

5.2.2　三相不控整流电路

由于单相交流整流电路的功率通常限制在数千瓦以下，因此要求更大功率直流电源的设备就需要利用三相交流电源和三相整流电路，其中应用最为广泛的是三相桥式整流电路。

由于三相桥式整流电路多用于中、大功率场合，因此很少采用单个二极管进行组合，而多采用三相整流模块，如图 5-4(a)所示。三相整流桥式电路内部结构如图 5-4(b)所示，其中阴极连接在一起的 3 个二极管(VD_1，VD_3，VD_5)组成共阴极组，阳极连接在一起的 3 个二极管(VD_4，VD_6，VD_2)组成共阳极组。

电路工作时，共阴极组的 3 个二极管中阳极所连接交流电压瞬时值最高的一个二极管导通，而另两个二极管承受反压处于关断状态；同理，共阳极组的 3 个二极管，阴极所接交流电压瞬时值最低的一个二极管导通，另两个二极管处于关断状态。即任意时刻共阳极组和共阴极组中各有 1 个二极管处于导通状态，其工作波形如图 5-4(c)所示。

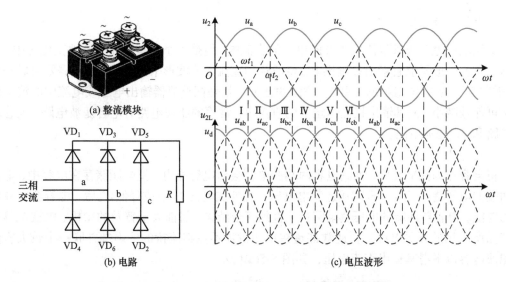

(a) 整流模块

(b) 电路

(c) 电压波形

图 5-4　三相桥式整流电路和负载电压波形

在负载电压 u_d 波形 I 段中，共阳极组的 a 相电压瞬时值最高，而共阴极组的 b 相电压瞬时值最低，因此 VD_1 和 VD_6 导通，$u_d=u_a-u_b=u_{ab}$；到了 ωt_1 时刻，由于 $|u_c|>|u_b|$，共阳极组中 VD_2 导通，而 VD_6 承受反压截止，$u_d=u_a-u_c=u_{ac}$；到了 ωt_2 时刻，由于 $u_b>u_a$，共阴极组中 VD_3 导通，而 VD_1 承受反压截止，$u_d=u_b-u_c=u_{bc}$。由此不难看出，负载电压 u_d 为线电压中最大的一个，其波形为线电压 u_{2L} 的包络线。由于 u_d 一周期脉动 6 次，每次脉动的波形一致，故三相桥式整流电路也被称为 6 脉波整流电路。这种电路的直流输出电压比单相桥式整流电路的直流输出电压脉动幅度小且脉动频率高，更平滑，因而更容易滤波。

将负载电压 u_d 波形中的一个周期分成 6 段，每段 60°，每段导通的二极管及输出整流电压的情况如表 5-6 所示。

表 5-6　三相桥式整流电路各区间工作情况

时段	I	II	III	IV	V	VI
共阴极组中导通的二极管	VD_1	VD_1	VD_3	VD_3	VD_5	VD_5
共阳极组中导通的二极管	VD_6	VD_2	VD_2	VD_4	VD_4	VD_6
整流输出电压 u_d	u_{ab}	u_{ac}	u_{bc}	u_{ba}	u_{ca}	u_{cb}
整流电压平均值 U_d	$\dfrac{1}{\pi/3}\displaystyle\int_{\frac{\pi}{3}}^{\frac{2\pi}{3}}\sqrt{3}\cdot\sqrt{2}U_2\sin\omega t\mathrm{d}(\omega t)=2.34U_2$					

由表 5-6 可知，6 个二极管的导通顺序为 VD_1-VD_2-VD_3-VD_4-VD_5-VD_6，相位相差 60°，这也是 VD_1~VD_6 命名的原因；共阴极组 VD_1、VD_3、VD_5 依次导通 120°，共阳极组 VD_4、VD_6、VD_2 也依次导通 120°。而同一相的上下两个桥臂，即 VD_1 与 VD_4，VD_3 与 VD_6，VD_5 与 VD_2，导通相位相差 180°。每相电流均为双向，且正反电流平均值相等。

需要注意的是，三相桥式整流电路中每只二极管都要承受交流电源的线电压，所以比起单相电路只承受相电压的二极管来说，三相整流器中的二极管要有更高的耐压值。

5.2.3 整流滤波电路

交流电经过二极管整流后为方向单一的直流电,但是大小还是处在不断地变化之中,这种脉动直流一般不能直接给装置供电。要把脉动直流变成波形平滑的直流,还需要再做一番"填平取齐"的工作,这便是滤波。滤波的任务,就是把整流器输出电压或电流中的波动成分尽可能地减小,使其输出接近恒定值的直流电。常用的滤波电路有电容滤波电路、电感滤波电路和 LC 滤波电路。

1. 电容滤波电路

将电容作为储能元件,加到电容两端的电压会对电容充电,把电能储存在电容中,电容器两端的电压逐渐升高,直到接近充电电压;当外加电压失去(或降低)之后,电容会释放储存的电能,电容器两端的电压逐渐降低,直到完全消失。目前大量普及的微机、电视机等家电产品所采用的开关电源中,通常都是在单相桥式不控整流桥的输出端并联一个较大容量的滤波电容以平滑其输出直流电压,如图 5-5(a)所示。

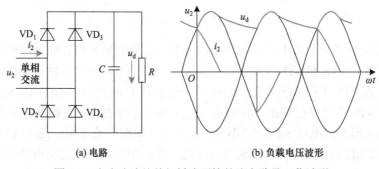

(a) 电路	(b) 负载电压波形

图 5-5 电容滤波的单相桥式不控整流电路及工作波形

负载电压 u_d 波形如图 5-5(b)所示,在 $\omega t=0$ 时刻,交流电压 u_2 高于电容电压 u_d,二极管 VD_1 和 VD_4 导通,交流电源开始向电容 C 充电,并为负载提供能量,电容电压逐步升高;当整流桥输入电压低于电容电压时,二极管 VD_1 和 VD_4 关断,此后电容 C 放电,为负载提供能量,直至二极管 VD_2 和 VD_3 导通;该过程周而复始。负载固定的情况下,电容器 C 的容量越大,充电和放电所需要的时间越长。空载时,由于电容 C 储存的电荷无法释放,电容电压平均值 $U_d \approx \sqrt{2}U_2$ (U_2 为交流电压有效值)。重载时负载电阻值较小,U_d 逐渐趋向于无电容滤波的单相桥式不控整流电路输出的平均电压值 $0.9U_2$。显然,电容 C 的容量越大,滤波效果越好,输出波形越趋于平滑,输出电压 U_d 也越高。但是,当电容容量达到一定值以后,再加大电容容量对提高滤波效果已无明显作用。

2. 电感滤波电路

电容滤波电路利用了电容两端电压不能突变的特点,可实现电压平滑。而电感滤波电路则是利用流过电感的电流不能突变的特点,把电感与负载串联起来,以达到使输出电流平滑的目的。从能量的观点看,当电源提供的电流增大(由电源电压增加引起)时,电感把能量存储起来;而当电流减小时,电感把能量释放出来,因此电感有电流平波作用。电感滤波电路及对应的负载电流波形如图 5-6 所示。

对于负载而言,采用大电容滤波的整流电路相当于直流电压源,而采用大电感滤波的整流电路相当于直流电流源。

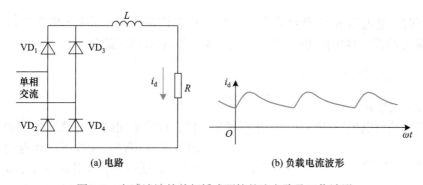

(a) 电路　　　　　　　　　(b) 负载电流波形

图 5-6　电感滤波的单相桥式不控整流电路及工作波形

3. LC 滤波电路

把电感和电容进行组合，包括多个电感和电容的组合，可以组成多种 LC 滤波器，达到更佳的滤波效果。其中较为常用的二阶 LC 滤波器如图 5-7 所示，其把电感连接在串联支路，而把电容连接在负载并联支路，滤波效果比单一电容构成的一阶滤波器的滤波效果显著提高，适用于负载电流较大、要求纹波很小的场合。但是，这种滤波器由于电感体积和重量相对较大(高频时可减小)，比较笨重，成本也较高。

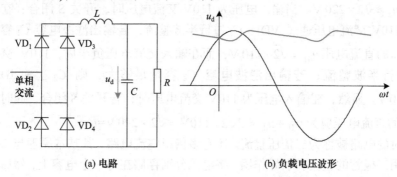

(a) 电路　　　　　　　　　(b) 负载电压波形

图 5-7　电感和电容组成的 LC 滤波的单相桥式不控整流电路及工作波形

4. 软起电路

在上述 3 种形式的滤波电路中，电容滤波电路的应用相对较多。需要注意的是，在电容滤波电路中，当电路接入电网的瞬间，电容的充电过程会导致电流浪涌，因此在实际应用时要考虑整流桥的抗浪涌能力。也可采用图 5-8 所示的抗浪涌电路，也称作软起电路。在电路

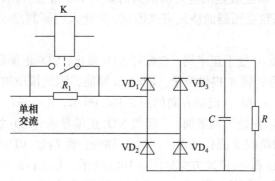

图 5-8　单相桥式不控整流电路的抗浪涌电路

刚接入电网时，继电器 K 常开触头断开，电阻 R_1 起限流作用；等电容电压达到一定值时，控制继电器 K 动作，将电阻 R_1 短接，避免正常工作时 R_1 消耗能量。

5.2.4　倍压、倍流不控整流电路

1. 倍压不控整流电路

世界各国的市电电压(单相电压)并不完全一样，有的单相电压有效值为 110V，有的为 220V(或 230V)，如我国的市电电压标准为 220V。为适应不同国家的需要，实现两种输入电源的转换，可采用图 5-9 所示的倍压整流技术。

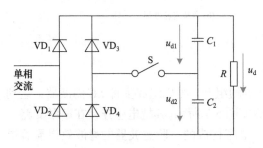

图 5-9　倍压不控整流电路

　　两种输入交流电压的转换由开关 S 来完成。当输入 220V 交流电压时，开关 S 断开，此时，由二极管 $VD_1 \sim VD_4$ 组成的全桥整流电路对 220V 交流电压进行整流，若输出滤波电容容量足够大，则整流电路输出负载两端的直流电压 $u_d \approx \sqrt{2} \times 220$ V。当输入电压为 110V 交流电压时，开关 S 闭合：在输入交流电压正半周，110V 交流电压通过 VD_1、C_1 进行半波整流，若输出滤波电容 C_1 容量足够大，则 C_1 上输出的直流电压 $u_{d1} \approx \sqrt{2} \times 110$ V；而在输入交流电压负半周，110V 交流电压通过 VD_2、C_2 进行半波整流，若输出滤波电容 C_2 容量足够大，则 C_2 上输出的直流电压 $u_{d2} \approx \sqrt{2} \times 110$ V。显然，在输入电压为 110V 交流电压时，若开关 S 闭合，此时整流电路输出负载两端的直流电压应为 $u_{d1} + u_{d2} \approx 2\sqrt{2} \times 110$V $= \sqrt{2} \times 220$ V$=u_d$。

　　S 闭合时的电路被称为二倍压整流。还有多倍压整流电路，其基本原理与二倍压整流一样，都是利用二极管的整流和引导作用，将电压分别存储在每一个电容上，然后将电容按同极性相加的原则串联即可。

2. 倍流不控整流电路

　　出于电隔离和电压匹配的需要，在 DC-DC 变换中常采用间接变换方案，即含有 DC-AC-DC 的直流变换电路。其输出端整流电路属于高频整流电路，输出为正负对称的方波。当输出为低压大电流时，传统的桥式整流电路中存在两个二极管压降，二极管的导通损耗会大大降低电路的效率；而全波整流电路虽然只需要两个二极管，损耗小，但变压器二次侧绕组有中心抽头，给高频变压器的绕制带来困难。为此人们研制出 5-10(a)所示的倍流整流电路。

　　$t_0 \sim t_1$ 段，电源电压 u_T 处于正半周，二极管 VD_1 截止，VD_2 正偏导通，i_{L1} 由电源经 L_1、VD_2 和负载 R 流过，为负载 R 提供能量，同时 L_1 储能，因此该段被称为 L_1 储能期。而 L_2 经 VD_2 释放能量给 R，i_{L1} 和 i_{L2} 流动方向如图 5-10(c)所示，$i_L=i_{L1}+i_{L2} \approx 2i_{L1}$。

　　$t_2 \sim t_3$ 段，电源电压 u_T 处于负半周，二极管 VD_1 正偏导通，VD_2 截止，i_{L2} 由电源经 L_2、VD_1 和负载 R 流过，为负载 R 提供能量，同时 L_2 储能，而 L_1 经 VD_1 释放能量给 R，因此该段被称为 L_1 放能期，i_{L1} 和 i_{L2} 流动方向如图 5-10(d)所示，$i_L=i_{L1}+i_{L2} \approx 2i_{L1}$。

　　$t_1 \sim t_2$ 段和 $t_3 \sim t_4$ 段，电源电压 $u_T=0$，L_1 和 L_2 分别通过 VD_1 和 VD_2 续流，为 R 提供能

量，该段被称为 L_1L_2 放能区，i_{L1} 和 i_{L2} 流动方向如图 5-10(e)所示，$i_L = i_{L1}+i_{L2}\approx 2i_{L1}$。

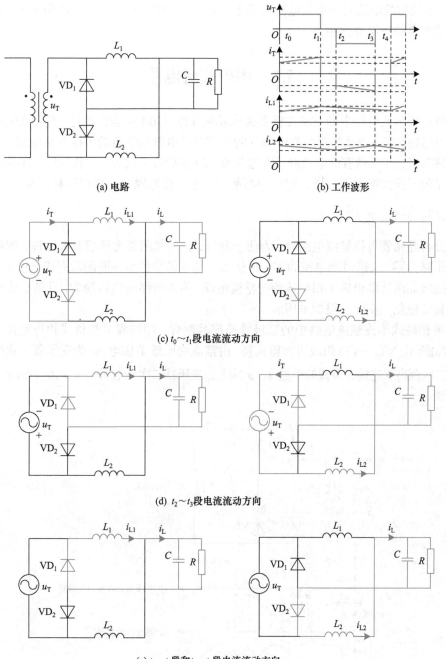

(a) 电路　　　　　　　　　　　　(b) 工作波形

(c) $t_0 \sim t_1$ 段电流流动方向

(d) $t_2 \sim t_3$ 段电流流动方向

(e) $t_1 \sim t_2$ 段和$t_3 \sim t_4$ 段电流流动方向

图 5-10　倍流整流电路

　　倍流整流电路变压器二次侧匝数与全波整流电路相等，比全桥电路多一倍，但不用中心抽头，电路中只有两个二极管，绕组中的电流 i_T 只是输出电流 i_L 的一半。换句话说，输出电流 i_L 是绕组电流 i_T 的两倍，这也是倍流整流电路得名的由来。与全波整流电路相比，倍流整流电路中的整流二极管额定电压不变，流过的电流数值少一半。虽然用了两个滤波电感，但由于流过的电流只为负载电流的一半，电感体积相对减少，两个电感的体积和重量与全波整流电路的滤波电感相当。

5.3 相控整流电路

若将不控整流电路中的整流二极管换成晶闸管或 IGBT 等全控器件，则整流电路就成为可控整流电路。其中以晶闸管为整流器件的相控整流电路是经典的可控整流电路，该整流电路有多种形式，其负载有电阻负载、阻感负载和反电动势负载等，负载的性质不同，晶闸管整流电路的工作情况也不一样，但它们都基于一个工作原理——移相控制技术。

5.3.1 移相控制技术

在分析晶闸管可控整流电路时，为便于分析，认为晶闸管为理想开关元件，即晶闸管导通时管压降为零，关断时漏电流为零，且认为晶闸管的导通与关断瞬时完成。将图 5-1 中的二极管换成晶闸管即组成单相半波相控整流电路，但该电路输出脉动大，且易造成电源变压器铁心直流磁化，实际上很少采用。

将单相桥式不控整流电路中的二极管换成晶闸管，即构成单相桥式相控整流电路，如图 5-11(a)所示。$VT_1 \sim VT_4$ 组成可控整流桥，由整流变压器 T 供电，u_1 为变压器一次侧电压，变压器二次侧出线连接在桥臂的中点 a、b 端上，变压器二次侧电压 $u_2 = \sqrt{2}U_2 \sin \omega t$，$R$ 为纯电阻负载。

相控整流
仿真

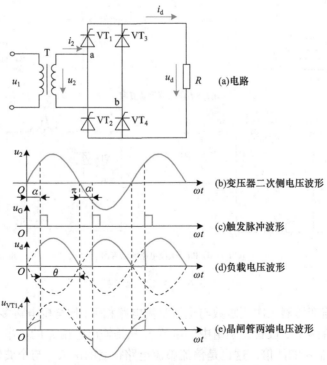

图 5-11 带电阻负载的单相桥式相控整流电路和波形

各部分工作波形见图 5-11(b)～(e)。在 u_2 的正半周，a 点电位高于 b 点电位，若 4 个晶闸管均不导通，负载电流 i_d 为零，负载电压 u_d 也为零，假设各晶闸管漏电阻相等，则 VT_1 和 VT_4 各分担 $u_2/2$ 的正向电压，VT_2 和 VT_3 各分担 $u_2/2$ 的反向电压。在 $\omega t=\alpha$ 时刻，给 VT_1 和 VT_4 施加触发脉冲 u_G，此时 VT_1 和 VT_4 承受正压而导通，$u_d=u_2$，而 VT_2 和 VT_3 承受 u_2 的反向电压，$i_d=u_2/R$。当 u_2 过零时，流经晶闸管的电流也降到零，VT_1 和 VT_4 关断，而此时 VT_2 和 VT_3 尚无触发脉冲，处于截止状态，VT_2 和 VT_3 各分担 $u_2/2$ 的正向电压，VT_1 和 VT_4 各分担 $u_2/2$ 的反向电压，$u_d=0$。

在 u_2 的负半周，在 $\omega t=\pi+\alpha$ 时刻给 VT_2 和 VT_3 施加触发脉冲，VT_2 和 VT_3 导通，$u_d=-u_2=|u_2|$；VT_1 和 VT_4 承受 u_2 的反向电压；当 u_2 进入正半周时，VT_2 和 VT_3 关断。此后又是 VT_1 和 VT_4 导通，如此周而复始。表 5-7 为单相桥式相控整流电路电阻负载时各区间工作情况。

表 5-7　单相桥式相控整流电路电阻负载时各区间工作情况

ωt	$0\sim\alpha$	$\alpha\sim\pi$	$\pi\sim\pi+\alpha$	$\pi+\alpha\sim2\pi$
晶闸管导通情况	$VT_{1,4}$ 截止 $VT_{2,3}$ 截止	$VT_{1,4}$ 导通 $VT_{2,3}$ 截止	$VT_{1,4}$ 截止 $VT_{2,3}$ 截止	$VT_{1,4}$ 截止 $VT_{2,3}$ 导通
u_d	0	$|u_2|$	0	$|u_2|$
i_d	0	$|u_2|/R$	0	$|u_2|/R$
u_{VT}	$u_{VT1,4}=1/2|u_2|$ $u_{VT2,3}=-1/2|u_2|$	$u_{VT1,4}=0$ $u_{VT2,3}=-|u_2|$	$u_{VT1,4}=-1/2|u_2|$ $u_{VT2,3}=1/2|u_2|$	$u_{VT1,4}=-|u_2|$ $u_{VT2,3}=0$
U_d	$\frac{1}{\pi}\int_\alpha^\pi \sqrt{2}U_2\sin\omega t\,d(\omega t)=\frac{\sqrt{2}U_2}{\pi}(1+\cos\alpha)=0.9U_2\frac{1+\cos\alpha}{2}$			
负载电流平均值 I_d	U_d/R			
晶闸管的电流平均值 I_{dT}	$\frac{1}{2}I_d=0.45\frac{U_2}{R}\frac{1+\cos\alpha}{2}$	(晶闸管 VT_1、VT_4 和 VT_2、VT_3 轮流导通，则流过晶闸管的电流平均值为负载电流平均值的一半)		
变压器二次电流有效值 I_2 负载电流有效值 I 与 I_2 相同	$\sqrt{\frac{1}{\pi}\int_\alpha^\pi\left(\frac{\sqrt{2}U_2}{R}\sin\omega t\right)^2 d(\omega t)}=\frac{U_2}{R}\sqrt{\frac{1}{2\pi}\sin2\alpha+\frac{\pi-\alpha}{\pi}}$			
流过晶闸管的电流有效值 I_T	$\sqrt{\frac{1}{2\pi}\int_\alpha^\pi\left(\frac{\sqrt{2}U_2}{R}\sin\omega t\right)^2 d(\omega t)}=\frac{U_2}{\sqrt{2}R}\sqrt{\frac{1}{2\pi}\sin2\alpha+\frac{\pi-\alpha}{\pi}}$			

结合上述电路工作原理，分析相控整流电路时需熟悉以下几个概念。

(1) 触发角 α。也可称作控制角，指从晶闸管开始承受正向电压起到施加触发脉冲止的电角度，如图 5-11(c)所示。晶闸管可控整流电路是通过控制触发角 α 的大小，即控制触发脉冲起始相位来控制输出电压大小，故称为相控电路。

(2) 导通角 θ。指晶闸管在一个周期中处于通态的电角度，图 5-11 中 4 个晶闸管的导通角均为 $\pi-\alpha$。

(3) 移相。改变触发脉冲出现的时刻，即改变触发角 α 的大小，称为移相。通过改变触发角 α 的大小，可使整流平均电压 u_d 发生变化的控制方式称为移相控制。改变触发角 α 使整流电压平均值从最大值降到零，此时 α 角对应的变化范围称为移相范围，如单相桥式相控控整流电路带电阻性负载时的移相范围为 180°。

(4) 同步。使触发脉冲与相控整流电路的电源电压之间保持频率和相位的协调关系称为同步，同步是相控电路正常工作必不可少的条件。

(5) 换流。在相控整流电路中，一路晶闸管导通变换为另一路晶闸管导通的过程称为换流，也称换相。

当负载为阻感负载时，通过前面分析单相半波不控整流电路带感性负载的工作状态可知，由于电感有阻止电流变化的作用，电流变化时电感 L 两端产生的感应电势 e_L 与电源电压 u_2 叠加，使得在交流输入电压 u_2 过零变负后，晶闸管仍然在一段时间内承受正压而导通，这会造成负载电压 u_d 出现负值。为便于分析，假设负载电感很大，即 $\omega L \gg R$，并且电路已处于稳态，则负载电流 i_d 连续且波形近似为一水平线，幅值为 I_d。

带阻感负载的单相桥式相控整流电路和波形如图 5-12 所示。在 u_2 过零变负时，由于电感的作用使得晶闸管 VT$_1$ 和 VT$_4$ 中仍流过电流 i_d 而不关断；至 $\omega t = \pi + \alpha$ 时刻，给 VT$_2$ 和 VT$_3$ 加触发脉冲，因 VT$_2$ 和 VT$_3$ 本已承受正电压，则两管导通，u_2 通过 VT$_2$ 和 VT$_3$ 分别向 VT$_1$ 和 VT$_4$ 施加反压使 VT$_1$ 和 VT$_4$ 关断，流过 VT$_1$ 和 VT$_4$ 的电流转移到 VT$_2$ 和 VT$_3$ 上，实现换流。表 5-8 为单相桥式相控整流电路大电感负载时各区间工作情况。

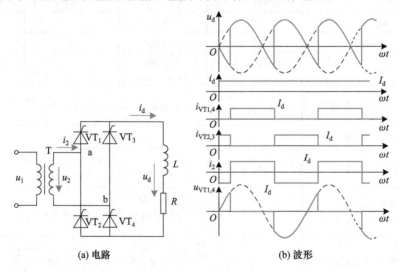

(a) 电路   (b) 波形

图 5-12 带阻感负载的单相桥式相控整流电路和波形

表 5-8 单相桥式相控整流电路大电感负载时各区间工作情况

ωt	$\alpha \sim \pi + \alpha$	$\pi + \alpha \sim 2\pi + \alpha$	$2\pi + \alpha \sim 3\pi + \alpha$
晶闸管导通情况	VT$_{1,4}$ 导通 VT$_{2,3}$ 截止	VT$_{1,4}$ 截止 VT$_{2,3}$ 导通	VT$_{1,4}$ 导通 VT$_{2,3}$ 截止
u_d	u_2	$-u_2$	u_2
u_{VT}	$u_{VT1,4}=0,\ u_{VT2,3}=-u_2$	$u_{VT1,4}=u_2,\ u_{VT2,3}=0$	$u_{VT1,4}=0,\ u_{VT2,3}=-u_2$
U_d	$\dfrac{1}{\pi}\displaystyle\int_{\alpha}^{\pi+\alpha}\sqrt{2}U_2\sin\omega t\mathrm{d}(\omega t)=\dfrac{2\sqrt{2}}{\pi}U_2\cos\alpha=0.9U_2\cos\alpha$		
i_d	幅值为 $I_d=U_d/R$ 的定值电流		

由于电感很大，流过晶闸管的电流近似为定值 I_d，则每个晶闸管连续导通 180°，即导通角 θ 为 180°。通过晶闸管 VT_1 和 VT_4 两端的电压波形可以看出，晶闸管可能承受的最大正、反向电压均为 $\sqrt{2}U_2$，这是因为大电感负载时，负载电流连续，不存在 4 个晶闸管都不导通的情况，此时移相范围为 90°。

5.3.2　三相半波相控整流电路

单相可控整流电路元件少，线路简单，但其输出电压的脉动较大，同时由于单相供电，可能引起三相不平衡，故适用于小容量设备。当容量较大，要求输出电压脉动较小，则多采用三相可控整流电路。三相可控整流电路有三相半波、三相桥等多种形式。其中三相半波可控电路是多相整流电路的基础，其他电路可以看作三相半波可控整流电路不同形式的组合。

1. 三相半波共阴极相控整流电路带电阻性负载

三相半波相控整流电路如图 5-13(a)所示。为得到零线，变压器二次侧要接成星形，而一次侧接成三角形，为 3 次谐波电流提供通路，减少 3 次谐波对电网的影响。三个晶闸管阴极连接在一起，阳极分别接入 a、b、c 三相电源，这种接法称为共阴极接法。

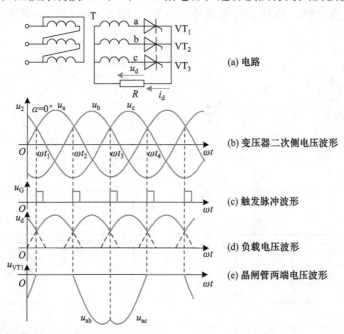

图 5-13　带电阻负载的三相半波相控整流电路共阴极接法及 $\alpha=0°$ 的工作波形

若将电路中的晶闸管 $VT_1 \sim VT_3$ 换作二极管 $VD_1 \sim VD_3$，该电路即成为三相半波不控整流电路，则相电压最大的一相所对应的二极管导通，并使另两相的二极管承受反压而关断，输出整流电压即为该相的相电压。在一个周期中，在 $\omega t_1 \sim \omega t_2$ 期间，VD_1 导通，$u_d=u_a$；$\omega t_2 \sim \omega t_3$ 期间，VD_2 导通，$u_d=u_b$；$\omega t_3 \sim \omega t_4$ 期间，VD_3 导通，$u_d=u_c$，每相二极管的导通角均为 120°。

在相电压的交点 $\omega t_1 \sim \omega t_4$ 处，电流从一个二极管转移到另一个二极管，定义二极管换相时刻为自然换相点。对三相半波相控整流电路而言，自然换相点则是各相晶闸管能触发导通的最早时刻。将其作为计算各晶闸管触发角 α 的起点，即 $\alpha=0°$。这是三相电路和单相电路的一个区别，单相相控整流电路的自然换相点是变压器二次侧电压的过零点，而三相相控整流电路的自然换相点是三个相电压的交点。

图 5-13(b)为变压器二次侧三相电压波形，图 5-13(c)为触发脉冲波形，相邻的触发脉冲应间隔 120°，与晶闸管的导通角相对应，图 5-13(d)给出了 α =0°时负载两端的电压波形。图 5-13(e)是晶闸管 VT$_1$ 两端的电压波形，由 3 段组成：第 1 段是 VT$_1$ 导通期间，u_{VT1} 为晶闸管导通压降，近似为 0；第 2 段是 VT$_2$ 导通期间，$u_{\mathrm{VT1}}=u_a-u_b=u_{ab}$，为线电压；第 3 段是 VT$_3$ 导通期间，$u_{\mathrm{VT1}}=u_a-u_c=u_{ac}$。其他两管的电压波形形状相同，相位依次滞后 120°。

增大 α 值，将脉冲后移，整流电路的工作波形相应地发生变化。图 5-14(a)是 α =30°时的波形，在 ωt_1 时刻之后，$u_b>u_a$，此时 VT$_2$ 开始承受正压，但由于没有触发脉冲而不导通，VT$_1$ 仍然导通。直到触发脉冲出现，VT$_2$ 导通，VT$_1$ 承受反压而关断。从输出电压和电流的波形来看，晶闸管的导通角仍为 120°，但这时负载电流处于连续和断续的临界状态。与 α=0°时相比，晶闸管承受的电压中出现了正的部分。

若 α>30°，则当相电压过零变负时，该相晶闸管关断。而此时下一相晶闸管虽承受正压，但因无触发脉冲而不导通，负载电压和电流均为零，直到其触发脉冲出现为止，这会导致负载电流断续，晶闸管导通角小于 120°。图 5-14(b)为 α =60°时的波形，此时晶闸管导通角为 90°。

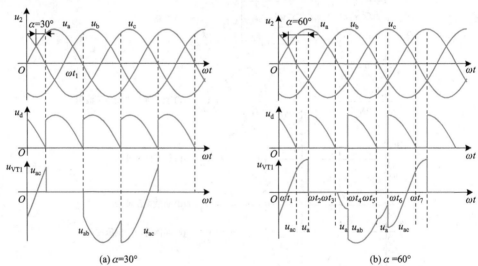

图 5-14　三相半波相控整流电路带电阻负载 α = 30°和 α = 60°的工作波形

由于负载电流断续，晶闸管承受电压情况较为复杂。

0～ωt_1 段，VT$_1$ 截止，VT$_3$ 导通，则 $u_{\mathrm{VT1}}=u_{ac}$。

ωt_1～ωt_2 段，c 相电压过零变负，VT$_3$ 截止，VT$_1$ 承受正压，由于没有触发信号不导通，$u_{\mathrm{VT1}}=u_a$。

ωt_2～ωt_3 段，VT$_1$ 导通，$u_{\mathrm{VT1}}=0$。

ωt_3～ωt_4 段，a 相电压过零变负，VT$_1$ 截止，VT$_2$ 承受正压，但由于没有触发信号不导通，$u_{\mathrm{VT1}}=u_a$。

ωt_4～ωt_5 段，VT$_2$ 导通，$u_{\mathrm{VT1}}= u_{ab}$。

$\omega t_5 \sim \omega t_6$ 段，b 相电压过零变负，VT_2 截止，VT_3 承受正压，但由于没有触发信号不导通，$u_{VT1} = u_a$。

$\omega t_6 \sim \omega t_7$ 段，VT_3 导通，$u_{VT1} = u_{ac}$。

若 α 继续增大，整流电压 u_d 越来越小，$\alpha = 150°$ 时，整流电压 u_d 输出为零。故电阻负载时，三相半波相控整流电路的移相范围为 150°。晶闸管承受的最大反向电压为变压器二次侧线电压峰值，即 $U_{RM} = \sqrt{2} \times \sqrt{3}U_2 = \sqrt{6}U_2 = 2.45U_2$，而晶闸管可能承受的最大正向电压为变压器二次侧相电压峰值，即 $U_{FM} = \sqrt{2}U_2$。

表 5-9 和表 5-10 分别列出了 $\alpha \leqslant 30°$ 和 $\alpha > 30°$ 时三相半波共阴极相控整流电路电阻负载时各区间工作情况。需要注意的是：在图 5-13 和 5-14 中，$\omega t = 0$ 时 a 相电压从负半周到正半周的过零点，当触发角 $\alpha = 0$ 时，$\omega t = \pi/6$。

表 5-9　三相半波共阴极相控整流电路电阻负载时各区间工作情况($\alpha \leqslant 30°$)

ωt	$\alpha + \pi/6 \sim \alpha + 5\pi/6$	$\alpha + 5\pi/6 \sim \alpha + 3\pi/2$	$\alpha + 3\pi/2 \sim \alpha + 13\pi/6$
晶闸管导通情况	VT_1 导通，$VT_{2,3}$ 截止	VT_2 导通，$VT_{1,3}$ 截止	VT_3 导通，$VT_{1,2}$ 截止
u_d	u_a	u_b	u_c
u_{VT1}	0	u_{ab}	u_{ac}
i_{VT1}	u_a / R	0	0
U_d	$\dfrac{1}{2\pi/3}\displaystyle\int_{\frac{\pi}{6}+\alpha}^{\frac{5\pi}{6}+\alpha} \sqrt{2}U_2 \sin \omega t\, \mathrm{d}(\omega t) = \dfrac{3\sqrt{6}}{2\pi}U_2 \cos \alpha = 1.17U_2 \cos \alpha$		
负载电流平均值 I_d	U_d/R		
晶闸管的电流平均值 I_{dT}	$I_d/3$		

表 5-10　三相半波共阴极相控整流电路电阻负载时各区间工作情况($\alpha > 30°$)

ωt	$\alpha + \pi/6 \sim \pi$	$\pi \sim \alpha + 5\pi/6$	$\alpha + 5\pi/6 \sim 5\pi/3$	$5\pi/3 \sim \alpha + 3\pi/2$	$\alpha + 3\pi/2 \sim 7\pi/3$	$7\pi/3 \sim \alpha + 13\pi/6$
晶闸管导通情况	VT_1 导通 $VT_{2,3}$ 截止	$VT_{1,2,3}$ 截止	VT_2 导通 $VT_{1,3}$ 截止	$VT_{1,2,3}$ 截止	VT_3 导通 $VT_{1,2}$ 截止	$VT_{1,2,3}$ 截止
u_d	u_a	0	u_b	0	u_c	0
u_{VT1}	0	u_a	u_{ab}	u_a	u_{ac}	u_a
i_{VT1}	u_a / R	0	0	0	0	0
U_d	$\dfrac{1}{2\pi/3}\displaystyle\int_{\frac{\pi}{6}+\alpha}^{\pi} \sqrt{2}U_2 \sin \omega t\, \mathrm{d}(\omega t) = \dfrac{3\sqrt{2}}{2\pi}U_2\left[1 + \cos\left(\dfrac{\pi}{6} + \alpha\right)\right]$					

2. 三相半波共阴极相控整流电路带阻感性负载

图 5-15(a)为三相半波相控整流电路共阴极接法阻感负载电路。为便于分析，假设电感极大，且电路已工作在稳态，因此负载电流 i_d 的波形基本是平直的。$\alpha \leqslant 30°$ 时，负载电压 u_d 波形与电阻负载时相同；而 $\alpha > 30°$ 时，当某相电压过零变负时，由于电感的作用，电流不会降到零，因此该相晶闸管仍然导通，直到下一相晶闸管触发脉冲的到来，才发生换流。表 5-11 为三相半波共阴极相控整流电路大电感负载时各区间工作情况。

表 5-11   三相半波共阴极相控整流电路大电感负载时各区间工作情况

ωt	$\alpha+\pi/6\sim\alpha+5\pi/6$	$\alpha+5\pi/6\sim\alpha+3\pi/2$	$\alpha+3\pi/2\sim\alpha+13\pi/6$
晶闸管导通情况	VT$_1$ 导通，VT$_{2,3}$ 截止	VT$_2$ 导通，VT$_{1,3}$ 截止	VT$_3$ 导通，VT$_{1,2}$ 截止
u_d	u_a	u_b	u_c
u_{VT1}	0	u_{ab}	u_{ac}
U_d	$\frac{1}{2\pi/3}\int_{\frac{\pi}{6}+\alpha}^{\frac{5\pi}{6}+\alpha}\sqrt{2}U_2\sin\omega t\,\mathrm{d}(\omega t)=1.17U_2\cos\alpha$		
i_d	幅值为 $I_d=U_d/R$ 的定值电流		
晶闸管电流的有效值 I_{VT}	$\frac{1}{\sqrt{3}}I_d=0.577I_d$		

图 5-15(b)为 $\alpha=60°$ 的工作波形。VT$_2$ 导通时，VT$_1$ 承受反压而关断。同理当 VT$_3$ 导通时，VT$_2$ 承受反压而关断。这种情况下，负载电压波形中会出现负的部分，随着 α 的增大，负载电压波形中负的部分将增加，当 $\alpha=90°$ 时，负载电压 u_d 波形中正负面积相等，负载电压平均值 U_d 为零，即大电感负载时三相半波相控整流电路的移相范围为 90°。晶闸管可能承受的最大正反向电压峰值均为变压器二次线电压峰值，即 $U_{FM}=U_{RM}=\sqrt{6}U_2=2.45U_2$。

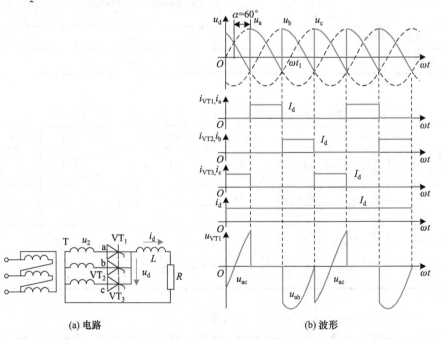

(a) 电路   (b) 波形

图 5-15   带阻感负载的三相半波相控整流电路共阴极接法及 $\alpha=60°$ 的工作波形

3. 三相半波共阴极相控整流电路带反电动势负载

当负载为蓄电池、直流电动机的电枢时，负载可看成是一个直流电压源，对于整流电路而言，它们就是反电动势负载。

图 5-16 为三相半波共阴极相控整流电路带反电动势负载的电路和工作波形。设反电动势为 E，若在 $\alpha<\delta$ 时触发晶闸管 VT_1，由于此时 $u_a<E$，VT_1 承受反压不能导通。在 $\alpha>\delta$ 时，由于 $u_a>E$，则 VT_1 承受正压可以导通，因此称 δ 为最小导电角。另外，在 $\alpha>\omega t_1$ 时，由于 $u_a<E$，VT_1 承受反压而关断，此时 VT_2 尚未导通，$i_d=0$，而 $u_d=E$。不难看出，在 α 角相同时，该电路整流输出电压平均值比带电阻负载时大。

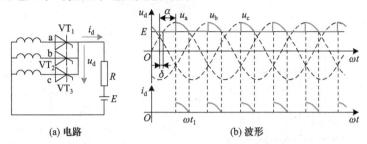

(a) 电路   (b) 波形

图 5-16   带反电动势负载的三相半波相控整流电路共阴极接法及工作波形

若电路带有足够大的电感时，负载电流 i_d 连续，其负载电压 u_d 波形连续，与该电路带大电感负载时的负载电压 u_d 波形相同。负载电流 i_d 仍近似为水平直线，但幅值即整流输出电流的平均值为 $I_d=(U_d-E)/R$。

4. 三相半波共阳极相控整流电路

相对于三相半波共阴极相控整流电路，还有一种共阳极电路，即将三个晶闸管的阳极连在一起，其阴极分别接变压器的三个绕组，变压器的零线作为输出电压的正端，晶闸管共阳极端作为输出电压的负端，其电路如图 5-17(a)所示。

与共阴极电路不同的是，由于电路采用共阳极接法，各晶闸管只能在相电压为负时触发导通，换流总是从电位较高的相换到电位较低的相。自然换相点为三相电压负半波的交点，负载电压 u_d 为负值，图 5-17(b)即为负载电压 u_d 的波形。

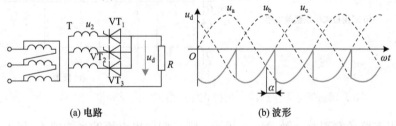

(a) 电路   (b) 波形

图 5-17   三相半波共阳极相控整流电路及负载电压波形

三相半波相控整流电路晶闸管元件少，只需三套触发装置，控制比较容易，但缺点也很明显：

(1) 变压器每相绕组只有 1/3 周期流过电流，变压器利用率低；

(2) 变压器二次侧的电流为单方向，易造成变压器铁心直流磁化。而且在三铁心变压器中，三相直流励磁方向相同，磁通互相抵制，在铁心中无法形成通路，只能从空气隙或外壳中通过，产生较大的漏磁通，引起附加损耗。若不用整流变压器，将三相半波相控整流电路直接接入电网，直流分量会流入电网，除引起电网额外损耗外，还会增大零线电流，则必须加大零线截面积。因此三相半波可控整流电路一般用于中、小容量设备。

5.3.3　三相桥式相控整流电路

在三相半波共阴极相控整流电路中相绕组流过的电流均为正向,而三相半波共阳极相控整流电路中相绕组流过的电流均为负向。为克服直流磁化现象,将三相半波共阴极相控整流电路和三相半波共阳极相控整流电路串联,如图5-18(a)所示。

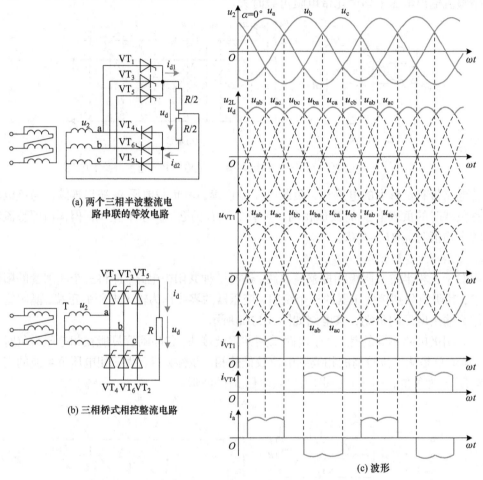

(a) 两个三相半波整流电路串联的等效电路

(b) 三相桥式相控整流电路

(c) 波形

图5-18　带电阻负载的三相桥式相控整流电路及 $\alpha=0°$ 的工作波形

如果两组电路负载对称,触发角 α 相同,则它们输出电流的平均值 I_{d1} 与 I_{d2} 相等,则在变压器绕组中一个周期里流过的正、反向电流的平均值相等,直流磁势相互抵消,无直流磁化现象,且能提高变压器利用率。由于此时零线流过的电流为0,即去掉零线也不会影响电路工作,即构成如图5-18(b)所示的三相桥式相控整流电路。VT$_1$、VT$_3$、VT$_5$ 组成共阴极组,VT$_4$、VT$_6$、VT$_2$ 组成共阳极组。

分别讨论其带电阻负载和阻感负载时的工作情况。

1. 三相桥式相控整流电路带电阻负载

触发角 α 的起点,仍然是从自然换相点开始计算,注意正负方向均有自然换相点。$\alpha=0°$ 时工作波形如图5-18(c)所示。同三相不控桥式整流电路相同,负载电压 u_d 为变压器二次侧线电压 u_{2L} 的包络线。将流过 VT$_1$ 的电流波形顺延 $180°$ 即可获得流过 VT$_4$ 的电流波形,与同一桥臂的两个晶闸管导通角相差 180°相对应；而相绕组电流波形为该相共阴极和共阳极晶闸管电流波形的叠加，如 i_a 的电流波形为 i_{VT1} 和 i_{VT4}(反向)的叠加。

触发角 $\alpha=30°$时，晶闸管起始导通时刻推迟了 30°，组成 u_d 的每一段线电压因此推迟 30°，导致 u_d 的平均值降低，且晶闸管开始承受正压，工作波形如图 5-19(a)所示。图 5-19(b) 为对应的 $\alpha=60°$的工作波形，u_d 波形中的每段线电压的波形继续向后移，u_d 的平均值继续降低，且 u_d 出现了为零的值，这说明 $\alpha=60°$是三相桥式相控整流电路电阻性负载电压 u_d 波形连续与断续的临界点。三相桥式相控整流电路带电阻负载($\alpha \leqslant 60°$)的各区间工作情况如表 5-12 所示。

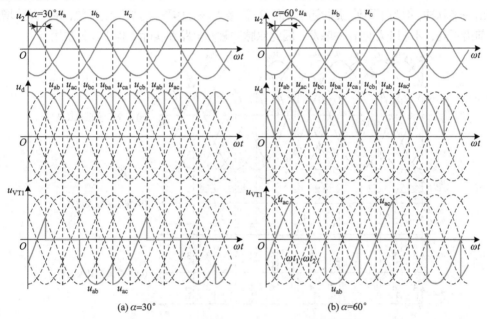

(a) $\alpha=30°$　　　　　　　(b) $\alpha=60°$

图 5-19　三相桥式相控整流电路带电阻负载 $\alpha=30°$和 $\alpha=60°$的工作波形

表 5-12　三相桥式相控整流电路带电阻负载时各区间工作情况($\alpha \leqslant 60°$)

ωt	$\alpha+\pi/6 \sim$ $\alpha+\pi/2$	$\alpha+\pi/2 \sim$ $\alpha+5\pi/6$	$\alpha+5\pi/6 \sim$ $\alpha+7\pi/6$	$\alpha+7\pi/6 \sim$ $\alpha+3\pi/2$	$\alpha+3\pi/2 \sim$ $\alpha+11\pi/6$	$\alpha+11\pi/6 \sim$ $\alpha+13\pi/6$
晶闸管导通情况	VT$_{1,6}$导通 其他截止	VT$_{1,2}$导通 其他截止	VT$_{3,2}$导通 其他截止	VT$_{3,4}$导通 其他截止	VT$_{5,4}$导通 其他截止	VT$_{5,6}$导通 其他截止
u_d	u_{ab}	u_{ac}	u_{bc}	u_{ba}	u_{ca}	u_{cb}
u_{VT1}	0	0	u_{ab}	u_{ab}	u_{ac}	u_{ac}
U_d	$U_d = \dfrac{1}{\pi/3}\displaystyle\int_{\frac{\pi}{3}+\alpha}^{\frac{2\pi}{3}+\alpha} \sqrt{6}U_2 \sin\omega t \mathrm{d}(\omega t) = 2.34U_2\cos\alpha$			三相桥式整流电路中负载电压为线电压的包络线，$\alpha=0°$时对应于相电压 $\pi/6$，对应到线电压则为 $\pi/3$		

图 5-20(a)是 $\alpha=90°$时电阻负载情况下的工作波形。电阻负载时，当 $\alpha>60°$时，u_d 波形不再连续，$U_d = \dfrac{3}{\pi}\displaystyle\int_{\frac{\pi}{3}+\alpha}^{\pi} \sqrt{6}U_2 \sin\omega t \mathrm{d}(\omega t) = 2.34U_2\left[1+\cos\left(\dfrac{\pi}{3}+\alpha\right)\right]$。若 α 继续增大，到 120°时，U_d 为 0，因此电阻负载时三相桥式相控整流电路的移相范围为 120°。

图 5-20(a)中，在 ωt_1 时刻，u_{ab} 过零，负载电流为零，则 VT$_1$ 和 VT$_6$ 由通态转为关断。到 ωt_2 时刻，应给 VT$_2$ 触发脉冲，若 VT$_1$ 此时无触发脉冲不能导通，负载电流没有回路，即 VT$_2$ 也无法导通。实际上，为确保合闸启动过程或电流断续时三相整流电路能正常工作，即能保证同时两个晶闸管都能导通，触发时可采用两种触发方法：一种是宽脉冲触发(触发脉冲宽度大于 60° 而小于 120°，一般取 80°～100°)，如图 5-20(b)所示；另一种是双脉冲触发，即用两个窄脉冲代替宽脉冲，在 u_d 的六个时间段，给应该导通的晶闸管都提供触发脉冲，而不管其原来是否导通，所以每隔 60° 就需要提供两个触发脉冲。实际提供脉冲的顺序为：1,2 – 2,3 – 3,4 – 4,5 – 5,6 – 6,1 – 1,2，如图 5-20(c)所示。双脉冲触发电路较复杂，但要求的触发电路输出功率小。宽脉冲触发电路虽可少输出一半脉冲，但为了不使脉冲变压器饱和，需增大铁心体积，增加绕组匝数，导致漏感增大，脉冲前沿不陡，不利于晶闸管的触发。因此双脉冲触发电路在实际工程中较为常用。

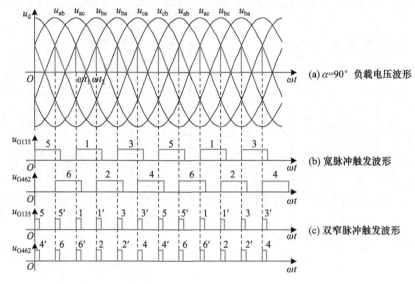

图 5-20　三相桥式相控整流电路带电阻负载 α =90° 的负载电压波形和脉冲触发波形

三相桥式相控整流电路带电阻负载时晶闸管承受的最大反压为变压器二次线电压峰值，即 $U_{RM} = \sqrt{6}U_2 = 2.45U_2$，而晶闸管可能承受的最大正压则要根据负载电流是否连续进行分析。以晶闸管 VT$_1$ 为例，在 VT$_1$ 导通之前，VT$_5$ 和 VT$_6$ 导通，负载电压 $u_d=u_{cb}$，VT$_1$ 承受的电压为 u_{ac}，在图 5-19(b)中 ωt_1 时刻(α=60° 时的触发时刻)，u_{cb} 过零，若 α>60°，则此时 VT$_1$ 没有触发脉冲不导通，即所有晶闸管均不导通，在 ωt_1～ωt_2 段，u_{ac} 电压最高，则 VT$_1$ 与 VT$_2$ 共同承担 u_{ac}，直到 VT$_1$ 和 VT$_6$ 导通。因此三相桥式相控整流电路电阻负载时晶闸管 VT$_1$ 可能承受的最大正压就出现 ωt_1 时刻，即 $U_{FM} = \sqrt{2}U_2 \cdot \sqrt{3}\sin\dfrac{\pi}{3} = \dfrac{3\sqrt{2}}{2}U_2$。

2. 三相桥式相控整流电路带阻感负载

三相桥式相控整流电路带阻感负载时，当 $\alpha \leqslant 60°$ 时，u_d 波形连续，其工作情况与三相桥式相控整流电路带电阻负载时十分相似，各晶闸管的通断情况、输出整流电压波形、晶闸管承受的电压波形等，与三相桥式相控整流电路带电阻负载时都一样。但由于电感的作用，使得负载电流 i_d 波形变得平直，当电感足够大的时候，负载电流 i_d 的波形可近似为一条水平线。

当 $\alpha>60°$ 时，电感性负载时的工作情况与电阻负载时不同，电阻负载时 u_d 波形不会出现负的部分，而电感性负载时，由于电感的作用，u_d 波形会出现负的部分。图 5-21 为三相桥式相控整流电路带阻感负载 $\alpha=90°$ 的工作波形。在 $\alpha=90°$ 时，u_d 波形上下对称，平均值为零。因此带大电感负载时，三相桥式相控整流电路的移相范围为 90°。由于大电感负载电流连续，晶闸管承受的最大正、反压均为变压器二次线电压峰值，即 $U_{FM}=U_{RM}=\sqrt{6}U_2=2.45U_2$。

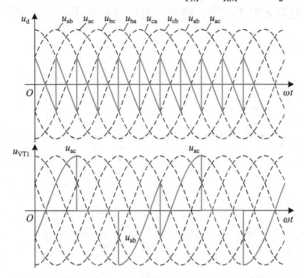

图 5-21　三相桥式相控整流电路带阻感负载 $\alpha=90°$ 的工作波形

由于负载电流连续，$U_d=2.34U_2\cos\alpha$。三相桥式相控整流电路可等效为两个三相半波相控整流电路的串联，采用相同的触发角 α，三相桥式相控整流电路整流输出的平均电压 U_d 数值是三相半波相控整流电路的 2 倍。因此在输出整流电压相同的情况下，三相桥式相控整流电路晶闸管的电压额定值可比三相半波相控整流电路的晶闸管低一半。

【例 5-1】　如图 5-22 所示的三相桥式相控整流电路，交流侧电压频率 50Hz，带阻感负载，$R=4\Omega$，$L=0.2$H，要求输出整流电压平均值 U_d 范围满足 0~220V。

(1) 变压器一次侧采用三角形接法有何优点？

(2) 求变压器二次侧电压有效值 U_2、容量 S_2；

(3) 按 1.5 倍裕量，选择晶闸管额定电压、额定电流。

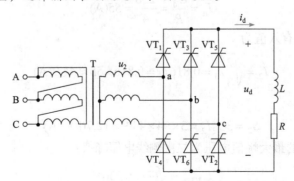

图 5-22　三相桥式相控整流电路

【提示】 明确三相变压器绕组连接法对电动势波形的影响；根据电路参数选择变压器、晶闸管的容量。

【解析】 (1)变压器通常设计在准饱和点，如果励磁电流是正弦波，会导致电动势畸变；接成三角形后，变压器线电流中没有 3 次谐波，3 次谐波在三角形绕组内部流通，则可形成尖顶波形的励磁电流 i_μ(含 3 次谐波)，对准饱和点的非线性作用，正好形成近似正弦波形的主磁通 Φ，以保证相电势 e 为正弦波，输出质量较好的电压波形，如图 5-23 所示。

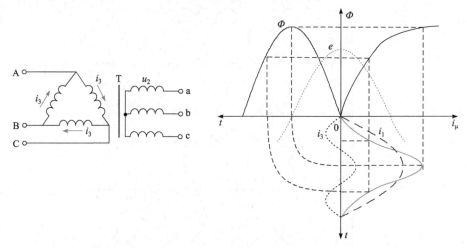

图 5-23 三相变压器△/Y 连接对磁通及电动势波形的影响

(2) 电感感抗：$\omega L = 2\pi f L = 314 \times 0.2 = 62.8(\Omega)$

$R = 4\Omega$，满足 $\omega L \gg R$，按大电感负载情况，整流电源波形连续。

整流电压平均值最大时对应最小触发角 $\alpha = 0°$，输出电压平均值为

$$U_d = 2.34U_2\cos\alpha = 2.34U_2$$

则变压器二次侧电压有效值为

$$U_2 = \frac{U_d}{2.34} = \frac{220}{2.34} \approx 94.0(V)$$

输出电流平均值为

$$I_d = \frac{U_d}{R} = \frac{220}{4} = 55(A)$$

则变压器二次侧电流有效值为

$$I_2 = \sqrt{\frac{2}{3}}I_d = 0.816I_d = 0.816 \times 55 \approx 44.9(A)$$

则变压器二次侧容量

$$S_2 = 3U_2I_2 = 3 \times 94 \times 44.9 \approx 12.7(kV \cdot A)$$

(3) 晶闸管承受的最大峰值电压为二次侧线电压峰值：

$$U_{VTm} = \sqrt{6}U_2 \approx 230V$$

晶闸管电流有效值为

$$I_{\mathrm{VT}} = \frac{1}{\sqrt{3}} I_{\mathrm{d}} = 0.577 I_{\mathrm{d}} = 0.577 \times 55 \approx 31.8(\mathrm{A})$$

则晶闸管额定正向平均电流为

$$I_{\mathrm{VT(AV)}} = \frac{I_{\mathrm{VT}}}{\pi/2} = \frac{I_{\mathrm{VT}}}{1.57} = \frac{31.8}{1.57} \approx 20.3(\mathrm{A})$$

按 1.5 倍裕量，$230\mathrm{V} \times 1.5 = 345\mathrm{V}$、$20.3\mathrm{A} \times 1.5 \approx 30\mathrm{A}$，因此，可以选择额定电压 400V、额定通态平均电流为 30A 的晶闸管。

5.3.4　桥式半控整流电路

在晶闸管单相桥式整流电路中，每个导电回路中有两个晶闸管，实际上若为了对每个导电回路进行控制，只需一个晶闸管就可以，另一个晶闸管可以用二极管代替，从而简化触发电路，如此即成为晶闸管单相桥式半控整流电路，如图 5-24(a)所示。当负载为电阻性负载时，晶闸管单相桥式半控整流与晶闸管单相全控桥整流的工作过程和波形完全一致。下面仅讨论晶闸管单相桥式半控整流电路带阻感性负载的情况。

如图 5-24(b)所示，在 u_2 电压正半周、触发角为 α 时，触发 $\mathrm{VT_1}$、$\mathrm{VT_1}$ 和 $\mathrm{VD_4}$ 导通。当 u_2 过零变负时，因电感作用使电流连续，$\mathrm{VT_1}$ 继续导通。但因 a 点电位低于 b 点电位，使得 $\mathrm{VD_2}$ 正偏导通，而 $\mathrm{VD_4}$ 反偏截止，电流从 $\mathrm{VD_4}$ 转移至 $\mathrm{VD_2}$，电流 i_{d} 不再流经变压器二次绕组，而是由 $\mathrm{VT_1}$ 和 $\mathrm{VD_2}$ 续流。此时整流桥输出电压为 $\mathrm{VT_1}$ 和 $\mathrm{VD_2}$ 的正向压降，接近于零，所以整流输出电压 u_{d} 没有负半波。这种现象被称为自然续流，在这点上，晶闸管半控桥整流与晶闸管全控桥整流是不同的。

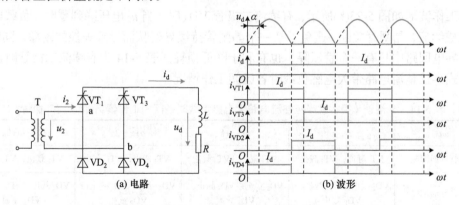

图 5-24　单相桥式半控整流电路带阻感负载的电路和波形

在 u_2 电压负半周，具有与正半周相似的特性，触发角为 α 时触发 $\mathrm{VT_3}$、$\mathrm{VT_3}$ 和 $\mathrm{VD_2}$ 导通，u_2 过零变正时电流 i_{d} 经 $\mathrm{VT_3}$ 和 $\mathrm{VD_4}$ 自然续流。

综上所述，晶闸管单相桥式半控整流电路带大电感负载时的工作特点是：晶闸管在触发时刻换流，二极管在电源电压过零时换流，由于自然续流的作用，整流输出电压的波形与晶闸管全控桥整流电路带电阻性负载时相同，移相范围为 180°，流过晶闸管和二极管的电流都是宽度为 π 的方波，交流侧电流为正负对称的交变方波。表 5-13 为晶闸管单相桥式半控整流电路带大电感负载时各区间工作情况。

表 5-13　单相桥式半控整流电路大电感负载时各区间工作情况

ωt	$\alpha\sim\pi$	$\pi\sim\alpha+\pi$	$\alpha+\pi\sim2\pi$	$2\pi\sim\alpha+2\pi$
晶闸管导通情况	VT_1导通，VT_3截止		VT_1截止，VT_3导通	
二极管导通情况	VD_2截止，VD_4导通	VD_2导通，VD_4截止	VD_2导通，VD_4截止	VD_2截止，VD_4导通

　　晶闸管单相桥式半控整流电路带大电感负载时虽然本身具有自然续流能力，但实际运行时，当 α 角突然增大至 180°或触发脉冲丢失时，会发生一个晶闸管持续导通而两个二极管轮流导通的情况，即半周期 u_d 为正弦，另外半周期 u_d 为零，其平均值保持恒定，此时触发脉冲失去控制作用，称为失控。为避免失控，带电感性负载的晶闸管单相桥式半控整流电路需要另加续流二极管，如图 5-25(a)所示。

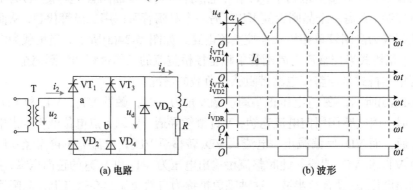

(a) 电路　　　　　　　　　　(b) 波形

图 5-25　晶闸管单相桥式半控整流电路有续流二极管且带阻感负载的电路和波形

　　其工作波形如图 5-25(b)所示，有续流二极管 VD_R 时，当 u_2 电压降到零时，负载电流经 VD_R 完成续流，晶闸管关断，避免了某一个晶闸管持续导通从而导致失控的现象。同时，续流期间导电回路中只有一个管压降，也有利于降低损耗。表 5-14 为有续流二极管时晶闸管单相桥式半控整流电路带大电感负载时各区间工作情况。

表 5-14　晶闸管单相桥式半控整流电路大电感负载时各区间工作情况(有续流二极管)

ωt	$\alpha\sim\pi$	$\pi\sim\alpha+\pi$	$\alpha+\pi\sim2\pi$	$2\pi\sim\alpha+2\pi$
晶闸管导通情况	VT_1导通，VT_3截止	VT_1截止，VT_3截止	VT_1截止，VT_3导通	VT_1截止，VT_3截止
二极管导通情况	VD_2截止，VD_4导通，VD_R截止	VD_2截止，VD_4截止，VD_R导通	VD_2导通，VD_4截止，VD_R截止	VD_2截止，VD_4截止，VD_R导通

　　晶闸管单相桥式半控整流电路还有另一种接法，即保留 VT_1 和 VT_2，VT_3 和 VT_4 换为二极管 VD_3 和 VD_4，这样可以省去续流二极管，续流由 VD_3 和 VD_4 来实现，其电路和工作波形如图 5-26 所示。与图 5-25 所示的单相桥式半控整流电路相比，图 5-26 电路的晶闸管连接方式使得晶闸管的触发电路输出需要隔离。

5.3.5　变压器漏感对整流电路的影响

　　在前面分析整流电路时，都忽略了整流变压器漏感的影响，认为晶闸管的换相是瞬时完

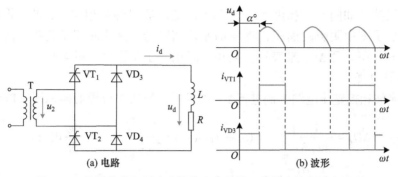

图 5-26　晶闸管单相桥式半控整流电路另一种接法的电路和波形

成的。实际上由于变压器存在漏感,在换相时,电感对电流的变化起阻碍作用,电流不能突变,使得实际换相过程不能瞬时完成。

整流变压器漏感可用一个集中的电感 L_B 表示,并将其折算到变压器二次侧。以三相半波电路为例来分析变压器漏感对换相影响,图 5-27 为考虑变压器漏感时的三相半波相控整流电路及换流时的等效电路和换相波形。假设负载电感 L 很大,则负载电流 i_d 为幅值为 I_d 的恒定直流电流。从 VT_1 换相至 VT_2 的过程中,因 a、b 两相均有漏感,故 i_a、i_b 均不能突变,则 VT_1 和 VT_2 同时导通,相当于将 a、b 两相短路,两相之间的电位差瞬时值是 u_b-u_a,电位差在两相回路中产生一个假想的短路环流 i_k,如图 5-27(a)中所示(实际上因晶闸管只能单向导电,故 i_k 不能反向流过 VT_1。这相当于在原有流过晶闸管的电流上叠加一个 i_k,i_k 与换相前每个晶闸管初始电流之和是换相过程中流过晶闸管的实际电流)。由于两相都有电感 L_B,所以 $i_b=i_k$ 是逐渐增大的,而 a 相电流 $i_a=I_d-i_k$ 是逐渐减小的。当 i_k 增大到 I_d 时,$i_a=0$,VT_1 关断,换相过程结束。换相过程持续的时间用电角度 γ 表示,称为换相重叠角。

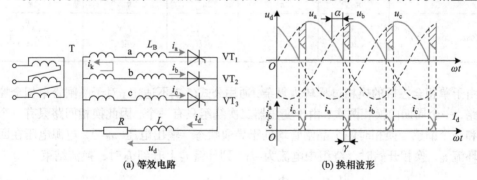

图 5-27　考虑变压器漏感时的三相半波相控整流电路带大电感负载时换相波形

换相过程中,负载电压瞬时值可由下面公式推导出来:

$$u_d = u_a + L_B \frac{di_k}{dt} = u_b - L_B \frac{di_k}{dt}$$

$$L_B \frac{di_k}{dt} = \frac{u_b - u_a}{2}$$

$$u_d = u_a + \frac{u_b - u_a}{2} = \frac{u_a + u_b}{2} \tag{5-1}$$

即换相过程中,整流输出电压 u_d 为同时导通的两个晶闸管所对应的两个相电压的平均值，其电压波形如图 5-27(b)所示。与不考虑变压器漏感时相比，u_d 的波形出现一个明显的缺口，少了图中阴影的面积，使得 u_d 平均值降低，这块面积是负载电流 i_d 换相引起的，称为换相压降，用 ΔU_d 来表示。换相压降相当于阴影部分的电压降在一个晶闸管导通时间内的平均值。

以三相半波相控整流电路为例进行 ΔU_d 的推导，设从 VT_1 导通换相到 VT_2 导通：

$$\Delta U_d = \frac{1}{2\pi/3}\int_{\frac{5\pi}{6}+\alpha}^{\frac{5\pi}{6}+\alpha+\gamma}(u_b-u_d)d(\omega t)=\frac{3}{2\pi}\int_{\frac{5\pi}{6}+\alpha}^{\frac{5\pi}{6}+\alpha+\gamma}L_B\frac{di_k}{dt}d(\omega t)$$

$$=\frac{3}{2\pi}\int_0^{I_d}\omega L_B di_k=\frac{3}{2\pi}X_B I_d \tag{5-2}$$

式中，$X_B=\omega L_B$，相当于漏感为 L_B 的变压器每相折算到二次侧的漏抗，可根据变压器的铭牌数据求出。

推广到其他整流电路，可得换相压降 ΔU_d 的公式为

$$\Delta U_d = \frac{m}{2\pi}X_B I_d \tag{5-3}$$

式中，m 为相数或一个周期的波头数，例如，三相半波整流电路 m 为 3，而三相桥式整流电路 m 为 6。

重叠角 γ 的计算较为复杂，本书直接给出结论，如表 5-15 所示。

表 5-15　各种整流电路换相压降和换相重叠角的计算

电路形式	单相全波	单相全控桥	三相半波	三相全控桥	m 脉波整流电路
ΔU_d	$\frac{X_B}{\pi}I_d$	$\frac{2X_B}{\pi}I_d$	$\frac{3X_B}{2\pi}I_d$	$\frac{3X_B}{\pi}I_d$	$\frac{mX_B}{2\pi}I_d$
$\cos\alpha-\cos(\alpha+\gamma)$	$\frac{I_dX_B}{\sqrt{2}U_2}$	$\frac{2I_dX_B}{\sqrt{2}U_2}$	$\frac{2I_dX_B}{\sqrt{6}U_2}$	$\frac{2I_dX_B}{\sqrt{6}U_2}$	$\frac{I_dX_B}{\sqrt{2}U_2\sin\frac{\pi}{m}}$

由于单相全控桥的换相过程较为复杂，通用公式(5-3)不适用。对于晶闸管单相全控桥整流电路，一个周期内换相两次，由于变压器二次绕组只有一个，因此换相回路只有一个电源电压和一个漏感，换相时四个晶闸管均处于导通状态，输出电压 $u_d=0$，电源电压在回路中产生环流 i_k，换相开始时，绕组中电流为 $-I_d$，到环流 i_k 上升到 I_d 时，换流结束。

$$\Delta U_d = \frac{1}{\pi}\int_\alpha^{\alpha+\gamma}L_B\frac{di_k}{dt}d(\omega t)=\frac{1}{\pi}\int_{-I_d}^{I_d}\omega L_B di_k=\frac{2}{\pi}X_B I_d \tag{5-4}$$

由表 5-15 可知，γ 与 I_d、X_B 的值成正比，这是因为重叠角 γ 的产生是由于换相期间变压器漏感储存了电磁能量而引起的，I_d 和 X_B 越大，变压器储存的能量越大，释放的时间越长，γ 越大。当 $\alpha\leqslant90°$时，α 越大，γ 越小，这是因为 α 越大，相邻相的相电压差值越大，两相重叠导电时 di_k/dt 越大，即能量释放得越快。

变压器漏感有利于限制短路电流，使得电流变化比较平缓，对限制晶闸管的 di/dt 有利。但由于漏感的存在，使得换相期间两相相当于短路，若整流装置容量很大，则换相瞬间会使电网电压出现缺口，造成电网波形畸变，成为干扰源，影响本身和电网上其他设备

的正常运行。

5.4　相控有源逆变电路

将直流电转换成交流电，这种对应于整流的逆向过程，称为"逆变"。有源逆变指的是将直流电转换成交流电后，将其返送回电网。这里的"源"指的就是电网。例如，当电力机车下坡行驶，机车的位能转变为电能，反送到交流电网中去，有助于刹车。有源逆变常用于直流可逆调速系统、交流绕线转子异步电动机串级调速以及高压直流输电等。对于相控整流电路，满足一定条件就可工作于有源逆变，其电路形式未变，只是电路工作条件转变。因此本章将有源逆变作为整流电路的一种工作状态来分析。

5.4.1　相控有源逆变原理及实现条件

图 5-28 所示为两个直流电源相连的几种情况。

图 5-28(a)中，$E_1>E_2$，则电流从 E_1 流向 E_2，则 $I=(E_1-E_2)/R$。

E_1 发出功率 $P_1=E_1I$，E_2 接受功率 $P_2=E_2I$，电阻消耗的功率为 $P_R=(E_1-E_2)I$。

图 5-28(b)中，$E_2>E_1$，则电流反向，此时 E_1 接受功率，E_2 发出功率。

可见当两个电动势同极性并联时，电流总是从电动势高的流向电动势低的，由于回路电阻很小，即使很小的电压差也能产生大电流，两个电动势间交换很大的功率。

图 5-28(c)中，E_1 和 E_2 串联，则 $I=(E_1+E_2)/R$。

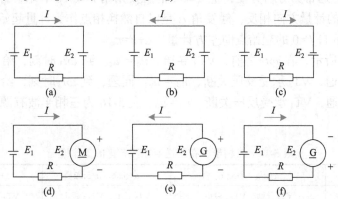

图 5-28　两直流电源相连电能传递情况

此时 E_1 和 E_2 都输出功率，电阻消耗的功率为 $P_R=(E_1+E_2)I$。如果 R 仅为回路电阻，由于其电阻值很小，则电流 I 将很大，实际为两个电源的短路，应避免这种情况发生。

图 5-28(d)中，用直流电机 M 的电枢替代电源 E_2，则 E_1 为电动机提供电枢电源，M 工作在电动状态。若电动机工作在制动状态，且 $E_M>E_1$，则电流 I 反向，电机作为直流发电机来运行，如图 5-28(e)所示。

在前面介绍的相控整流电路中，直流电源 E_1 是通过晶闸管对交流电源整流得来的，而晶闸管的单向导电性决定了电流 I 的方向不能改变，若想实现电机轴上的机械能转变为电能向电网回馈，则只能通过改变发电机的电枢极性，如图 5-28(f)所示。此时若 E_1 的极性不改变，则形成图 5-28(c)的短路状况，故 E_1 的极性也要对调，当 $E_M > E_1$ 时，即可实现电能回馈。

图 5-29(a)为给直流电机供电的三相半波相控整流电路。电动机 M 作发电回馈制动时，由于晶闸管的单向导电性，I_d 方向不变，欲改变电能的输送方向，只能改变 E_M 极性。为了防止两电动势顺向串联，U_d 极性也必须反过来，即 U_d 应为负值，且 $|E_M| > |U_d|$，才能将电能从直流侧传送到交流侧，实现逆变。此时电能(注意不是电流)的流向与整流时相反，M 输出电功率，电网吸收电功率。U_d 可通过改变 α 来进行调节，逆变状态时 U_d 为负值，$\pi/2 < \alpha \leqslant \pi$。在逆变工作状态下，虽然晶闸管的阳极电位大部分处于交流电压为负的半周期，但由于外接直流电动势 E_M 的存在，使晶闸管仍能承受正向电压而导通。

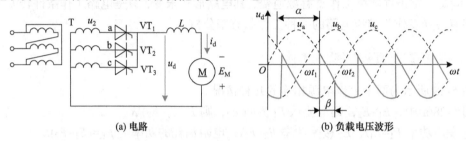

(a) 电路　　　　　　　　　　　　　　(b) 负载电压波形

图 5-29　三相半波有源逆变电路和负载电压波形

逆变和整流的区别仅仅是触发角 α 不同，当 $0 \leqslant \alpha < \pi/2$ 时，电路工作在整流状态；而 $\pi/2 < \alpha \leqslant \pi$ 时，电路工作在逆变状态，因此可沿用整流的办法来处理逆变时有关波形与参数计算等各项问题。通常为分析方便，把 $\alpha > \pi/2$ 的触发角用 $\pi - \alpha = \beta$ 表示，称为逆变角。逆变角 β 和触发角 α 的计量方向相反，触发角 α 是以自然换相点作为计量起始点，由此向右方计量；而逆变角 β 自 $\beta = 0$ 的起始点向左方计量，$\alpha + \beta = \pi$。

如图 5-29(b)所示，在 ωt_1 之前，VT_3 导通，$u_d = u_c$，到 ωt_1 时刻，给 VT_1 触发脉冲，$u_a > u_c$，则 VT_1 导通，VT_3 承受反压关断，$u_d = u_a$。同理，到 ωt_2 时刻，给 VT_2 触发脉冲，$u_b > u_a$，则 VT_2 导通，VT_1 承受反压关断，$u_d = u_b$。表 5-16 为三相半波有源逆变电路各区间工作情况。

表 5-16　三相半波有源逆变电路各区间工作情况

ωt	$\alpha + \pi/6 \sim \alpha + 5\pi/6$	$\alpha + 5\pi/6 \sim \alpha + 3\pi/2$	$\alpha + 3\pi/2 \sim \alpha + 13\pi/6$
晶闸管导通情况	VT_1 导通，$VT_{2,3}$ 截止	VT_2 导通，$VT_{1,3}$ 截止	VT_3 导通，$VT_{1,2}$ 截止
u_d	u_a	u_b	u_c
U_d	$1.17U_2 \cos\alpha = -1.17U_2 \cos\beta$		
i_d	近似为水平直线，$I_d = (U_d - E_M)/R$，U_d 和 E_M 均为负值		

整流电路工作在逆变状态必须满足两个条件：

(1) 要有直流电动势，其极性和晶闸管导通方向一致，其绝对值大于变流器直流侧平均电压；

(2) 晶闸管的触发角 $\alpha > \pi/2$，使得 U_d 为负值。

半控桥或有续流二极管的整流电路，因其整流电压 u_d 不能出现负值(最小为零)，也不允许直流侧出现负极性的电动势,故不能实现有源逆变。欲实现有源逆变,只能采用全控电路。

5.4.2　逆变失败与最小逆变角

有源逆变正常运行时,外接的直流电源电压 E_M 与逆变电路输出的平均电压 U_d 的极性与整流运行时的极性相反,且 E_M 的电压极性与晶闸管顺向串联。通常由于逆变回路的内阻很小,所以外接直流电源电压 E_M 基本由逆变电路的输出平均电压 U_d 来平衡。若逆变时出现逆变输出电压减小、变零、甚至与直流电源顺极性串联等情况时,就会造成逆变回路过流,造成器件和变压器损坏。这种情况称为逆变失败,也称逆变颠覆。

造成逆变失败的原因主要在四个方面:

1) 晶闸管本身的原因

晶闸管发生故障,不能正常导通和关断,会造成交流电源电压与直流电动势顺向串联,导致逆变失败。

2) 交流电源的原因

交流电源缺相或突然消失,此时交流侧由于失去与直流电动势极性相反的交流电压,使直流电动势通过晶闸管形成电路短路。

3) 触发电路的原因

触发电路工作不可靠,不能适时、准确地给各晶闸管分配脉冲,致使晶闸管不能正常换相,使交流电源电压与直流电动势顺向串联,形成短路。

如图 5-30(a)所示,在 ωt_1 时刻,触发电路应对晶闸管 VT_3 提供触发脉冲 u_{G3},则 VT_3 导通,VT_2 承受反压而关断,实现正常换流。若由于某种原因造成 u_{G3} 丢失,则 VT_3 无法导通,而 VT_2 继续导通到正半波。到 ωt_2 时刻,由于此时 $u_b > u_a$,VT_1 虽然有触发脉冲 u_{G1},但承受反压而无法导通。输出电压 u_d 为正值,和直流电动势同极性,造成短路。

在图 5-30(b)中,触发电路应在 ωt_1 时刻对晶闸管 VT_3 提供触发脉冲 u_{G3},但是由于 u_{G3} 延迟到 ωt_2 时刻才出现,这时 $u_b > u_c$,VT_3 承受反压无法导通,VT_2 继续导通到正半波,同样会造成逆变失败。

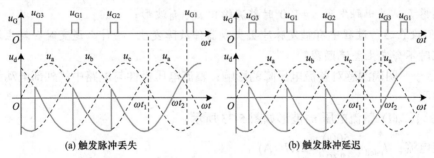

(a) 触发脉冲丢失　　　　　　　　　　(b) 触发脉冲延迟

图 5-30　三相半波有源逆变电路的逆变失败波形

4) 逆变角 β 太小

以上讨论是在忽略了交流侧电抗的情况下进行的。实际上由于交流侧各相都有电抗存在,如变压器漏抗和线路电抗等,晶闸管的换相不能瞬时完成,若换相的裕量角不足,也会引起换相失败。

以三相半波相控整流电路来分析重叠角对逆变电路换相的影响。如图 5-31 所示，以 VT$_3$ 和 VT$_1$ 的换相过程来分析，当 $\beta>\gamma$ 时，经过换相过程后，a 相电压仍高于 c 相电压，所以换相结束时，晶闸管 VT$_3$ 因承受反压而关断。若 $\beta<\gamma$ 时，从图右下角的波形中可看到，换相尚未结束，电路的工作状态到达自然换相点 p 点后，c 相电压将高于 a 相电压，该通的晶闸管 VT$_1$ 会关断，而应关断的晶闸管 VT$_3$ 不能关断，当 c 相电压进入正半周，就会造成两个电源顺向串联，导致逆变失败。

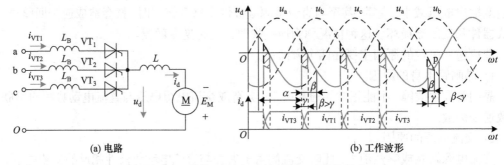

(a) 电路   (b) 工作波形

图 5-31 换相重叠角对逆变换相过程的影响

实际工作中逆变时允许采用的最小逆变角 β 应为 $\beta_{\min} = \delta + \gamma + \theta'$，其中 δ 为晶闸管的关断时间 t_q 折合的电角度，t_q 较大时可达 200~300μs，折算到电角度约为 4°~5°。γ 为换相重叠角，其随直流平均电流和换相电抗的增加而增大。设计变流器时，重叠角可通过查阅相关手册得到，一般 γ 为 15°~20°。θ' 为安全裕量角，通常取 10°，用于防止触发脉冲的不对称。$\beta_{\min}$ 一般取 30°~35°。为保证 $\beta>\beta_{\min}$，还可在触发电路中附加保护环节，保证触发脉冲不进入小于 $\beta_{\min}$ 的区域。

【例 5-2】 单相桥式相控整流电路带阻感源负载，交流侧额定电压 230V/60Hz，额定功率 5kV·A，电感 L 足够大，反电动势 E = 80V，各部分电压、电流的参考方向如图 5-32 所示。

(1) 考虑交流侧变压器漏感 L_s，若 L_s 的电压和功率分别为交流侧额定电压和功率的 5%，计算在输出功率 3kW、触发角 $\alpha=30°$ 时的换相重叠角 γ，画出整流电压 u_d 波形；

(2) 图示电路移相能超过 90° 吗？如果要实现 E 能量回馈，如何调整电路和触发角控制？不考虑漏感 L_s，画出触发角 $\alpha=120°$ 时整流输出 u_d、i_d 波形；

(3) 假设在运行过程中有触发脉冲丢失或器件故障发生，为什么逆变时会发生逆变颠覆，而在整流时不会发生整流颠覆？

【提示】 明确漏感对整流电压降的影响；整流电压极性与电路中的外部电动势极性不能顺向串联。

【解析】 (1) 整流电压 u_d 波形如图 5-33 所示。

额定电流：$I_{\text{rated}} = \dfrac{5000}{230} = 21.74(\text{A})$

由电感电压：$5\%U_{\text{rated}} = \omega L_s I_{\text{rated}}$，可计算出电感值

$$L_s = \frac{5\%U_{\text{rated}}}{\omega I_{\text{rated}}} = \frac{5\% \times 230}{2 \times \pi \times 60 \times 21.74} = 1.4(\text{mH})$$

单相全控桥整流电路换相压降

$$\Delta U_d = \frac{2X_B}{\pi}I_d = \frac{2\omega L_s}{\pi}I_d$$

则输出功率

$$P_d = U_d I_d = (0.9U_2 \cos\alpha - \Delta U_d)I_d = 0.9U_2 \cos\alpha I_d - \frac{2\omega L_s}{\pi}I_d^2$$

将 $P_d = 3\text{kW}$、$U_2 = 230\text{V}$、$\alpha = 30°$、$L_s = 1.4\text{mH}$ 代入上式，整理计算出：$I_d = 17.01\text{A}$。

由换相重叠角：$\cos(\alpha + \gamma) = \cos\alpha - \dfrac{2I_d\omega L_s}{\sqrt{2}U_2}$，可得 $\gamma = 5.8°$。

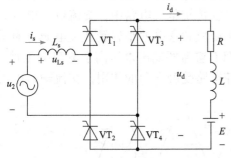

图 5-32　单相桥式相控整流电路

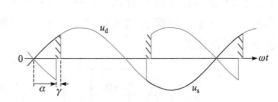

图 5-33　考虑漏感时整流电压波形

(2) 在图 5-32 所示电路中，移相不能超过 90°，由于晶闸管整流桥电流的单向性和 E 极性的固定性，E 只能吸收功率，而无法发出功率。假设触发角大于 90°，则整流桥输出平均电压为负，由于整流桥电流单向性，即意味着整流桥输出负功率，即要求 E 发出功率，但当电流方向不变时，E 只能吸收功率，而无法输出功率，因此触发角不可能大于 90°。其本质是负载中没有维持原电流方向的电动势时，晶闸管整流输出电压不可能低于 0。要实现 E 能量回馈，需将 E 反极性接入电路，控制触发角大于 90°。

当触发角 $\alpha = 120°$ 时，整流输出电压为

$$U_d = 0.9U_2 \cos\alpha = 0.9 \times 230 \times \cos 120° = -103.5(\text{V})$$

E 的大小需满足：$|E| > |U_d| = 103.5\text{V}$，电路可以实现有源逆变。整流输出波形如图 5-34 所示。

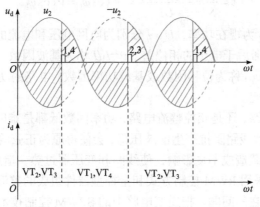

图 5-34　整流(有源逆变)电压、电流波形

(3) 整流状态下，晶闸管在电压过零后会自己关断；逆变状态下，如果触发脉冲丢失或者器件故障，会使得晶闸管一直导通从而无法正常换相，导致输出电压与 E 顺向串联，从而进一步加大短路电流。

5.5　PWM 整流电路

5.5.1　传统整流电路存在的问题

由于交流电能大多数来自公共电网，因而整流电路是公共电网与电力电子装置的接口电路，其性能将影响电网的运行和电能质量。在传统整流电路中，交流输入电压为正弦波，而输入电流却是非正弦波。如目前应用于微机和家电的小容量开关电源普遍采用不控整流加电容滤波的方式，如图 5-35 所示，只有整流桥输出电压高于电容电压时，才会有输入电流，故交流输入电流非正弦。而相控电路受触发角的作用，交流输入电流一般也是非正弦的。

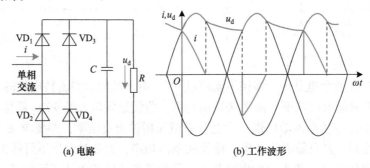

(a) 电路　　　　　　　　　　　(b) 工作波形

图 5-35　不控整流电容滤波电路和电压、电流波形

将输入电流波形分解为傅里叶级数，可得与电网电压同频率的基波成分以及各高次谐波成分，其中只有基波电流与电网电压同频率，才有可能产生有功功率，其他高次谐波电流与电网电压频率不同，只能产生无功功率。定义电路的网侧功率因数为 λ，即

$$\lambda = \frac{P}{S} = \frac{UI_1 \cos\varphi_1}{UI} = \frac{I_1}{I}\cos\varphi_1 = \nu\cos\varphi_1 \tag{5-5}$$

式中，P 为有功功率，S 为视在功率，U、I 分别为电网电压和电流的有效值，I_1 为基波电流有效值，φ_1 为基波电流滞后于电压的相位差。$\nu = I_1/I$ 称为基波因数，即基波电流有效值和总电流有效值之比，而 $\cos\varphi_1$ 称为位移因数或基波功率因数。电路的功率因数由基波电流相位和电流波形畸变共同决定。

无论是不控整流电路，还是相控整流电路，功率因数低都是难以克服的缺点。而且网侧电流包含多次谐波，导致线路阻抗产生谐波压降，会使得原为正弦的电网电压也发生畸变，谐波电流还会对电网负载造成不良影响，使线路和变压器过热，造成设备损坏。

PWM 整流电路是采用 PWM 控制方式和全控型器件组成的整流电路，它能在不同程度上解决传统整流电路存在的问题。把逆变电路中的 SPWM 控制技术用于整流电路，就形成了 PWM 整流电路。通过对 PWM 整流电路进行控制，使电网输入电流非常接近正弦波，且可以控制电网输入电流和电网输入电压的相位关系，即可以控制网侧的功率因数。若电网输入电流和电网输入电压同相位，则可实现功率因数近似为 1。

对于中、大功率整流电路均采用单相或三相桥式结构，而对于小功率整流电路多采用单相不控整流加一级直流变换电路以实现网侧功率因数校正(Power Factor Correction，PFC)。

5.5.2 单相 APFC 整流电路

在不控整流电路中，输入电流呈尖脉冲形式，电流波形的畸变致使功率因数降低，为 0.6～0.7。目前采用的功率因数校正方法主要为无源校正和有源校正。无源校正网络由电容、电感、功率二极管等无源器件组成，主要是通过提高整流导通角的方法来减小高次谐波。该方法控制简单，成本低，可靠性高，但体积庞大，且难以得到很高的功率因数。而有源功率因数校正(Active Power Factor Correction，APFC)技术可以得到很高的功率因数，已广泛应用于开关电源、交流不间断电源等领域。

有源功率因数校正的控制策略按照输入电感电流是否连续，分为电流连续模式(CCM)和电流断续模式(DCM)，下面以常用的单相 APFC 整流电路为例，分别介绍其工作于 CCM 和 DCM 模式的工作原理。

如图 5-36 所示为采用 CCM 模式的单相 APFC 主电路和控制结构，交流输入电压经二极管桥式不控整流后输出正弦半波电压，再经过一 Boost 变换器，通过相应的控制使输入电流一个开关周期中的平均值自动跟随整流电压基准值，从而获得较高的网侧功率因数，并保持输出电压稳定。APFC 电路有两个反馈控制环：输入电流环使 DC-DC 变换器输入电流为全波整流波形，并且与全波整流电压波形相位相同；输出电压环使 DC-DC 变换器输出端为一个直流稳压源，达到直流电源的稳压效果。

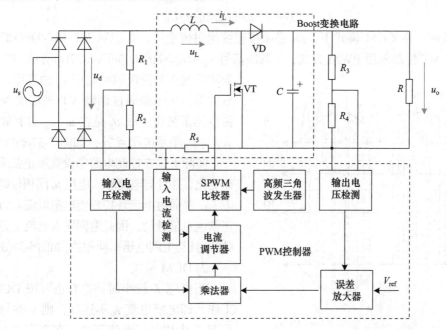

图 5-36 单相 APFC 主电路和控制结构(CCM 模式)

1. 输入电流控制

设电网输入电压 $u_s = U_{sm}\sin\omega t$，则不控整流桥输出电压(即 Boost 变换器输入电压) $u_d = |u_s| = U_{sm}|\sin\omega t|$。按照 Boost 电路原理分析：

当开关管 VT 导通时，u_d 通过 VT 对 L 储能，而 C 放电维持负载电压 u_o，假定输出电容 C 足够大，则负载电压 u_o 近似为一恒定的值 U_o。R_5 为大功率低阻值的高精度取样电阻，用于检测输入电流，若忽略其电压降，则

$$u_L=u_d=U_{sm}|\sin\omega t|$$

$$\mathrm{d}i_L/\mathrm{d}t = u_L/L= U_{sm}|\sin\omega t|/L>0$$

当 VT 关断时，L 端电压 u_L 反向，电感向电容 C 和负载释放电能，则

$$u_L = u_d-u_o=U_{sm}|\sin\omega t|-U_o$$

$$\mathrm{d}i_L/\mathrm{d}t = u_L/L=(U_{sm}|\sin\omega t|-U_o)/L<0$$

即在 VT 导通期间，$\mathrm{d}i_L/\mathrm{d}t>0$，$i_L$ 上升；在 VT 关断期间，$\mathrm{d}i_L/\mathrm{d}t<0$，$i_L$ 下降。以下分两种工作模式对单相 APFC 的电流控制进行分析讨论。

1) CCM 模式

实际上图 5-36 中的 Boost 变换器其输入电压按正弦半波波动，当 L 足够大且载波频率 f_c 足够高时，电感电流 i_L 连续，则电路工作在电流连续模式(CCM)，考虑 L 的伏秒平衡方程，有

$$u_dD=(u_o- u_d)(1-D)$$

式中，D 为 VT 导通占空比，则 $(1-D)$ 为二极管 VD 的导通占空比，设为 D_0，将 $u_d=U_{sm}|\sin\omega t|$ 代入，可推导出二极管 VD 的导通占空比 D_0 为

$$D_0=u_d/u_o=U_{sm}|\sin\omega t|/U_o \tag{5-6}$$

这表明，在 CCM 模式下，D_0 必须按正弦绝对值变化，考虑到 VT 和 VD 通断的互补性，为此 VT 控制采用 PWM 方式，其调制信号 $u_{gr}=U_{gm}|\sin\omega t|$，如图 5-37(a)所示。图 5-37(b)为对应的 VT 栅极驱动电压 u_g 的波形，需要注意的是，由于是通过调制 VT 来实现 VD 导通占空比正弦化，故 u_g 是在 $u_c>u_{gr}$ 时有效，显然 u_{VT} 与 u_g 信号电平互补，如图 5-37(c)所示。

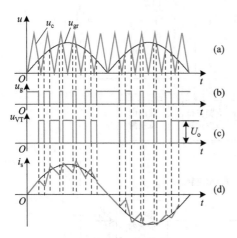

图 5-37 单相 APFC 整流电路在 CCM 模式下的工作波形

实际上，在控制电路中设置按正弦绝对值规律变化，并且与电路输入电压 u_s 同相位的给定电流 i_{ref}，并通过电流环控制使电感电流 i_L 近似地按正弦绝对值脉动，因此电网输入电流 i_s 近似于正弦波，且与电网电压 u_s 同相位，如图 5-37(d)所示。

2) DCM 模式

当电感 L 较小时该电路也可按 DCM 模式工作，即电感电流 i_L 不连续，则 i_L 在每一载波周期 T_c 中均是零电流开通，在交流输入每半个周期 $T/2$ 内，控制电路以恒定的载波频率 f_c 和占空比 D 工作，则每一载波周期 T_c 中电感电流 i_L 的幅值 i_{Lm} 为

$$i_{Lm} = \frac{u_d}{L}DT_c = \frac{U_{sm}DT_c}{L} |\sin\omega t|=I_m |\sin\omega t| \tag{5-7}$$

式中，$I_m = \dfrac{U_{sm}DT_c}{L}$。

式(5-7)表明，VT 导通时电感电流 i_L 线性上升，i_L 的幅值与整流电压 u_d 成比例，即 i_{Lm} 以电网频率按正弦规律随时间变化，当 $\omega t=\pi/2$ 时，i_{Lm} 有最大值 I_m。图 5-38 给出了半个基波周期 $0 \sim T/2$ 时区内 i_L 和 i_{La} 的波形，其中 i_{La} 是 i_L 在一个载波周期 T_c 中的平均值。由于 i_L 在一个载波周期 T_c 中波形为三角形，当载波频率 f_c 足够高时，

$$i_{La} = \frac{D}{2} i_{Lm} = \frac{DI_m}{2} |\sin \omega t| = I_{Lam} |\sin \omega t| \tag{5-8}$$

式中，$I_{Lam} = \dfrac{DI_m}{2}$。

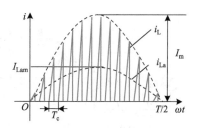

与 CCM 模式一个基波周期中开关管占空比按正弦分布不同，采用 DCM 控制模式，稳态时一个基波周期中开关管的占空比为定值，其电流相位能自动跟踪电网电压相位，通过调节占空比 D 即可进行电流幅值控制。与 CCM 模式相比，DCM 模式控制简单，具有开关管零电流开通且不承受二极管的反向恢复电流等优点，但也存在电流峰值高、器件承受较大应力的缺点，故适用于功率较小的场合。

图 5-38　单相 APFC 整流电路在 DCM 模式下的工作波形

2. 输出稳压控制

按照上述工作原理，控制电路应能进行电流跟踪以保证输入电流正弦化，但作为整流电路，还应能实现输出直流电压 u_o 的调节。网侧输入电流呈正弦变化且与网侧电压同相位，即可实现网侧单位功率因数，但其电流数值却是通过对直流电压 u_o 的调节来确定的。当直流侧负载发生变化时，若保持直流电压 u_o 跟踪给定值，网侧的输入功率必然随之发生变化，即网侧电流数值随之发生变化，保持输入功率与直流侧输出功率的平衡。

电路中输出电压 u_o 经 R_3、R_4 取样，作为电压调节器的反相输入，并经误差放大器放大后，与整流输出电压 R_1、R_2 取样的信号相乘后作为电流调节器的给定值，该给定值幅值可调，波形按正弦绝对值随时间变化，且与桥式整流后的电压波形 u_d 同相位。

主回路中的 R_5 两端电压 u_i 反映的是电流信号，作为反馈信号连接到电流调节器的反相输入，电流调节器对差值进行 PI(比例积分)运算后，形成调制信号连接到 SPWM 比较器的反相输入，SPWM 比较器的同相输入连接高频载波信号 u_c，其输出通过驱动电路放大后用来驱动 VT。

当由于负载变化或输入电压变化导致输出电压 u_o 偏离给定值时，电压误差放大器的输出变化，导致乘法器输出的基准电流变化，电流调节器的输出变化影响 VT 占空比 D，实现直流输出的自动稳压。

5.5.3　电压型桥式 PWM 整流电路

1. 工作原理分析

前面所述的单相 APFC 整流电路在实现网侧单位功率因数的同时，作为整流电路，可通过对直流侧电压的负反馈控制实现直流侧稳压。但该电路属于单象限电路，其电能流传方

三相PWM
整流仿真

向只能从电网到负载,而下面介绍的桥式PWM整流电路属于多象限电路,即除了保留APFC整流电路可对网侧功率因数和直流侧电压进行控制外,还能实现电能在电网与负载间双向流动。

PWM整流器

1) 能量双向流动工作原理

在晶闸管整流电路有源逆变原理分析中,曾分析了两组直流电源连接后电能传递情况,如图 5-28 所示,电流总是从电势高的直流电源流向电势低的直流电源。若将图 5-28 中的两组直流电源 E_1 和 E_2 换成交流正弦电源,只要频率相同,则两个交流电源间可以通过交流量幅值和相位的控制来实现稳定的双向能量传递, 如图 5-39(a)所示。

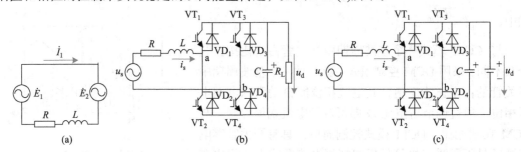

图 5-39　两交流电源相连电能传递情况

若 E_1 为幅值和初始相位角固定的交流电源,根据式(5-5)可知,φ_1 为基波电流滞后于电压的相位差,$\cos\varphi_1$ 为正时,E_1 输出有功功率;而 $\cos\varphi_1$ 为负时,E_1 吸收有功功率。若 E_2 为与 E_1 同频率的逆变电源输出,则只要调整 E_2 的幅值和初始相位角, 即可以控制 $\cos\varphi_1$ 的正负,实现 E_1 和 E_2 间的能量双向传递。将 E_1 用电网电压 u_s 表示,将 E_2 用单相电压型桥式 PWM 整流电路表示,如图 5-39(b)所示。该电路每个桥臂由一个全控器件和反并联的整流二极管组成,L 为交流侧电感,在电压型桥式 PWM 整流电路中 L 是一个重要的元件,起平衡电压、电流滤波等作用,R 为交流回路等值电阻。设直流侧电容 C 已储存足够的能量,则按照正弦信号波和三角波相比较的方法对图中的 $VT_1 \sim VT_4$ 进行 SPWM 控制,就可以在桥的交流输入端 ab 产生一个 SPWM 波电压 u_{ab},u_{ab} 中含有和正弦信号波同频率且幅值成比例的基波分量,以及和三角波载波有关的高频谐波,但不含有低次谐波。只要调整 u_{ab} 的基波分量(包括幅值和初始相位角),则可以控制能量由交流电网流向直流侧,此时 PWM 整流电路工作在整流状态;也可以控制能量由直流侧流向交流电网,此时该 PWM 整流电路工作在有源逆变状态。需要注意的是,若要实现稳定的有源逆变,该 PWM 整流电路直流侧需要蓄电池组等稳定的直流能量注入,如图 5-39(c)所示。

2) 功率因数可控工作原理

图 5-39 中 L 在电路中承担了平衡电压的作用,为方便分析,忽略交流回路等值电阻 R,则 L 两端电压为

$$u_L = L di_s/dt = u_s - u_{ab}$$

写成向量形式则有 $\dot{U}_L = j\omega L \dot{I}_s = \dot{U}_s - \dot{U}_{ab}$,假设稳态运行时 $|I_s|$ 不变,则 $|U_L| = \omega L |I_s|$ 也不变,此时电压型桥式 PWM 整流电路交流侧电压 U_{ab} 端点运动轨迹构成了一个以 $|U_L|$ 为半径的圆,

如图 5-40 所示。当电压矢量 U_{ab} 端点位于圆轨迹 A 点时，电流矢量 I_s 比 U_s 滞后 90°，此时该电路网侧呈现纯电感特性，如图 5-40(a)所示。当 U_{ab} 端点运动至圆轨迹 B 点时，I_s 与 U_s 平行且同向，此时该电路网侧呈现正电阻特性，如图 5-40(b)所示。当 U_{ab} 端点运动至圆轨迹 C 点时，I_s 比 U_s 超前 90°，此时该电路网侧呈现纯电容特性，如图 5-40(c)所示。当 U_{ab} 端点运动至圆轨迹 D 点时，I_s 与 U_s 平行且反向，此时该电路网侧呈现负电阻特性，如图 5-40(d)所示。

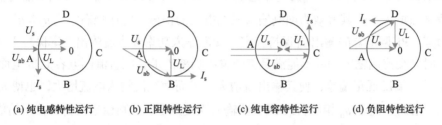

(a) 纯电感特性运行　　(b) 正阻特性运行　　(c) 纯电容特性运行　　(d) 负阻特性运行

图 5-40　PWM 整流电路交流侧稳态矢量关系

以上 A、B、C、D 四点是电压型桥式 PWM 整流电路运行的四个特殊工作状态点，通过分析可得该电路运行规律如下：

(1) 当电压矢量 U_{ab} 端点在圆轨迹 AB 上运动时，电压型桥式 PWM 整流电路运行于整流状态。此时电路从电网吸收有功和感性无功功率，电能通过电路由电网传输至直流负载。当电路运行在 B 点时，可实现单位功率因数整流控制；而在 A 点运行时，电路不从电网吸收有功功率，而只从电网吸收感性无功功率。

(2) 当电压矢量 U_{ab} 端点在圆轨迹 BC 上运动时，电压型桥式 PWM 整流电路运行于整流状态。此时电路从电网吸收有功和容性无功功率，电能通过电路由电网传输至直流负载。当电路运行在 C 点时，电路不从电网吸收有功功率，而只从电网吸收容性无功功率。

(3) 当电压矢量 U_{ab} 端点在圆轨迹 CD 上运动时，电压型桥式 PWM 整流电路运行于有源逆变状态。此时电路向电网传输有功功率的同时还从电网吸收容性无功功率，电能通过电路由直流侧传输至电网。当电路运行在 D 点时，可实现单位功率因数有源逆变控制。

(4) 当电压矢量 U_{ab} 端点在圆轨迹 DA 上运动时，电压型桥式 PWM 整流电路运行于有源逆变状态。此时电路向电网传输有功功率的同时还从电网吸收感性无功功率，电能通过电路器由直流侧传输至电网。

通过以上分析可知，u_{ab} 与电网的正弦电压 u_s 共同作用于输入电感 L 上，产生正弦输入电流 i_s。u_s 一定时，i_s 幅值和相位仅由 u_{ab} 中基波幅值及其与 u_s 的相位差决定，通过控制整流器桥侧电压 u_{ab} 的幅值和相位，就可获得所需大小和相位的输入电流 i_s，使得网侧功率及功率因数达到所设定的数值，即亦可实现单位功率因数控制。

3) 直流侧电压控制工作原理

同前面所述的单相 APFC 电路相似，电压型桥式 PWM 整流电路多用于电网和变流器的 AC-DC 接口，在实现网侧输入电流呈正弦变化且与网侧电压同相位或反相位(即整流和逆变状态均可实现网侧单位功率因数)的同时，作为整流电路还应能实现输出直流电压 u_d 的调节。

作为高功率因数整流器工作时，电压型桥式 PWM 整流电路多用于三相整流电路，其通常采用双闭环控制系统，其中桥式 PWM 整流电路的主回路用反并联二极管的全控型功率器件框图来表示，如图 5-41 所示，外环是直流电压控制环，内环是交流电流控制环。u_d^* 为直流侧电压给定值，其和实际的直流电压 u_d 比较后送入 PI 调节器，PI 调节器的输出为直流电流信号 i_d 的大小，其等效为网侧输入三相电流的幅值。电压稳态时，$u_d = u_d^*$，PI 调节器输入为零，PI 调节器的输出 i_d 保持稳定，交流输入功率和直流输出功率保持平衡。负载电流增大时，交流侧输入功率不能满足直流输出功率需求，则直流侧电容 C 放电而使 u_d 下降，PI 的输入端出现正偏差，使其输出 i_d 增大，进而使交流输入电流增大，也使 u_d 回升。达到新的稳态时，u_d 和 u_d^* 相等，PI 调节器输入恢复到零，i_d 则稳定为新的较大的值。负载电流减小时，调节过程和上述过程相反。

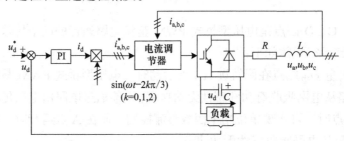

图 5-41　桥式 PWM 整流电路双闭环控制原理框图

通过以上分析可知，通过直流电压控制环可以获得网侧相电流幅值 i_d，若想获得网侧单位功率因数，只要将 i_d 分别乘以和网侧电压同相位的正弦信号，可得到三相交流电流的正弦指令信号。在电流内环中，指令信号和实际交流电流信号比较后，通过电流调节器(通常为比例或滞环控制)对功率器件的开关进行控制，便可使得实际交流输入电流跟踪各相电流指令值。

当电压型桥式 PWM 整流电路工作在有源逆变状态时，因直流侧有能量注入，直流侧电容 C 储能，若 u_d 上升时，PI 调节器出现负偏差，i_d 变为负值，使交流输入电流相位和电网电压相位反相，即实现单位功率因数逆变运行。

2. 电路分析

不考虑换相过程，在任一时刻，单相电压型桥式 PWM 整流电路的四个桥臂应有两个桥臂导通，当然为避免输出短路，1、2 桥臂不允许同时导通，3、4 桥臂不允许同时导通。则有四种工作方式，根据交流侧电流 i_s 的方向，每种工作方式有两种工作状态。

在电源 u_s 位于正半周时，各模式工作情况如下(以电流进入桥臂方向为参考正方向)。

方式 1　1、4 号桥臂导通。电流为正时，VD_1 和 VD_4 导通，交流电源输出能量，直流侧吸收能量；电流为负时，VT_1 和 VT_4 导通；交流电源吸收能量，直流侧释放能量，处于能量反馈状态，如图 5-42(a)所示。

方式 2　2、3 号桥臂导通。电流为正时，VT$_2$ 和 VT$_3$ 导通，交流电源和直流侧都输出能量，L 储能；电流为负时，VD$_2$ 和 VD$_3$ 导通，交流电源和直流侧都吸收能量，L 释放能量，如图 5-42(b)所示。

方式 3　1、3 号桥臂导通。直流侧与交流侧无能量交换，交流电源与电感并联，电流为正时，VD$_1$ 和 VT$_3$ 导通，L 储能；电流为负时，VT$_1$ 和 VD$_3$ 导通，L 释放能量，如图 5-42(c)所示。

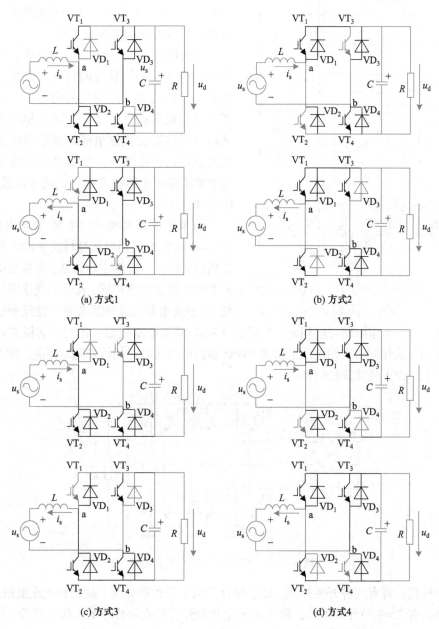

图 5-42　单相电压型桥式 PWM 整流电路运行方式

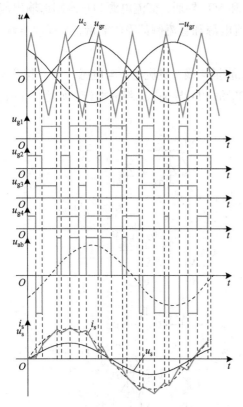

图 5-43　电压型单相桥式 PWM 整流电路整
流运行，功率因数 $\lambda=1$ 时的工作波形

方式 4　2、4 号桥臂导通。直流侧与交流侧无能量交换，交流电源与电感并联，电流为正时，VT_2 和 VD_4 导通，L 储能；电流为负时，VD_2 和 VT_4 导通，L 释放能量，如图 5-42(d)所示。

在方式 3 和方式 4 中，交流电源通过开关管与电感并联，依靠交流侧电感限制电流。在方式 1 和方式 2 中，由于电流方向能够改变，交流侧与直流侧可进行双向能量交换。

按同样方法可分析 u_s 位于负半周时各模式的工作情况。采用脉宽调制方式，通过选择适当的工作模式和工作的时间间隔，交流侧的电流可以按规定的目标增大、减小和改变方向，从而可以控制交流侧电流的幅值和相位，并使其波形接近于正弦波。图 5-43 为单相电压型桥式 PWM 整流电路整流运行，功率因数 $\lambda=1$ 时的工作波形。

与单相电压型桥式 PWM 整流电路相比，图 5-44 所示的三相电压型桥式 PWM 整流电路应用更为广泛。需要注意的是，与单相电压型桥式 PWM 整流电路相同，若要实现稳定的有源逆变，该整流电路直流侧需要蓄电池组等稳定的直流能量注入。其工作原理与单相电压型桥式 PWM 整流电路相似，但与三相桥式逆变电路 SPWM 控制方法相同，三相电压型桥式 PWM 整流电路需对三相桥臂施加幅值、频率相等，相位相差 120°的正弦波调制信号。

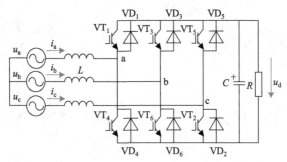

图 5-44　三相电压型 PWM 整流电路

由于每相桥臂有两种开关模式，即上桥臂导通或下桥臂导通，故三相电压型桥式 PWM 整流电路共有 $2^3=8$ 种开关模式，用 1 表示上桥臂开关管或反并联的二极管导通，0 表示下桥臂开关管或反并联的二极管导通，则该电路的开关模式如表 5-17 所示。

三相电压型桥式 PWM 整流电路的运行方式较单相电压型桥式 PWM 整流电路复杂，

表 5-17　三相桥式 PWM 整流电路开关模式

开关模式	1	2	3	4	5	6	7	8
导通器件	VT$_1$ 或 VD$_1$ VT$_6$ 或 VD$_6$ VT$_2$ 或 VD$_2$	VT$_4$ 或 VD$_4$ VT$_3$ 或 VD$_3$ VT$_2$ 或 VD$_2$	VT$_1$ 或 VD$_1$ VT$_3$ 或 VD$_3$ VT$_2$ 或 VD$_2$	VT$_4$ 或 VD$_4$ VT$_6$ 或 VD$_6$ VT$_5$ 或 VD$_5$	VT$_1$ 或 VD$_1$ VT$_6$ 或 VD$_6$ VT$_5$ 或 VD$_5$	VT$_4$ 或 VD$_4$ VT$_3$ 或 VD$_3$ VT$_5$ 或 VD$_5$	VT$_1$ 或 VD$_1$ VT$_3$ 或 VD$_3$ VT$_5$ 或 VD$_5$	VT$_4$ 或 VD$_4$ VT$_6$ 或 VD$_6$ VT$_2$ 或 VD$_2$
开关函数	001	010	011	100	101	110	111	000

图 5-45 为三相网侧电流 $i_a>0$、$i_b<0$、$i_c>0$(以电流进入桥臂方向为参考正方向)时对应的 8 种开关模式的运行方式。

模式 1　VD$_1$、VD$_6$、VT$_2$ 导通。电网通过 VD$_1$ 和 VD$_6$ 向负载供电；桥侧线电压 $u_{bc}=0$，bc 两相沿 L_b 和 L_c 短路并按图示的电流方向流过内部环流。

模式 2　VT$_4$、VT$_3$、VT$_2$ 导通。直流侧电容 C 通过 VT$_3$、VT$_4$ 和 VT$_2$ 向电网输出能量。

模式 3　VD$_1$、VT$_3$、VT$_2$ 导通。直流侧电容 C 通过 VT$_3$、VT$_2$ 向电网输出能量；桥侧线电压 $u_{ab}=0$，ab 两相沿 L_a 和 L_b 短路并按图示的电流方向流过内部环流。

模式 4　VT$_4$、VD$_6$、VD$_5$ 导通。电网通过 VD$_5$ 和 VD$_6$ 向负载供电；桥侧线电压 $u_{ab}=0$，ab 两相沿 L_a 和 L_b 短路并按图示的电流方向流过内部环流。

模式 5　VD$_1$、VD$_6$、VD$_5$ 导通。电网通过 VD$_1$、VD$_5$ 和 VD$_6$ 向负载供电。

模式 6　VT$_4$、VT$_3$、VD$_5$ 导通。直流侧电容 C 通过 VT$_3$、VT$_4$ 向电网输出能量；桥侧线电压 $u_{bc}=0$，bc 两相沿 L_b 和 L_c 短路并按图示的电流方向流过内部环流。

模式 7　VD$_1$、VT$_3$、VD$_5$ 导通。各相电网电压经输入电感通过每相上桥臂短路，$u_{ab}=u_{bc}=u_{ca}=0$，L_a、L_b 和 L_c 按图示的电流方向流过内部环流；整流桥与负载脱离，负载电流由 C 放电来维持。

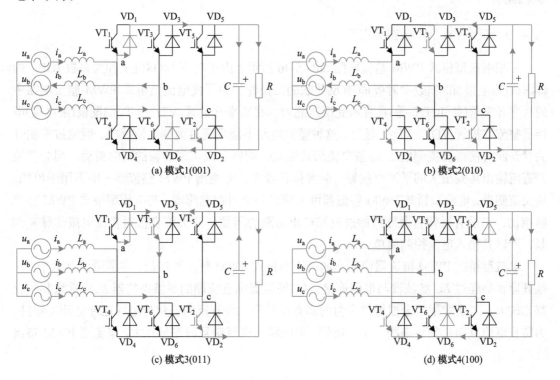

(a) 模式1(001)　　　　(b) 模式2(010)

(c) 模式3(011)　　　　(d) 模式4(100)

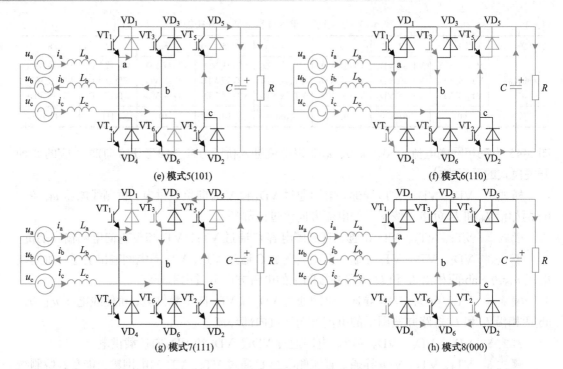

图 5-45 三相电压型桥式 PWM 整流电路的运行方式($i_a>0$、$i_b<0$、$i_c>0$)

模式 8 VT_4、VD_6、VT_2 导通。各相电网电压经输入电感通过每相下桥臂短路，$u_{ab}=u_{bc}=u_{ca}=0$，L_a、L_b 和 L_c 按图示的电流方向流过内部环流；整流桥与负载脱离，负载电流由 C 放电来维持。

5.5.4 电流型桥式 PWM 整流电路

三相电流型桥式 PWM 整流电路如图 5-46 所示，由于功率 MOSFET 和大多数 IGBT 内部漏极(集电极)和源极(发射极)间有反并联的二极管，为了使电流型桥式 PWM 整流电路中的功率开关管(如 IGBT 等)具有承受反压能力，在功率开关管 VT_1~VT_6 的漏极(集电极)串接了整流二极管 VD_1~VD_6。显然，这种整流电路不能实现直流侧电流反向，但通过控制开关管开断可使得直流侧电压 u_d 按交流形式变化，同样可以实现能量的双向流动。因为整流器直流输出需要很大的平波电抗器，装置体积较大，电流型 PWM 整流器一般不用于单相。从交流侧看，电流型桥式 PWM 整流器可看成是一个可控电流源，与电压型桥式 PWM 整流器相比，它没有桥臂直通导致的过流和输出短路的问题，开关管直接对直流电流作脉宽调制，所以其输入电流控制简单。

电流型桥式 PWM 整流器应用不如电压型桥式 PWM 整流器广泛，主要原因有两个：一是其通常要经过 LC 滤波器与电网连接，LC 滤波器和直流侧的平波电抗器 L_1 的重量和体积都比较大；二是常用的全控器件多为内部有反并联二极管反向自然导电的逆导型开关器件，为防止电流反向必须再串联一个二极管，主回路构成复杂且通态损耗大。电流型 PWM 整流

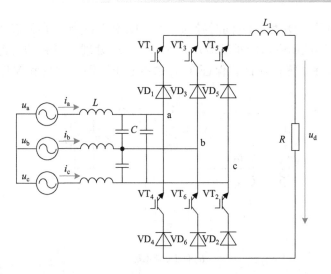

图 5-46　三相电流型桥式 PWM 整流电路

器通常只应用在功率非常大的场合，这时若所用的开关器件为 GTO，其本身即为逆阻型开关器件，不必再串二极管，另外电流型桥式 PWM 整流器的可靠性相对比较高，对电路保护比较有利。

　　无论是电压型还是电流型桥式 PWM 整流电路，都是能量可双向流动的变换器，既可运行在整流状态，又可运行于逆变状态，作为整流电路运行只是它们的功能之一。

5.6　同步整流电路

　　在 DC-AC-DC 的直流变换电路中，其输出端整流电路属于高频整流电路，输出为正负对称的方波。当输出为低压大电流时，二极管的导通损耗会大大影响电路的输出效率，因此在二极管不控整流电路中介绍了倍流整流电路。但随着电子器件制造业的飞速发展，目前涌现出来的很多电子器件的电源电压可以低到 2V 或更低，此时即便采用肖特基二极管作为整流器件，其 0.4～0.8V 的导通压降对于输出电压而言也太高了。相对而言，低压大电流的功率 MOSFET 的导通压降却相对低得多，如型号为 FQP140N03L 的功率 MOSFET(U_{DS}=30V，I_D=140A)，其导通电阻仅为 3.8mΩ，若负载电流为 20A，则导通压降为 76mV，因此采用低压功率 MOSFET 作为整流器件可提高电路效率，减轻散热压力，有利于实现此类电源的小型化。

　　需要注意的是，图 5-47(a)中的 VT$_1$ 和 VT$_2$ 均工作在反向电阻区，如图 5-47(b)所示。这是由于变压器二次侧电压 u_T 为交变方波，VT$_1$ 和 VT$_2$ 都要承受反压，但功率 MOSFET 是逆导型器件，若工作在正向电阻区将无法实现整流。

　　对于图 5-47(a)中 VT$_1$ 和 VT$_2$ 的驱动信号的控制，最简单的办法就是利用变压器二次电压 u_T 获得同步信号，这样 VT$_1$ 和 VT$_2$ 将与输入电压 u_T 同步工作，这便是同步整流名称的由来，VT$_1$ 和 VT$_2$ 的驱动波形如图 5-47(c)中 u_{g1}、u_{g2} 所示。但在 u_T 的零电压区，由于 u_{g1}=u_{g2}=0，VT$_1$ 和 VT$_2$ 均处于关断状态，为维持输出电流 i_L 连续，则功率 MOSFET 内部寄生的反并联二极管 VD$_1$ 和 VD$_2$ 同时导通，而 VD$_1$ 和 VD$_2$ 导通压降较大，电路在这一时段的损耗增加。图 5-47(d)所示的驱动波形是对 u_{g1} 和 u_{g2} 处理后得到的改进的功率 MOSFET 驱动波形，从而消除了零栅压区，保证在 u_T 的零电压区仍有 VT$_1$ 和 VT$_2$ 导通。

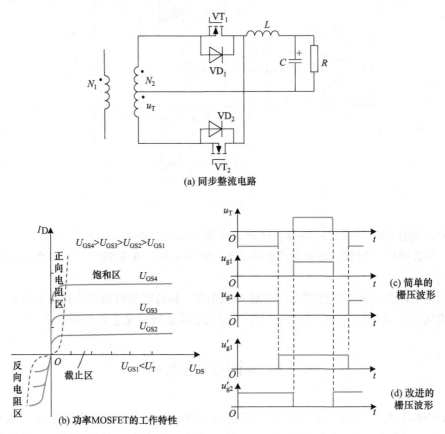

(a) 同步整流电路

(b) 功率 MOSFET 的工作特性

(c) 简单的栅压波形

(d) 改进的栅压波形

图 5-47　同步整流电路工作原理

本章小结

　　AC-DC 整流变换已得到广泛应用，以二极管为开关器件的不控整流，其输出直流电压只依赖于交流输入电压的大小而不能调控。相控整流通过改变晶闸管的触发角调控直流输出电压。半波整流电路使交流电源仅半个周期中有负载电流，因而交流电源中含有有害的直流分量和二次谐波，单相桥式和三相桥式整流电路是最实用的交流-直流整流电路。

　　相控有源逆变是相控整流技术的自然伸延，外部电路具备直流反电动势，并且触发角 $\alpha > \pi/2$，则晶闸管全控整流电路(不包括半控桥或有续流二极管的电路)就可以工作在有源逆变状态。

　　使用传统的不控整流和晶闸管相控整流电路会产生有害的交流谐波电流，且造成功率因数偏低。采用全控型器件 PWM 整流电路可实现交流电流正弦化，获得较高的网侧功率因数，因此高频 PWM 整流是 AC-DC 变换的较为理想的控制方式。

思考与练习

简答题

5.1　试画出如题 5.1 图所示电路中负载上的电压和电流波形。

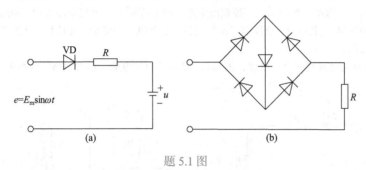

题 5.1 图

5.2　三相桥式不控整流电路的直流侧电压与交流侧电压有何关系?

5.3　滤波电路的作用是什么? 常用的滤波电路有哪几种? 各有何特点?

5.4　在单相桥式相控整流电路中, 若有一晶闸管因为过流而烧成短路, 结果会怎样? 如果这只晶闸管发生断路故障, 结果又会怎样?

5.5　晶闸管三相半波整流电路的共阴极接法与共阳极接法, a、b 两相的自然换相点是同一点吗? 若不是, 它们在相位上差多少度?

5.6　在如题 5.6 图所示的三相半波相控整流电路中, 如果 a 相的触发脉冲消失, 试绘出 $\alpha=45°$, 带纯电阻性负载时的整流电压波形和晶闸管 VT_2 两端电压波形。

5.7　试推导带大电感性负载的三相半波共阴极相控整流电路的变压器二次侧电流平均值的表达式。

5.8　分别写出晶闸管单相桥式、三相半波、三相全桥整流电路, 负载分别为电阻负载和阻感负载(电感极大)时, 触发角的移相范围。

5.9　三相桥式相控整流电路对触发脉冲有什么要求?

5.10　三相桥式晶闸管相控整流电路, 电阻负载, 若 VT_1 不能导通, 画出此时整流电压 u_d 波形。

5.11　如题 5.11 图所示的单相桥式半控整流电路中负载两端反并联的二极管有什么作用?

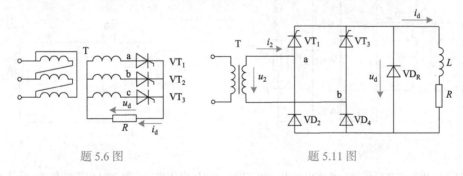

题 5.6 图　　　　　　　　题 5.11 图

5.12　变压器漏感对桥式相控整流电路有什么影响?

5.13　实现有源逆变必须满足哪些条件?

5.14　什么是逆变失败? 逆变失败后有什么后果? 形成逆变失败的原因有哪些?

5.15　三相半波共阴极相控整流电路工作在有源逆变状态时, 若某个触发脉冲丢失会出现何种现象? 试分析具体工作过程。

5.16　无源逆变电路和有源逆变电路有何区别?

5.17　什么是 PWM 整流电路？它和相控整流电路的工作原理和性能有何不同？

5.18　以 Boost APFC 的 PWM 整流电路为例，简述单相有源功率因数校正电路的基本原理。

5.19　简述同步整流电路的基本原理。

计算题

5.20　题 5.20 图中，已知电源电压 $e=380\sin\omega t$，电阻 $R=15\Omega$，计算 $u=190V$ 时的电路平均电流。

5.21　如题 5.21 图所示的单相桥式相控整流电路，电感无限大，理想电源 $u_2=U_{2m}\sin\omega t$。

(1) 画出 $\alpha=60°$时的负载电流、变压器二次侧电流、负载电压的波形，并计算变压器二次侧电流的有效值和运行的功率因数。

(2) 若在负载两端反并联一个二极管，画出 $\alpha=30°$时的负载电流、电源电流、负载电压的波形。

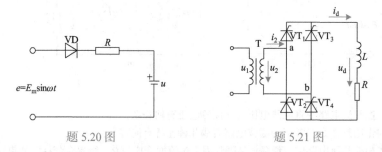

题 5.20 图　　　　　　　　　　　题 5.21 图

5.22　单相桥式相控整流电路如题 5.22 图所示，反电动势阻感负载，$U_2=200V$，$E=100V$，$R=1\Omega$，L 足够大，$\alpha=60°$。

(1) 画出 u_d、i_d、i_{T1}、u_{T1}、i_2 的波形(晶闸管和二极管电压参考方向为阳极为正，阴极为负)；

(2) 求输出电压和输出电流的平均值 U_d、I_d，电感 L 的平均电压，变压器二次侧电流有效值 I_2；

(3) 考虑两倍安全裕量，确定晶闸管的额定电压和电流；

(4) 若不使用平波电感 L，其他条件保持不变，U_d 会不会有变化，为什么？

5.23　具有变压器中心插头的单相双半波相控整流电路如题 5.23 图所示。

(1) 说明该变压器是否存在直流磁化问题。

(2) 试绘出 $\alpha=30°$电阻性负载输出整流电压 u_d，晶闸管承受电压 u_T 的波形。

(3) 若将 VT$_2$ 换成普通整流二极管 VD，绘出相应波形，并推导输出直流电压。

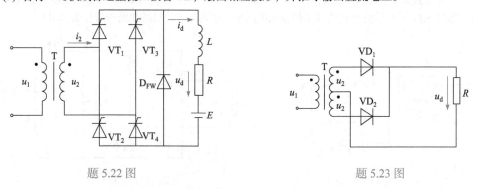

题 5.22 图　　　　　　　　　　　题 5.23 图

5.24　三相半波共阴极相控整流电路由三相 220V、50Hz 电源供电，带 30Ω 电阻性负载。计算在 $\alpha=30°$时的负载电压的平均值、负载电流平均值、变压器二次侧电流平均值。

5.25　三相半波相控整流电路 $\alpha=90°$，$U_2=110V$，阻感性负载 $R=10\Omega$，但由于电感 L 不够大($\omega L \ll R$)，只能使晶闸管阳极电压过零后，再维持导通 30°。

(1) 画出 u_d、i_d、i_{T1}、u_{T1} 的波形。

(2) 计算输出电压 u_d、i_d(列出计算公式)。

(3) 考虑两倍安全裕量，确定晶闸管的额定电压。

5.26　三相半波共阴极相控整流电路，反电动势阻感负载，U_2=100V，R=5Ω，电感极大，求当 $α$=30°、E=50V 时 U_d 和 I_d，并画出 u_d 和 i_{VT1} 的波形。

5.27　三相桥式相控整流电路，U_2=100V，带电阻电感负载，R=5Ω，L 值极大，当 $α$=60°时，要求：

(1) 画出 u_d、i_d 和 i_{VT1} 的波形；

(2) 计算 U_d、I_d、I_{dT} 和 I_{VT}。

5.28　带续流二极管的三相桥式相控整流电路对大电感负载供电如题 5.28 图所示，R=2.5Ω，变压器副边相电压有效值 U_2=110V，分别计算当 $α$=30°和 $α$=90°时输出电压平均值及晶闸管电流平均值和有效值。

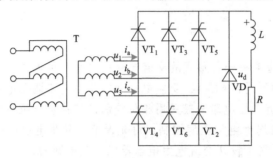

题 5.28 图

5.29　三相桥式相控整流电路带反电动势阻感负载，R=1Ω，L 值很大，变压器副边相电压有效值 U_2=220V，当 E_d= −400V，$β$=60°时，求 U_d、I_d 的数值。

5.30　三相桥式相控整流电路，已知变压器副边相电压有效值 U_2=220V，反电势阻感负载，主回路 R=0.8Ω，L 值很大，假定电流连续且平滑，当 E_d=−290V，$β$=30°时，计算输出电压平均值，输出电流有效值(忽略谐波)，晶闸管的电流平均值和有效值。

5.31　晶闸管串联的单相桥式半控整流电路(其中 VT₁、VT₂ 为晶闸管)，如题 5.31 图所示，U_2=100V，电阻电感负载，R=2Ω，L 值很大，当 $α$=60°时求流过器件电流的有效值，并作出 u_d、i_d、i_{VT}、i_D 的波形。

5.32　如题 5.32 图所示电路，U_2=220V，E_M= −150V，电枢回路总电阻 R=1Ω。说明当逆变角 $β$=60°时电路能否实现有源逆变？计算此时电机的制动电流，画出此时输出电压的波形(设电流连续)。

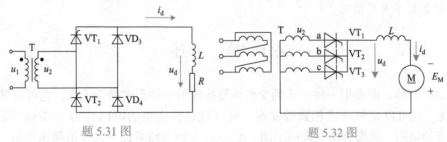

题 5.31 图　　　　　　题 5.32 图

设计题

5.33　笔记本电脑电源适配器是消费类电子产品中非常重要的应用之一。从产品设计角度来看，不仅需要满足宽电压输入范围，还需要在轻载和待机条件下都能做到高能效输出。针对 65W/20V 输出电源适配器，如果输入电压范围为 100～240VAC，兼容 50Hz 和 60Hz 交流电输入，请考虑设计一款满足上述要求并具有过压保护功能的隔离型电源适配器电路。

5.34　车载充电机是指固定安装在电动汽车上，将公共电网的电能变换为车载储能装置所要求的直流电，并给车载储能装置充电的装置。针对某款产品需求，需要将三相交流市电转换成输出电压 200～420V，标称输出电压 336V，其中额定输入电流 16A。请在充分考虑车载装置安全性、体积等实际要求的基础上，设计满足上述指标的车载充电机装置拓扑结构。

第 6 章

AC-AC 变换器

AC-AC 变换器是指能将一种形式的交流电变换成另一种形式的交流电的电力电子变换装置。根据变换目标的不同，AC-AC 变换电路可以分为交流调压电路、交流电力控制电路和交-交变频电路。交流调压电路一般采用相位控制，其特点是维持频率不变，仅改变输出电压的幅值，它广泛应用于电炉温度控制、灯光调节、异步电机的软启动和调速等场合；交流电力控制电路主要用于投切交流电力电容器以控制电网的无功功率；交-交变频电路也称直接变频电路，是一种没有中间直流环节就能把某一频率、电压的交流电直接变换成另一频率、电压交流电的变换电路。

建议重点学习以下内容：

(1) 交流调压电路构成的基本思想、单相相控式交流调压电路的工作原理、星形连接的三相相控式交流调压电路的工作原理和特点。

(2) 交流调功电路的工作原理、晶闸管投切电容器电路的工作特点。

(3) 相控式单相交-交变频器的电路构成特点、工作原理、调制方法以及输入输出特性；相控式三相交-交变频器的电路接线特点。

而针对基于全控型器件发展起来的矩阵式交-交变频电路，建议进行简单学习，以了解交-交变频器技术发展动向。

6.1 概　　述

AC-AC 变换，即是把一种形式的交流电变换成另一种形式的交流电，它可以是电压幅值的变换，也可以是频率或相数的变换，能实现这种变换的电路称为 AC-AC 变换器或 AC-AC 变换电路。根据变换形式的不同，AC-AC 变换电路可以分为交流调压电路、交流电力控制电路和交-交变频电路。

交流调压电路一般采用相位控制，其特点是维持频率不变，仅改变输出电压的大小，它广泛应用于电炉温度控制、灯光调节、异步电机的软启动和调速等场合。此外，在高压小电流或低压大电流的直流电源中，如采用晶闸管相控整流电路，则高电压小电流可控直流电源需要很多晶闸管串联，低电压大电流直流电源需要很多晶闸管并联，而高电压小电流和低压很大电流的这类晶闸管非常少，故会造成晶闸管在电流和电压参数选型方面的巨大浪费。若采用交流调压电路在变压器一次侧调压，晶闸管的电压和电流参数都适中，而在变压器二次侧只要用二极管整流即可。

在一些大惯性环节中，例如，温度控制也可采用通断控制，这种电路称为交流调功电路。通断控制一般在交流电压的过零点接通或关断，加在负载上是整数倍周期的交流电，在接通期间负载上承受的电压与流过的电流均是正弦波，与相位控制相比，对电网不会造成谐波污染，仅仅表现为负载整周波的通断。

交流电子开关一般也采用通断控制，用来替代交流电路中的机械开关，常用于投切交流电力电容器以控制电网的无功功率。交流调功电路和交流电子开关通称交流电力控制电路。

交-交变频电路也称直接变频电路(或周波变流器)，是不通过中间直流环节把某一频率(如电网频率)的交流电直接变换成不同频率的交流电的变换电路，主要用于大功率交流电机调速系统。另外还有一种变频电路称交-直-交变频电路，它是先把交流整流成直流，再把直流逆变成另一种频率或可变频率的交流，这种通过直流中间环节的变频电路也称间接变频电路，间接变频电路不属于本章的范围。

6.2　交流调压电路

交流调压就是把一定幅值的交流电变成幅值(有效值)可调的交流电。利用自耦变压器可以实现这一目的，输入输出电压波形如图 6-1(a)所示，但自耦变压器需要通过手动或电动机拖动调节碳刷位置来达到调节输出电压的目的，这种调压方案碳刷易损坏，且无法进行快速的动态调节。从图 6-1(a)可看出，这种调压方式输出电压与输入电压波形形状相同，只是幅值不同。实际上，为了实现调节电压还可以利用电力电子器件的通断把正弦输入电压的正负半波都对称地切去一块或数块电压波形，通过控制器件时间来调节输入的交流电压幅值，如图 6-1(b)、(c)所示，即只要在交流回路中串联可控双向开关，并在相应时刻控制其开通或关断即可。

对于如图 6-1(b)所示方案，可用双向晶闸管实现可控双向开关，利用改变晶闸管触发脉冲的相位来调节输出电压，故这种调压电路称为相控式交流调压电路。而对于如图 6-1(c)所示的方案，在一个交流周期内需要电力电子器件实现多次开通和关断，一般用全控型器件来实现可控双向开关，在图中阴影部分的时间内关断开关，在其他时间内接通开关，这种调压电路与直流斩波电路工作原理类似，故称为斩控式交流调压电路。

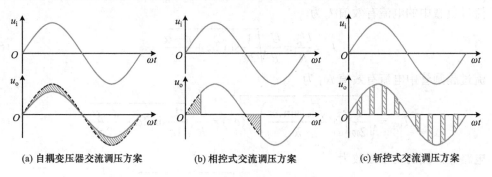

(a) 自耦变压器交流调压方案　　(b) 相控式交流调压方案　　(c) 斩控式交流调压方案

图 6-1　交流调压的几种方案比较

以下就交流相控式调压电路与斩控式交流调压电路进行分析。

6.2.1 相控式交流调压电路

1. 单相相控式交流调压电路

相控式交流调压电路的工作情况和负载性质有很大的关系，下面就单相相控式交流调压电路带电阻性负载和阻感性负载分别进行讨论。

(1) 电阻性负载。单相相控式交流调压电路电阻性负载电路图如图 6-2(a)所示，加在该电路输入端的电源为正弦交流电。在交流电源的正负半周分别在 $\omega t = \alpha$ 和 $\omega t = \pi + \alpha$ 时刻触发晶闸管 VT_1 和 VT_2，从而得到负载两端的电压波形如图 6-2(b)所示。每个晶闸管均在对应的交流电压过零点关断，晶闸管的控制触发角为 α，导通角为 $\theta = \pi - \alpha$。负载电压波形是电源电压波形的一部分，负载电流(也即交流电源电流)和负载电压的波形相同，晶闸管也只在两个晶闸管均关断时才承受电压。

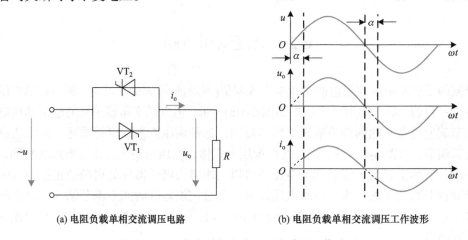

(a) 电阻负载单相交流调压电路　　　　(b) 电阻负载单相交流调压工作波形

图 6-2　电阻负载单相交流调压电路及工作波形

由此可知，设电源电压有效值为 U，当晶闸管的控制触发角为 α 时，负载两端的电压有效值 U_o 为

$$U_o = \sqrt{\frac{1}{\pi} \int_\alpha^\pi (\sqrt{2}U \sin \omega t)^2 \, d(\omega t)} = U \sqrt{\frac{1}{2\pi} \sin 2\alpha + \frac{\pi - \alpha}{\pi}} \tag{6-1}$$

流过负载中的电流有效值 I_o 为

$$I_o = \frac{U_o}{R} = \frac{U}{R} \sqrt{\frac{1}{2\pi} \sin 2\alpha + \frac{\pi - \alpha}{\pi}} \tag{6-2}$$

流过晶闸管中电流有效值 I_{VT} 为

$$I_{VT} = \sqrt{\frac{1}{2\pi} \int_\alpha^\pi \left(\frac{\sqrt{2}U \sin \omega t}{R}\right)^2 \, d(\omega t)} = \frac{U}{R} \sqrt{\frac{1}{4\pi} \sin 2\alpha + \frac{\pi - \alpha}{2\pi}} \tag{6-3}$$

电路输入侧的功率因数为

$$\lambda = \frac{P}{S} = \frac{U_o I_o}{U I_o} = \frac{U_o}{U} = \sqrt{\frac{1}{2\pi} \sin 2\alpha + \frac{\pi - \alpha}{\pi}} \tag{6-4}$$

由式(6-1)知，当 $\alpha=0$ 时，输出电压 $U_o=U$ 为最大，当 $\alpha=\pi$ 时，$U_o=0$，因此该电路在电阻负载下触发脉冲的移相范围为 $0 \leqslant \alpha \leqslant \pi$。输出电压随 α 的增大而减小，功率因数也随 α 的增大而减小。

(2) 阻感性负载。当负载中感抗 X_L 与电阻 R 相比不可忽略时，该负载即认为是阻感性负载，如图 6-3(a)所示。由于电感的作用，负载电流滞后于负载电压，也就是说当负载电压(电源电压)下降到零，负载中的电流并未下降到零，晶闸管在电压过零后不关断，直到电感中能量全部释放完，电感(负载)中的电流下降到零，晶闸管才关断，对应的电路工作波形如图 6-3(b)所示。

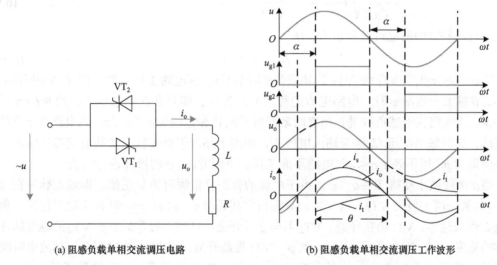

(a) 阻感负载单相交流调压电路　　　　　(b) 阻感负载单相交流调压工作波形

图 6-3　阻感负载单相交流调压电路的工作波形

设负载阻抗角 $\varphi=\arctan(\omega L/R)$，晶闸管的控制触发角为 α(为了分析方便，和电阻负载一样，仍把 $\alpha=0$ 的时刻定在电源电压过零点的时刻)，则当在 $\omega t=\alpha$ 时刻触发开通晶闸管 VT_1，负载电流应满足如下微分方程和初始条件：

$$L\frac{\mathrm{d}i_o}{\mathrm{d}t}+Ri_o=\sqrt{2}U\sin\omega t, \qquad i_o\big|_{\omega t=0}=0 \tag{6-5}$$

解方程得

$$i_o=\frac{\sqrt{2}U}{Z}\sin(\omega t-\varphi)-\frac{\sqrt{2}U}{Z}\sin(\alpha-\varphi)\mathrm{e}^{\frac{\alpha-\omega t}{\tan\varphi}}, \qquad \alpha\leqslant\omega t\leqslant\alpha+\theta \tag{6-6}$$

其中，$i_s=\dfrac{\sqrt{2}U}{Z}\sin(\omega t-\varphi)$ 为稳态分量；$i_t=-\dfrac{\sqrt{2}U}{Z}\sin(\alpha-\varphi)\mathrm{e}^{\frac{\alpha-\omega t}{\tan\varphi}}$ 为暂态分量。式中，$Z=\sqrt{R^2+(\omega L)^2}$，$\theta$ 为晶闸管导通角。

利用边界条件：$\omega t=\alpha+\theta$ 时 $i_o=0$，可求得

$$\sin(\alpha+\theta-\varphi)=\sin(\alpha-\varphi)\mathrm{e}^{\frac{-\theta}{\tan\varphi}} \tag{6-7}$$

VT_2 导通时，上述关系完全相同，只是 i_o 极性相反，相位差 180°。

在这种情况下，负载电压有效值 U_o 为

$$U_o = \sqrt{\frac{1}{\pi}\int_{\alpha}^{\alpha+\theta}(\sqrt{2}U\sin\omega t)^2 \,\mathrm{d}(\omega t)} = U\sqrt{\frac{\theta}{\pi}+\frac{1}{\pi}[\sin 2\alpha - \sin(2\alpha+2\theta)]} \tag{6-8}$$

负载电流有效值 I_o 为

$$I_o = \sqrt{\frac{1}{\pi}\int_{\alpha}^{\alpha+\theta}\left\{\frac{\sqrt{2}U}{Z}\left[\sin(\omega t-\varphi)-\sin(\alpha-\varphi)\mathrm{e}^{\frac{\alpha-\omega t}{\tan\varphi}}\right]\right\}^2 \,\mathrm{d}(\omega t)}$$

$$= \frac{U}{\sqrt{\pi}Z}\sqrt{\theta-\frac{\sin\theta\cos(2\alpha+\varphi+\theta)}{\cos\varphi}} \tag{6-9}$$

流过晶闸管中的电流有效值 I_{VT} 为

$$I_{VT} = I_o\big/\sqrt{2} \tag{6-10}$$

当 $\varphi<\alpha<\pi$ 时，VT_1 和 VT_2 的导通角 θ 均小于 π，其电路工作波形如图 6-3(b)所示。α 越小，θ 越大。当 $\alpha=\varphi$ 时，电路电流的暂态分量为零，即只存在稳态电流，此时 $\theta=\pi$，也就是说，该电路在阻感负载进入稳态时触发脉冲的移相范围为 $\varphi\leqslant\alpha\leqslant\pi$。当电路 $\theta=\pi$ 负载电流连续，这时输出电压 U_o 等于输入电压 U，相当于晶闸管被短接，负载电流滞后输入电压的相位角为 φ。但不表示 $\alpha<\varphi$ 时电路不能工作，下面就 $\alpha<\varphi$ 的情况进行分析。

当 α 继续减小使得 $0\leqslant\alpha<\varphi$，由于电流的暂态分量瞬时值为正值，即触发脉冲在 $0\leqslant\omega t<\varphi$ 的某一时刻触发 VT_1，则 VT_1 的导通时间将超过 π。到 $\omega t=\pi+\alpha$ 时刻触发 VT_2 时，负载电流 i_o 尚未过零，VT_1 仍在导通，VT_2 不会立即开通。直到 i_o 过零后，若 VT_2 的触发脉冲有足够的宽度，VT_2 就会开通。因为 $\alpha<\varphi$，VT_1 提前开通，负载 L 被过充电，其放电时间也将延长，使得 VT_1 结束导电时刻大于 $\pi+\varphi$，并使 VT_2 推迟开通，VT_2 的导通角小于 π，如图 6-4 所示。一般情况下采用宽度为 $\pi-\alpha$ 的宽脉冲或脉冲序列触发。

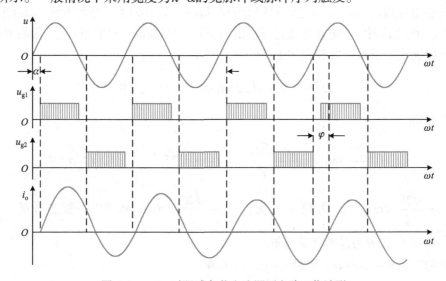

图 6-4　$\alpha<\varphi$ 时阻感负载交流调压电路工作波形

在这种情况下，方程式(6-5)和其所解得的 i_o 表达式(6-6)仍是适用的，只是 ωt 的适用范围不再是 $\alpha\leqslant\omega t\leqslant\alpha+\theta$，而是扩展到 $\alpha\leqslant\omega t\leqslant\infty$，因为这种情况下 i_o 已不存在断流区，其过渡过

程和带 *R-L* 负载的单相交流电路在 $\omega t=\alpha(\alpha<\varphi)$ 时合闸所发生的过渡过程完全相同。可以看出，i_o 由两个分量组成，第一个为正弦稳态分量，第二个为指数衰减分量。在指数分量的衰减过程中，VT_1 的导通时间逐渐缩短，VT_2 的导通时间逐渐延长。当指数分量衰减到零后，VT_1 和 VT_2 的导通时间都趋近到 π，其稳态的工作情况与 $\alpha=\varphi$ 时完全相同，如图 6-4 所示。

【例 6-1】　单相交流调压电路带阻感性负载，电源电压有效值 $U=220V$，$R=2\Omega$，$L=6.37mH$。

(1) 触发角 $\alpha=30°$ 时，电路能否进行调压？

(2) 触发角 $\alpha=60°$ 时，求输入侧电源的功率因数；

(3) 试从电压谐波、功率因数、电源容量这几个方面分析比较相控交流调压与自耦变压器调压的区别。

【提示】　明确阻感负载的交流调压电路触发角限制、调压电路输出电压的特性。

【解析】　(1) 负载阻抗角：$\varphi=\arctan\dfrac{\omega L}{R}=\arctan\dfrac{314\times6.37\times10^{-3}}{2}=45°$，因为触发角 $\alpha=30°<45°$，此时电路不能调压。

(2) 当触发角 $\alpha=60°$ 时，晶闸管导通角 θ 满足：

$$\sin(\alpha+\theta-\varphi)=\sin(\alpha-\varphi)e^{\frac{-\theta}{\tan\varphi}}$$

$$\sin\left(15°\times\frac{\pi}{180°}+\theta\right)=\sin\left(15°\times\frac{\pi}{180°}\right)e^{-\theta}$$

可得 $\theta=2.87=164.4°$。

负载电流有效值为

$$I_o=\frac{U}{\sqrt{\pi}Z}\sqrt{\theta-\frac{\sin\theta\cos(2\alpha+\varphi+\theta)}{\cos\varphi}}$$

$$=\frac{220}{\sqrt{\pi}2\sqrt{2}}\sqrt{\theta-\frac{\sin\theta\cos\left(\frac{2\pi}{3}+\frac{\pi}{4}+\theta\right)}{\cos\frac{\pi}{4}}}=76.8(A)$$

则输入侧电源的功率因数：

$$\lambda=\frac{I_o^2 R}{UI_o}=\frac{I_o\times2}{220}=0.698$$

(3) 相控交流调压电路的输出电压波形是正负半周被切去一部分的正弦波，电压波形非正弦，包含高次谐波，会对用电设备造成干扰；另外，随着晶闸管触发角的增大，电源功率因数降低，如果负载侧要求的电流不变，则需增大电源容量，但相控交流调压采用晶闸管控制，设备重量轻，自动调节。而自耦变压器调压的输出电压总是正弦波，不会引起谐波和功率因数问题，但采用的是机械方式移动碳刷位置，不易自动调节。

2. 三相相控式交流调压电路

把三个单相交流相控调压电路分别接到三相交流电源的 A 相、B 相和 C 相中，得到如图 6-5(a) 所示的电路。三个独立的单相交流调压电路的触发角相同，那么图 6-5(a) 所示的电路就是一个带中心线（零线）的三相交流调压电路。该电路基波和 3 倍数次以外的谐波在三相之间流动，不流过零线，三相中 3 的整数倍次谐波同相位，全部流过零线，零线有很大的 3 的整数倍次谐波电流。$\alpha = 90°$时，零线电流甚至和各相电流的有效值接近，这是这种三相交流调压电路的主要问题。若去掉零线，则 3 倍次谐波将没有通路，则注入电网的电流就没有 3 的整数倍次谐波，这时电路就变成了如图 6-5(b)所示的电路，这种电路称为不带零线的星形连接的三相交流调压电路。(注意：为对应换流顺序，图 6-5 电路中 6 只晶闸管的标号顺序与三相桥式相控整流电路的标号一致。)

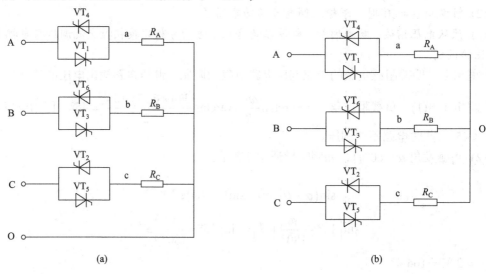

图 6-5　三相交流调压电路的星形连接方式

(1) 星形连接电路。星形连接电路可分为三相三线和三相四线两种情况。三相四线交流调压电路，如图 6-5(a)所示，相当于三个单相交流调压电路的组合，三相互相错开 120°工作。

三相三线交流调压电路，如图 6-5(b)所示，其工作原理比三相四线的工作原理复杂，任一相在导通时必须和另一相或其他两相构成回路，因此与单相交流调压电路一样，一般采用宽度为 $\pi - \alpha$ 的宽脉冲或脉冲序列触发。三相的触发脉冲应依次相差 120°，同一相的两个反并联晶闸管触发脉冲应相差 180°。因此，和三相桥式全控整流电路一样，触发脉冲顺序也是 $VT_1 \sim VT_6$ 依次相差 60°。下面以电阻负载为例，分析三相三线交流调压电路的工作原理。

如果把晶闸管换成二极管，可以看出，电阻负载时相电流和相电压同相位，且相电压过零时二极管开始导通。因此把相电压过零点定为开通角 α 的起点。三相三线电路中，两相间导通时是靠线电压导通的，而线电压超前相电压 30°，因此 α 角的移相范围是 0°～150°。

由于晶闸管的触发脉冲采用宽度为 $\pi - \alpha$ 的宽脉冲或脉冲序列，在任一时刻，可能是三相中各有一个晶闸管导通，这时负载电压就是电源相电压；也可能两相中各有一个晶闸管导通，另一相不导通，这时导通相的负载电压是电源线电压的一半。根据任一时刻导通晶闸管的个数以及半个周波内电流是否连续可将 0°～150°的移相范围分为如下三段。

① 0°≤α<60°：三管导通与两管导通交替模式，每管导通 180°-α，一个周期内晶闸管导通情况如表 6-1 所示。但 α=0°时一直是三管导通。

表 6-1 $\alpha=30°$ 时三相交流调压电路晶闸管导通情况表

区 间	$t_1 \sim t_2$	$t_2 \sim t_3$	$t_3 \sim t_4$	$t_4 \sim t_5$	$t_5 \sim t_6$	$t_6 \sim t_7$
晶闸管	VT$_5$、VT$_6$、VT$_1$	VT$_6$、VT$_1$	VT$_6$、VT$_1$、VT$_2$	VT$_1$、VT$_2$	VT$_1$、VT$_2$、VT$_3$	VT$_2$、VT$_3$
区 间	$t_7 \sim t_8$	$t_8 \sim t_9$	$t_9 \sim t_{10}$	$t_{10} \sim t_{11}$	$t_{11} \sim t_{12}$	$t_{12} \sim t_{13}$
晶闸管	VT$_2$、VT$_3$、VT$_4$	VT$_3$、VT$_4$	VT$_3$、VT$_4$、VT$_5$	VT$_4$、VT$_5$	VT$_4$、VT$_5$、VT$_6$	VT$_5$、VT$_6$

② $60° \le \alpha < 90°$：两管导通模式，每管导通 $120°$。

③ $90° \le \alpha < 150°$：两管导通与无晶闸管导通交替模式，每管导通 $300° - 2\alpha$。

图 6-6 给出了 $\alpha=30°$、$\alpha=60°$、$\alpha=90°$ 和 $\alpha=120°$ 时各晶闸管的触发脉冲和 a 相负载两端的电压 u'_{ao} 波形，$0° \le \alpha \le 90°$ 时，电压波形连续，$\alpha=90°$ 时电压波形临界连续，$90° < \alpha < 150°$ 时电压波形断续。

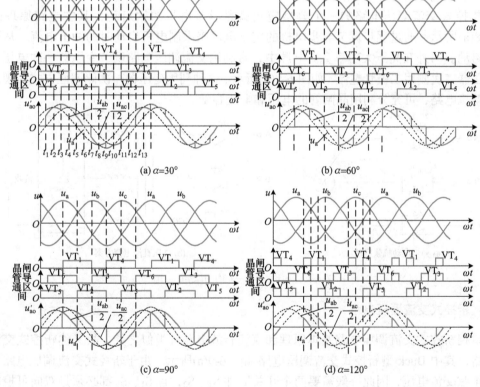

图 6-6   电阻负载时不同 α 角时负载相电压波形

在阻感负载的情况下，可参照电阻负载和前述单相阻感负载时的分析方法，只是情况更复杂一些，$\alpha=\varphi$ 时，负载电流最大且为完整正弦波形，相当于晶闸管全部被短接时的情况。

(2) 三角形连接电路。中点控制三角形连接电路如图 6-7(a)所示。这种电路由三个线电压供电的单相交流调压电路组成，因此，单相交流调压电路的分析方法和结论完全适用于中点控制三角形连接三相交流调压电路。在求取输入线电流(即电源电流)时，只要把与该线相连的两个负载相电流求和就可以了。对于图 6-7(b)所示的线路控制三角形连接的三相交流调压电路,只要把三角形连接的三相负载等效成星形连接,则三相三线星形连接电路的分析方法和结论完全适应该电路;同样对于图 6-7(c)所示的支路控制三角形连接电路的分析方法与结论也适应于中点控制三角形连接电路。

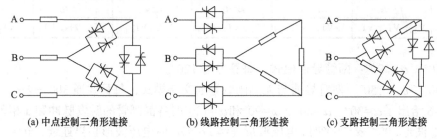

(a) 中点控制三角形连接　　(b) 线路控制三角形连接　　(c) 支路控制三角形连接

图 6-7　其他连接方式的三相交流调压电路

3. 相控式交流调压电路的应用

相控式交流调压电路的一个典型应用就是异步电机的软启动,其主电路原理图如图 6-8(a)所示,通过逐步调节异步电机的定子电压来限制电机启动时的冲击电流,从而实现软启动。另外在高压大功率直流电源中,常利用交流调压电路调节变压器一次电压,而在变压器二次侧用二极管整流,如图 6-8(b)所示。这种利用变压器一次侧调压方式实现的大功率整流电路,可充分利用晶闸管的电压和电流容量。

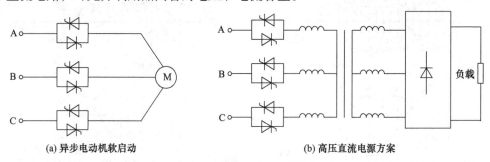

(a) 异步电动机软启动　　　　　　　　(b) 高压直流电源方案

图 6-8　相控式交流调压电路的应用

6.2.2　斩控式交流调压电路

交流调压
电路仿真

单相斩控式交流调压电路基本原理和直流斩波电路有类似之处,故又称斩控式交流调压电路,其中 Buck 型斩控式交流调压电路如图 6-9(a)所示。由于斩控式交流调压电路的输入是正弦交流电压,因此一般需要两个开关器件 S_1、S_2,且 S_1、S_2 都必须是双向可控电子

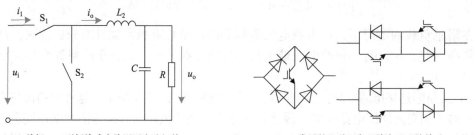

(a) 单相Buck型斩控式交流调压电路拓扑　　(b) 常用的几种双向可控电子开关单元

图 6-9　单相 Buck 型斩控式交流调压电路典型拓扑和常用的双向可控开关

开关，如图 6-9(b)所示。S_1 进行斩波控制，S_2 给负载电流提供续流通道。设 S_1 的导通时间为 t_{on}，开关周期为 T，则占空比 $D = t_{on}/T$。和直流斩波电路一样，可以通过改变占空比 D 来调节输出电压。

在电阻性负载情况下的电路工作波形如图 6-10 所示。

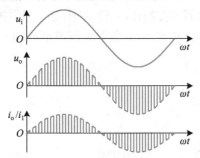

图 6-10   电阻性负载下单相斩控式交流调压电路的工作波形

假设输入电压为

$$u_i(t) = U_m \sin \omega t \tag{6-11}$$

开关管占空比为 D，则输出电压的基波分量为

$$u_{o1}(t) = D U_m \sin \omega t \tag{6-12}$$

常用的 Buck 型单相斩控式交流调压电路如图 6-11(a)所示，图 6-11(b)、(c)给出电源正半波时的电路工作模式分解图。

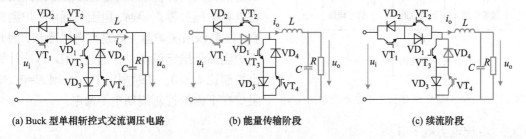

(a) Buck 型单相斩控式交流调压电路   (b) 能量传输阶段   (c) 续流阶段

图 6-11   单相斩控式交流调压电路工作模式分解

斩控式交流调压具有明显的优点：电源电流的基波分量相位和电源电压相位基本相同，即位移因数为 1；电源电流不含低次谐波，只含和开关周期 T 有关的高次谐波；功率因数接近 1，是一种很有发展前途的交流调压电路。

6.3   交流电力控制电路

6.3.1   交流调功电路

交流调压电路主要采用相位控制对输出电压进行调节，主要用于灯光调节、异步电机的软启动和调速等场合，而对于类似温度调节等具有大惯性环节的被控对象则没有必要对交流电源的每个周期进行调压控制，而只需对输出功率进行控制即可，这就构成了交流调功电路。交流调功电路的电路拓扑与交流调压电路完全一样，不同的仅仅是控制方式不同，通常控制晶闸管导通的时刻都是在电源电压过零的时刻，将负载与电源接通几个周波，再断开几个周波，改变通断周波数的比值来调节负载所消耗的平均功率。这种情况下，在交流电源接通期间，负载电压、电流都是正弦波，不对电网造成谐波污染。

以单相交流调功电路电阻负载为例，设控制周期为 M 倍电源周期，其中前 N 个周期导通，$D =N/M$ 为控制比，通过调节控制比(一般 M 固定，根据控制比 D 求出 N 再取整)即可调节输出平均功率，当 $M= 5$，$N = 3$ 时的负载电压波形如图 6-12 所示。

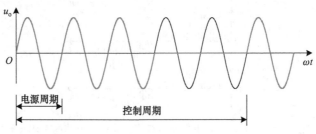

图 6-12　交流调功电路的工作波形

交流调功电路的典型应用是电阻炉的温度控制，系统结构框图如图 6-13 所示。该系统

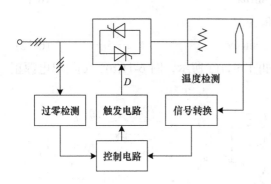

图 6-13　交流调功电路在温度控制系统中的应用

是一个闭环控制系统，其工作原理是：根据给定温度和检测到的实际温度的误差，通过 PID 算法计算出控制比 D，若 $D>0$，则根据 D 和 M 计算出 N，N 和过零信号的综合得到晶闸管的控制脉冲，送到触发电路去驱动晶闸管在电源电压过零点导通，电阻炉通电，炉温升高。注意该系统炉温下降是靠自然冷却，因此当炉温高于给定温度时，通过 PID 算法计算出控制比 $D<0$，这时规定 $D=0$，则 $N=0$，电阻炉在下面的控制周期中不通电。

6.3.2　交流电力电子开关

在交流调功电路中，反并联的两个晶闸管或双向晶闸管所起的作用就是替代接触器或其他可控开关，从而可以实现开关的频繁动作，由于这种开关为电力电子器件且工作在交流电路中，因此称作交流电力电子开关。和机械开关相比，这种开关响应速度快，没有触点，寿命长，可以频繁控制通断。

在公用电网中，交流电力电容器的投入与切断是控制无功功率的重要手段。通过对无功功率的控制，可以提高功率因数，稳定电网电压，改善供电质量。过去大多采用机械开关(接触器等)投切电容器，由于机械开关的寿命有限，开关过程伴随着噪声等缺点，近几年已逐渐被淘汰，代替它的是交流电力电子开关，如晶闸管投切电容器(Thyristor Switched Capacito, TSC)。与机械开关投切的电容器相比，晶闸管投切电容器是一种性能优良的无功补偿方式。

图 6-14(a)为晶闸管投切电容器基本单元结构(单相),图中小电感 L 用来抑制电容器投入电网时的冲击电流。根据电网功率因数的变化情况，同时为了减少电容器投入时的电流冲

击，不能一次投入所有的电容器，因此一般电容器为分组投切，如图 6-14(b)所示，这样 TSC
就成为断续可调的动态无功功率补偿器。

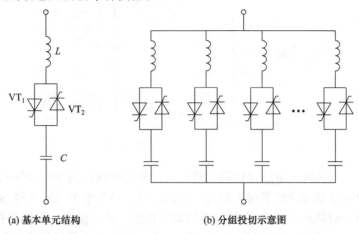

(a) 基本单元结构   (b) 分组投切示意图

图 6-14 晶闸管投切电容器(TSC)基本结构图

为了减少单组电容器投入时的冲击电流，应考虑电容器的投入时刻，一般以零冲击电
流投入为佳。因此，选择晶闸管投入时间的原则是：该时刻应为交流电源的电压峰值时刻，
且电容电压预充值为电源电压峰值。这样电容电压不会产生阶跃，且投切时刻的电容电流
为零。

6.4 交-交变频电路

交-交变频电路是把电网频率的交流电变成频率、电压可调的交流电，广泛用于大功
率交流电动机调速传动系统，实用的主要是三相输出交-交变频电路。交-交变频电路主
要有相控式交-交变频电路和矩阵式 PWM 交-交变频电路，本书主要讲解相控式交-交变
频电路。

交-交变频
电路

相控式交-交变频是一种直接的变频，也称周波变流器(Cycloconverter)，其优点是损耗
小效率较高，可以实现四象限运行，缺点是调频范围低，仅为输入交流电压频率的 1/3～1/2，
功率因数较低，适应于低速(600r/min 以下)大功率(500kW 及以上)场合，在轧机、矿山卷扬、
船舶推进、风洞等传动中应用较多。

单相输出交-交变频电路是三相输出交-交变频电路的基础，其电路的构成、工作原理、
控制方法及输入输出特性的分析和结论大多适用于三相输出交-交变频电路。

6.4.1 单相相控交-交变频电路

单相交-交变频电路的控制结构框图如图 6-15 所示。

变流器 P 和 N 都是相控整流电路，P 组工作时，负载电流 i_o 为正，N 组工作时，i_o 为
负。让两组变流器按一定的频率交替工作，负载就得到该频率的交流电。改变两组变流器
的切换频率，就可以改变输出频率；而按一定规律改变变流电路工作时的控制角 α，就可以
改变交流输出电压的幅值。例如，在半个周期内让 P 组 α 角按规律从 90°减到 0°或某个值

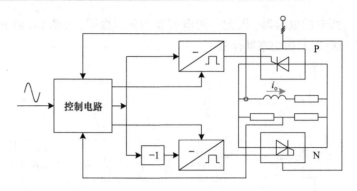

图 6-15　相控单相交-交变频电路的控制系统结构框图

$[U_d = kU_2\cos\alpha = kU_2\sin(90°-\alpha)]$，再以同样规律将 α 角从 0° 增加到 90°，则每个控制间隔内的平均输出电压就按正弦规律从零增至最高，再减到零；另外半个周期可对 N 组进行同样的控制，以此可获得较低频率的交-交正弦平均电压控制。设变流器采用三相相控变流电路，两组变流器采用 $\alpha=\beta$ 配合控制工作方式，则单相交-交变频电路的输出电压、电流波形如图 6-16 所示。

周波变换器
仿真

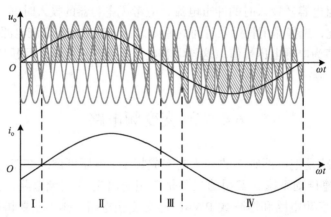

图 6-16　相控单相交-交变频电路的输出电压、电流波形

　　交-交变频电路的负载通常为交流电动机，电路中以电阻、电感和交流电势串联等效交流电动机的单相支路。因负载电流滞后电压，所以两组变流装置在一个工作周期内的工作状态会在整流工作状态与逆变工作状态之间交替变化。如图 6-17 所示，第 I 阶段，u_o、i_o 均为正，P 组工作在整流状态；第 II 阶段，u_o 为负、i_o 为正，P 组工作在逆变状态；第

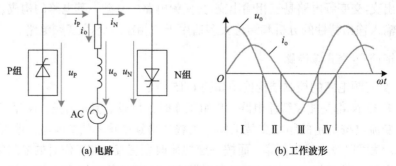

图 6-17　相控单相交-交变频电路的工作状态变化情况

Ⅲ阶段，u_o、i_o 均为负，N 组工作在整流状态；第Ⅳ阶段，u_o 为正、i_o 为负，N 组工作在逆变状态。

通过不断改变控制角 α，使交-交变频电路的输出电压平均幅值按正弦函数变化的调制方法有多种，其中余弦交点法是一种广泛使用的方法，下面主要介绍余弦交点法的工作原理。

设 U_{d0} 为 $\alpha = 0°$ 时整流电路的理想空载电压，则输出平均电压 $\bar{u}_o$ 为

$$\bar{u}_o = U_{d0} \cos\alpha \tag{6-13}$$

期望的正弦波输出电压为

$$u_o = U_{om} \sin\omega_o t \tag{6-14}$$

则触发角 α 应满足

$$\cos\alpha = (U_{om} / U_{d0}) \sin\omega_o t = \gamma \sin\omega_o t \tag{6-15}$$

式中，γ 称为输出电压调制比，$\gamma = U_{om} / U_{d0} (0 \leqslant \gamma \leqslant 1)$，则

$$\alpha = \arccos(\gamma \sin\omega_o t) \tag{6-16}$$

通过图 6-16 可知，交-交变频电路的输出电压是由若干段电网电压拼接而成的，而具体拼接部分则由相控整流电路的拓扑和 α 角来决定。若相控整流电路采用三相桥式拓扑，则交-交变频电路的输出电压由若干线电压部分波形组成，则在调制电路中，以输出电压波形为调制波形，载波应该由 6 个相位相差 60° 的正弦信号组成。同理，若相控整流电路采用三相半波拓扑，则交-交变频电路的输出电压由若干相电压部分波形组成，则在调制电路中，以输出电压波形为调制波形，载波应该由 3 个相位相差 120° 的正弦信号组成。

由于在三相桥式相控整流电路中，$\alpha = 0°$ 的时刻超前线电压过零点 60°，则交-交变频中载波信号应比对应晶闸管阳极电压超前 30°，如图 6-18 所示。图中 $u_1 \sim u_6$ 为载波，其分别比 $u_{ab} \sim u_{cb}$ 超前 30°。因调制波与各载波有两个交点，而相控整流电路电压调节时 α 增大是向右移动，故以载波下降段与调制波的交点来作为触发对应晶闸管的触发时刻。同理，若交-交变频中相控整流电路采用三相半波拓扑，则交-交变频中载波信号应比对应晶闸管阳极电压超前 60°。

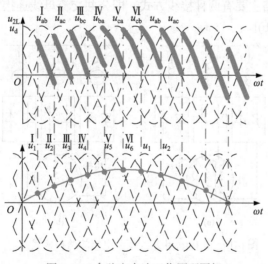

图 6-18　余弦交点法工作原理图解

交-交变频电路的输出电压是由许多段电网电压拼接而成的。输出电压一个周期内包含的电网电压段数越多，输出电压波形就越接近正弦波。每段电网电压的平均持续时间是由

变流电路的脉波数决定的。因此，当输出频率增高时，输出电压一周期所含电网电压的段数就减少，波形畸变就严重。电压波形畸变以及由此产生的电流波形畸变和转矩脉动是限制输出频率提高的主要因素。就输出波形畸变和输出上限频率的关系而言，很难确定一个明确的界限。当然，构成交-交变频电路的两组交流电路的脉波数越多，输出上限频率就越高。就常用的三相桥式电路而言，一般情况下，输出上限频率不高于电网频率的 1/3～1/2。电网频率为 50Hz 时，交-交变频电路的输出上限频率约为 20Hz。

交-交变频电路采用的是相位控制方式，因此其输入电流的相位总是滞后于输入电压，需要电网提供无功功率。在输出电压的一个周期内，α 角是以 90° 为中心而前后变化的。输出电压调制比 γ 越小，半周期内 α 的平均值越大，位移因数越低。另外，负载的功率因数越低，输入功率因数也越低。而且不论负载功率因数是滞后的还是超前的，输入的无功电流总是滞后的。

前面的分析是基于 $\alpha = \beta$ 配合控制方式进行的，在 $\alpha = \beta$ 配合控制方式下工作，虽然控制时段中的平均值电压相等，但由于瞬时值不等，因此必须在正反两组变流器之间设置环流电抗器。采用有环流方式可以保证在负载电流较小时仍然连续，这对改善输出波形有好处，控制也简单。但是设置环流电抗器使设备成本增加，运行效率也因环流而有所降低。和直流可逆调速系统一样，交-交变频电路也可采用无环流控制方式。在无环流方式下，由于负载电流反向时为保证无环流而必须留一定的死区时间，就使得输出电压的波形畸变增大。另外，在负载电流断续时，输出电压被负载电动机反电动势抬高，这也造成输出波形畸变。同时，电流死区和电流断续的影响也限制了输出频率的提高。

6.4.2　三相相控交-交变频电路

相控式交-交变频电路比较实用的电路是三相输出的交-交变频电路，三相输出的交-交变频电路是由三组输出电压相位各差 120° 的单相交-交变频电路组成的。单相输出交-交变频电路的分析方法和结论大多适用于三相输出交-交变频电路。

三相交-交变频电路主要有两种接线方式，即公共交流母线连接方式[图 6-19(a)]和输出星形连接方式[图 6-19(b)]。

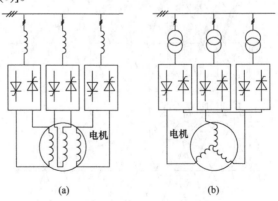

(a)　　　　　　　　　(b)

图 6-19　相控三相交-交变频电路的两种接线方式

(1) 公共交流母线进线方式。由三组彼此独立的、输出电压相位相互错开 120° 的单相交-交变频电路构成，它们的电源进线通过进线电抗器接在公共的交流母线上。因为电源进线端公用，所以三组单相交-交变频电路的输出端必须隔离。为此，交流电动机的三个绕组必须拆开，共引出六根线。这种电路主要用于中等容量的交流调速系统。

(2) 输出星形连接方式。输出星形连接方式是指三组输出电压相位相互错开 120°的单相交-交变频电路的输出端是星形连接，电动机的三个绕组也是星形连接，电动机中性点不和变频器中性点接在一起，电动机只引出三根线即可。因为三组单相交-交变频电路的输出连接在一起，其电源进线就必须隔离，因此三组单相交-交变频器分别用三个变压器供电。由于变频器输出端中点不和负载中点相连接，所以在构成三相变频电路的六组桥式电路中，至少要有不同输出相的两组桥中的四个晶闸管同时导通才能构成回路，形成电流。

相控三相交-交变频电路的输出上限频率和输出电压谐波与单相交-交变频电路分析方式一致，但输入谐波和功率因数与单相交-交变频电路有所差别。总输入电流由三个单相的同一相输入电流合成而得到，有些谐波相互抵消，谐波种类有所减少，总的谐波幅值也有所降低。三相电路总的有功功率为各相有功功率之和，但视在功率却不能简单相加，而应该由总输入电流有效值和输入电压有效值来计算，比三相各自的视在功率之和小。因此，三相交-交变频电路总输入功率因数要高于单相交-交变频电路，但在输出电压较低时，总功率因数仍然不高。

*6.4.3   矩阵式交-交变频电路

在 6.2.2 中已介绍了斩控式交流调压电路，该电路只能对输出电压的幅值进行调节，但不能对输出电压的频率进行调节。采用图 6-20(a)所示电路，采用三相交流电压输入，在输出电压为正时，对三相电压最高的相电压进行斩波控制，通过脉宽的调整，使得输出电压的平均值按正弦规律变化；同理在输出电压为负时，对三相电压最低的相电压进行斩波控制，可得到如图 6-20(b)所示的波形。

从图 6-20(b)所示的波形可以看出，每个脉冲波都是电网相电压的一部分，它是由电网电压经斩波得到，它由基波和 3 倍电源频率的高频分量以及与斩波频率一致的高频分量叠加而成，基波的频率随系统给定电压的频率改变而改变。它是一种从交流电经斩波直接变成另一种频率的交流电，因此这种变频方式称为斩控式交-交变频。

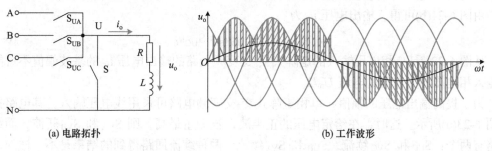

(a) 电路拓扑   (b) 工作波形

图 6-20   三相交流电压输入的斩控式 AC-AC 变换器电路拓扑及其工作波形

图 6-20(a)所示的电路中，S_{UA}、S_{UB}、S_{UC} 以及 S 均采用如图 6-19(b)所示的双向可控电子开关。在给定正弦电压的正半波，当 A 相电压最高时，S_{UA} 斩波；B 相电压最高时，S_{UB} 斩波；C 相电压最高时，S_{UC} 斩波；而 S 导通时，输出电压为零，显然 S 开关与 S_{UA}、S_{UB}、S_{UC} 互补通断，这样负载上就得到正向的正弦斩控电压。在给定正弦电压的负半波，当 A 相电压最低时，S_{UA} 斩波；B 相电压最低时，S_{UB} 斩波；C 相电压最低时，S_{UC} 斩波；S 导通则输出电压为零，这样负载上就得到负向的正弦斩控电压。为了减少开关器件，可将续流回

路的开关器件 S 去掉，如图 6-21(a)所示。这时，在给定电压的正半波，当某相电压最高，则该相对应开关管斩波，而电压最低的那一相的开关管作为续流管。例如：A 相电压最高，B 相电压最低时，则 S_{UA} 斩波 S_{UB} 续流。把电路重画成如图 6-21(b)所示的结构，由于其开关 S_{UA}、S_{UB}、S_{UC} 的排列就像一个 3×1 的矩阵，故称为矩阵式变换器。

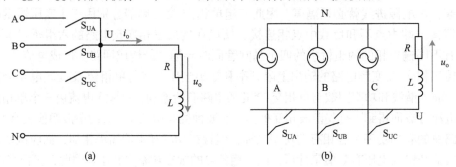

图 6-21　3 输入 1 输出的矩阵式交-交变频电路

矩阵变换器(Matrix Converter)有以下优点：

(1) 无中间直流或交流环节，能量直接传递，体积小，效率高；

(2) 可获得正弦波形的输入电流和输出电压，波形失真度小；

(3) 输入功率因数可调节，与负载功率因数无关；

(4) 能量可双向传递，非常适合四象限运行的交流传动系统；

(5) 控制自由度大，且输出频率不受输入电源频率的限制。

矩阵式交-交变频电路的输入一般是三相交流电，其输出可以是单相，称为单相矩阵式交-交变频电路；也可以是三相输出，称为三相矩阵式交-交变频电路。下面对单相矩阵式交-交变频电路进行简要分析。

以相电压输入的单相矩阵式交-交变频电路为例，工作波形图如图 6-22 所示，其中粗线表示的为输出电压 u_o 的基波分量。

由图 6-21(b)可得，输出电压 u_o 为

$$u_o = S_{UA}u_A + S_{UB}u_B + S_{UC}u_C \tag{6-17}$$

从图 6-22 看出，相电压输入的矩阵式交-交变频电路的输出电压 u_o 的基波幅值不可能超过输入相电压的交点处的电压 $U_m/2$。

为了提高输出电压的幅值，单相矩阵式交-交变频电路可采用线电压输入，其电路拓扑如图 6-23(a)所示。这时，在给定电压的正半波，若 U_{AB} 最高，则 S_{UA} 和 S_{VB} 斩波，而续流回路有两个：S_{UC} 和 S_{VC} 续流，S_{UB} 和 S_{VA} 续流。两种续流回路得到的结果是不一样的，若采用 S_{UC} 和 S_{VC} 续流，则在给定电压的正半波，输出脉冲波只有一种极性(S_{UA} 和 S_{VB} 导通时为正，S_{UC} 和 S_{VC} 导通时为零)，称为单极性控制方式。若采用 S_{UB} 和 S_{VA} 续流，则在给定电压的正半波，输出正弦 PWM 波有两种极性(S_{UA} 和 S_{VB} 导通时为正，S_{UB} 和 S_{VA} 导通时为负)，称为双极性控制方式。图 6-23(b)给出单极性控制方式下的工作波形。

从图 6-23(b)所示的波形看出，线电压输入的矩阵式交-交变频电路的输出电压 u_o 的基波幅值最大可达输入线电压的交点处的电压，即 $\sqrt{3}U_m / 2$，与相电压输入的矩阵式交-交变频电路相比，输出电压更高。

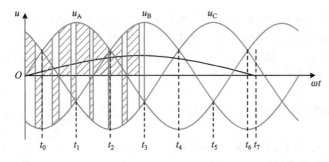

图 6-22　3 输入 1 输出的矩阵式交-交变频电路的工作波形

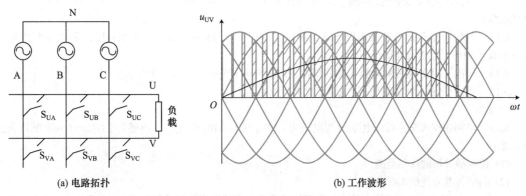

(a) 电路拓扑　　　　　　　　　　　　(b) 工作波形

图 6-23　线电压输入单相矩阵式交-交变频电路及其工作波形图

本 章 小 结

AC-AC 变换是指把一种形式的交流电变换成另一种形式的交流电，它可以是电压幅值的变换，也可以是频率或相数的变换。能实现这种变换的电路称为 AC-AC 变换电路。根据变换目标的不同，AC-AC 变换电路可以分为交流调压电路、交流电力控制电路和交-交变频电路。交流调压电路又分为相控式交流调压电路与斩控式交流调压电路，交流电力控制电路主要分为交流调功电路和交流电力电子开关，交-交变频电路又分为相控式交-交变频电路和矩阵式变频电路。

在交流调压电路中，本章重点分析了单相相控式交流调压电路的基本原理，星形连接的三相相控式交流调压电路的工作原理和电路工作特点；分析了单相斩控式交流调压的基本原理。在交流电力控制电路中，简要介绍了交流调功电路和晶闸管投切电容器的基本原理。在交-交变频电路中，着重介绍了相控式交-交变频电路的工作原理和余弦交点调制方法。

思考与练习

简答题

6.1　什么是 AC-AC 变换电路？

6.2　AC-AC 变换电路可以分为哪几类？各类型可以实现什么功能？

6.3　试从电压波形、功率因数、电源容量、设备容量及控制方式等几方面，分析比较采用晶闸管交流调压与采用自耦调压器的交流调压有何不同？

6.4　在交流调压电路中，实现输出电压可控时为什么要满足控制触发角大于负载功率因数角？

6.5　试说明星形连接三相三线交流相控式调压电路控制触发角的移相范围为什么是 0°～150°。

6.6　试说明相控式交流调压电路与斩控式交流调压电路在控制上有何区别。

6.7　交流调压电路和交流调功电路有什么区别？二者各运用于什么样的负载？

6.8　如题 6.8 图所示，1 个晶闸管和 4 个二极管组成单相交流调压电路，试分析其工作原理。

6.9　交流电子开关有何作用？与机械式开关相比有什么优点？

6.10　晶闸管投切电容器是按照什么原则投入？为什么？

6.11　试说明相控式交-交变频电路的基本原理，为什么只能实现降频而不能升频？

6.12　相控式交-交变频电路的输入功率因数为什么比较低？

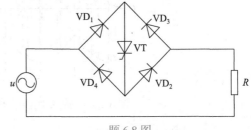

题 6.8 图

6.13　三相相控式交-交变频电路有哪几种接线方式？它们有何区别？与单相相控式交-交变频电路相比，在输出频率上是否有相同限制？

6.14　相控三相交-交变频电路采用梯形波输出控制方式有什么优点？为什么？

6.15　直接变频电路与间接变频电路相比有什么区别？

计算题

6.16　单相相控式交流调压电路，电源电压为 220V(AC)，给电阻为 2Ω、电感为 3.676mH 的串联负载供电。求：

(1) 控制触发角的移相范围。

(2) 晶闸管电流的最大有效值。

6.17　一台 220V、10kW 的电炉，现采用晶闸管单相交流调压使其工作于 5kW 的工况下，试求出其工作电流以及电源侧的功率因数。

6.18　一电阻负载由单相相控式交流调压电路供电，电源电压 U_1=220V，负载电阻 R=10Ω。求电路的最大输出功率，以及当 α=90°时的输出电压有效值、电流有效值、输出功率及输入功率因数。

6.19　单相相控式交流调压电路如题 6.19 图所示，U_i=220V，L=5.516mH，R=1Ω，试求：

(1) 控制触发角 α 的移相范围。

(2) 负载电流的最大有效值。

(3) 最大输出功率和功率因数。

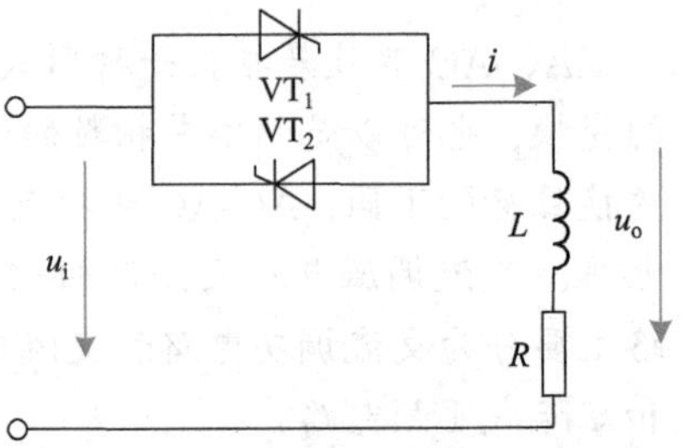

设计题

题 6.19 图

6.20　晶闸管投切电容器(Thyristor Switched Capacitor, TSC) 是在电力系统广泛应用实现无功补偿的装置。由于电容器接线方式存在差异，决定了所采用的补偿方式也是不同的。请对三相 TSC 进行三相电路主接线方式的设计。通常来说 TSC 系统由主电路、微处理器控制电路、电信号检测电路和投切驱动电路组成。请设计系统结构框图，并对各组成部分的功能和相互关系进行描述，并阐述电路实现无功补偿的原理。

第7章

软开关变换器

软开关变换器

学习指导

　　软开关是指在开关电路中增加相应的电感、电容等谐振元件，通过在开关过程引入谐振，使开关管开通前电压先降为零，或关断前电流先降为零，就可以消除开关过程中电压、电流的重叠，从而减小开关损耗。软开关一般可分为零电压开关与零电流开关。而根据软开关技术发展的历程，软开关变换器分为准谐振变换器、PWM 软开关变换器。

　　准谐振变换器的出现是软开关技术的一次飞跃，这类变换器的特点是谐振元件参与能量变换的某一个阶段，而不是全程参与。准谐振变换器分为零电压开关准谐振变换器，零电流开关准谐振变换器和用于逆变器的谐振直流环节，这类变换器需要采用脉冲频率调制(PFM)方法。但是采用脉冲频率调制会使得变换器的滤波器设计复杂化，而常规的 PWM 变换器开关频率恒定，控制方法简单。在准谐振 DC-DC 变换器中，谐振产生在整个开关管导通或开关管关断过程，若把谐振控制在开关管导通前或关断前很小一段时间内，且谐振周期远小于开关周期，这就构成了 PWM 软开关变换器。PWM 软开关变换器主要分为零开关PWM 变换器和零转换 PWM 变换器。在全桥电路中使用软开关技术，可以构造出移相控制软开关 PWM 全桥变换器和 LLC 谐振全桥变换器两种常用拓扑。

　　本章主要讨论软开关的基本概念与分类，准谐振变换器、PWM 软开关变换器和软开关全桥变换器的电路构成和基本的工作原理。建议重点学习以下主要内容：

(1) 软开关的基本概念与分类、软开关电路的分类。
(2) 零电压开关准谐振变换器的工作原理和换流过程。
(3) 零电压开关 PWM 变换器的工作原理和换流过程。
(4) 零电压转换 PWM 变换器的工作原理和换流过程。
(5) 移相控制软开关 PWM 全桥变换器的工作原理和换流过程。
(6) LLC 谐振全桥变换器的工作原理和换流过程。

7.1 概　　述

　　随着开关频率的提高，常规的 PWM 功率变换技术面临许多问题，一方面开关管的开关损耗会成正比地上升，使电路的效率大大降低；另一方面，系统会对外产生严重的电磁干扰(EMI)。

　　为了克服上述问题，从 20 世纪 80 年代以来，软开关技术得到了深入的研究。所谓软开关是指开关管通、断过程不存在电压、电流交叠区，通常是指开关管开通时电压已为零的零电压开关 ZVS(Zero Voltage Switching)和开关管关断时电流已为零的零电流开关 ZCS(Zero Current

Switching)或近似零电压开关与零电流开关。而所谓硬开关就是开关管开通、关断过程存在电流、电压交叠区。一般而言,硬开关过程是通过突变的开关过程中断功率流而完成能量的变换;而软开关过程是通过电感 L 和电容 C 的谐振,使开关器件中的电流(或其两端的电压)按正弦或准正弦规律变化,当电流过零时,使器件关断,或者当电压下降到零时,使器件导通。开关器件在零电压条件下导通或零电流条件下关断,将使器件的开关损耗在理论上为零。

软开关技术的应用使电力电子变换器可以具有更高的效率,同时功率密度和可靠性也得到提高,并有效地减小电能变换装置引起的电磁干扰和噪声等。

7.1.1 功率电路的开关过程

在功率变换电路中,每只开关管都要进行开通与关断控制。由于开关管不是理想器件,在开通时开关管的电压不是瞬时下降到零,而是有一个下降时间,同时它的电流也不是瞬时上升到负载电流,也有一个上升时间。在这段时间里,电流和电压有一个交叠区,产生损耗,通常称为开通损耗(Turn-on Loss),如图 7-1(a)所示。当开关管关断时,开关管的电压不是瞬时从零上升到电源电压,而是有一个上升时间,同时它的电流也不是瞬时下降到零,也有一个下降时间。在这段时间里,电流和电压也有一个交叠区,产生损耗,通常称为关断损耗(Turn-off Loss),如图 7-1(b)所示。

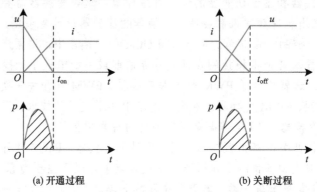

(a) 开通过程   (b) 关断过程

图 7-1   开关管开通与关断过程的电压电流及功率损耗曲线

可见,当开关管开通和关断时,要产生开通损耗和关断损耗,统称为开关损耗(Switching Loss),开关损耗通常可由一个开关周期的平均开通和关断损耗求出。

假设导通后流入开关管电流为 I_C,关断后开关管承受的电压为 U_C,导通时的管压降忽略不计,且假设开关过程中,电流 i、电压 u 按线性变化,则由图 7-1 分析,不难求得导通和关断过程开关管的电流、电压瞬时值 i、u。即:

开通过程

$$i = \frac{I_C}{t_{on}} t, \qquad u = U_C - \frac{U_C}{t_{on}} t$$

关断过程

$$i = I_C - \frac{I_C}{t_{off}} t, \qquad u = \frac{U_C}{t_{off}} t$$

则一个开关周期的开关损耗 P_S 可表示为

$$P_{\mathrm{S}} = P_{\mathrm{on}} + P_{\mathrm{off}} = \frac{1}{T}\left[\int_0^{t_{\mathrm{on}}} iu\mathrm{d}t + \int_0^{t_{\mathrm{off}}} iu\mathrm{d}t\right]$$

$$= f\left(\int_0^{t_{\mathrm{on}}} \frac{I_{\mathrm{C}}}{t_{\mathrm{on}}}t\left(U_{\mathrm{C}} - \frac{U_{\mathrm{C}}}{t_{\mathrm{on}}}t\right)\mathrm{d}t + \int_0^{t_{\mathrm{off}}}\left(I_{\mathrm{C}} - \frac{I_{\mathrm{C}}}{t_{\mathrm{off}}}t\right)\frac{U_{\mathrm{C}}}{t_{\mathrm{off}}}t\mathrm{d}t\right) = \frac{t_{\mathrm{on}} + t_{\mathrm{off}}}{6}fU_{\mathrm{C}}I_{\mathrm{C}} \qquad (7\text{-}1)$$

式中，t_{on} 为开关管开通时间；t_{off} 为开关管关断时间；f 为开关管开关频率。

由式(7-1)不难分析，在工作电压、工作电流一定的条件下，开关管在每个开关周期中的开关损耗是恒定的。并且变换器总的开关损耗与开关频率成正比，开关频率越高，总的开关损耗越大，变换器的效率就越低。开关损耗的存在限制了变换器开关频率的提高，从而限制了变换器的小型化和轻量化。同时，开关管工作在硬开关时还会产生较高的 $\mathrm{d}i/\mathrm{d}t$ 和 $\mathrm{d}u/\mathrm{d}t$，从而产生较大的电磁干扰。

7.1.2 软开关的特征及分类

在开关变换器中增加电感、电容等谐振元件，并在开关过程前后引入谐振过程，使开关管开通前电压先降为零，或关断前电流先降为零，就可以消除开关过程中电压、电流的交叠，从而减小开关损耗，这样的开关过程称为软开关，使用这样开关过程的变换器称为软开关变换器。软开关变换器中典型的开关过程如图 7-2 所示。

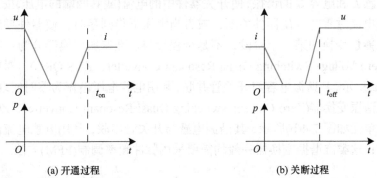

(a) 开通过程   (b) 关断过程

图 7-2　软开关的开关过程

若使开关管开通前其两端电压为零，则开关管开通时就不会产生损耗，这种开通方式称为零电压开通，简称零电压开关；使开关管关断前流过其电流为零，则开关管关断时也不会产生损耗和噪声，这种关断方式称为零电流关断，简称零电流开关。零电压开通和零电流关断可以通过构建相应的谐振回路来实现。以带有反并联二极管的 IGBT 为例，实现零电压开通时，将谐振电容与 IGBT 并联，如图 7-3(a)所示，开关管导通前，电容与电感谐振，电容电压按正弦规律变化，当电容电压反向时，二极管承受正压导通，IGBT 两端电压被二极管钳位为零，此时开通 IGBT 就可以实现零电压开通；实现零电流关断时，将谐振电感与 IGBT 串联，如图 7-3(b)所示，开关管关断前，电容与电感谐振，电感电流按正弦规律变化，当电感电流反向时，二极管导通，IGBT 被旁路，电感电流通过二极管流通，将 IGBT 电流钳位为零，此时关断 IGBT 就可以实现零电流关断。

软开关技术问世以来，经历了不断的发展和完善，前后出现了许多种软开关电路，新型的软开关拓扑仍不断地出现。

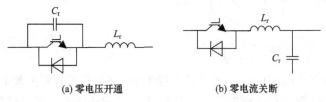

(a) 零电压开通   (b) 零电流关断

图 7-3   软开关工作原理图

根据变换器电路中主要开关元件的开关过程是零电压开通还是零电流关断，可以将软开关电路分成零电压电路和零电流电路两大类。通常，一种软开关电路要么属于零电压电路，要么属于零电流电路。

根据软开关技术发展的历程可以将软开关电路分成准谐振变换器和 PWM 软开关变换器。

7.2   准谐振变换器

准谐振变换器(Quasi Resonant Converter，QRC)的出现是软开关技术的一次飞跃，这类变换器通过电感 L 和电容 C 的谐振，使开关器件中的电流(或其两端的电压)按正弦或准正弦规律变化，当电流过零时，使器件关断，或者当电压下降到零时，使器件导通。其特点是谐振元件参与能量变换的某一个阶段，不是全程参与。准谐振变换器分为：零电压开关准谐振变换器(Zero Voltage Switching Quasi Resonant Converter，ZVS QRC)，对应的基本开关单元如图 7-4(a)所示，其谐振电容与开关管并联，利用电容电压谐振为零时实现零电压开通；零电流开关准谐振变换器(Zero Current Switching Quasi Resonant Converter，ZCS QRC)，对应的基本开关单元如图 7-4(b)所示，其谐振电感与开关管串联，利用电感电流谐振为零时实现零电流关断；这类准谐振变换器一般均需要采用脉冲频率调制(PFM)方法。

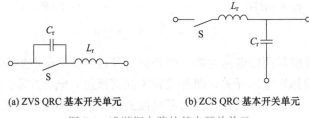

(a) ZVS QRC 基本开关单元   (b) ZCS QRC 基本开关单元

图 7-4   准谐振电路的基本开关单元

7.2.1   零电压开关准谐振变换器

零电压开关技术的应用，能有效减小开关管开通时的损耗，从而提高变换器的开关频率。以 Boost 电路为例，对零电压开关准谐振变换器进行说明。

对图 7-5(a)所示的 Boost 电路拓扑做如下假设：

(1) 所有开关管，二极管均为理想器件；

(2) 所有电感，电容均为理想元件；

(3) L 足够大，在一个开关周期内，其电流基本保持不变，为 I_i，这样 L 和输入电压 U_i

可以看成一个电流为 I_i 的恒流源。

(4) C 足够大,在一个开关周期中,其电压基本保持不变,为 U_o,这样 C 和负载电阻 R 可以看成一个电压为 U_o 的恒压源。

根据上述假设,Boost 电路可以简化为如图 7-5(b)所示电路。

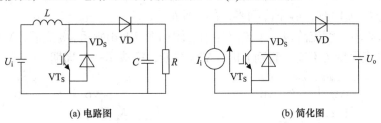

(a) 电路图　　　　　　　　　　　　(b) 简化图

图 7-5　Boost 电路及其简化电路

将 Boost 变换器中的开关用准谐振零电压开关代替就构成了零电压开关准谐振 Boost 变换器。为了实现开关管的零电压开通,就需要使得开关管开通前其两端电压为零,故谐振电容 C_r 需并联在开关管 VT_S 两端。对于谐振元件 L_r,参考零电压开关准谐振变换器对应的基本开关单元,有两种放置方法,如图 7-6(a)、(b)所示。但若按照图 7-6(a)放置,谐振电感 L_r 将直接与恒流源串联,流经谐振电感 L_r 的电流将钳位在 I_i 不变,这样就无法实现谐振。所以谐振电感 L_r 放置如图 7-6(b)所示。谐振元件 L_r 和 C_r 可以组成谐振回路,利用谐振回路的谐振过程,当 u_{Cr} 下降到 0 后反压时,与开关管 VT_S 并联的二极管 VD_S 导通并将 u_{Cr} 钳位为 0。此时开通开关管 VT_S 为零电压导通。

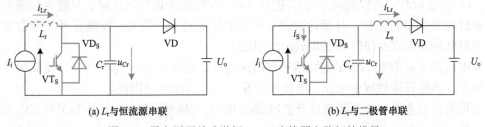

(a) L_r 与恒流源串联　　　　　　　　　　(b) L_r 与二极管串联

图 7-6　零电压开关准谐振 Boost 变换器电路拓扑推导

在稳态工作时,零电压开关准谐振 Boost 变换器一个完整的开关周期分为 4 个阶段,如图 7-7 所示,各阶段工作过程分析如下:

(1) $t_0 \sim t_1$ 阶段,电容充电阶段,电流路径示意图如图 7-8(a)所示。t_0 之前,VT_S 导通,输入电流 I_i 经 VT_S 续流,t_0 时刻,开关管 VT_S 关断,电容 C_r 充电,C_r 上的电压 u_{Cr} 线性上升;在 t_1 时刻,u_{Cr} 达到 U_o,二极管 VD 导通。

(2) $t_1 \sim t_4$ 阶段,谐振阶段,电流路径示意图如图 7-8(b)所示。t_1 时刻,二极管 VD 导通,一部分 I_i 流入 U_o,一部分 I_i 给电容充电;t_2 时刻,i_{Lr} 达到 I_i,这时电容电压达到峰值;随后谐振电容开始放电,当电容电压 u_{Cr} 降到 U_o,i_{Lr} 达到峰值,随后 i_{Lr} 开始减小,直到 u_{Cr} 降到零,这时 VD_S 导通流过反向电流,谐振电容 C_r

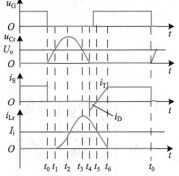

图 7-7　零电压开关准谐振 Boost 变换器工作波形

被旁路，谐振过程结束。该段谐振过程可参考谐振电容并联电流源的串联谐振电路情况。

(3) $t_4 \sim t_6$ 阶段，电感放电阶段，电流路径示意图如图 7-8(c)所示。$t_4 \sim t_5$ 期间，电感电流经 VD_S 续流，将 VT_S 两端电压钳位成零电压，这期间开通 VT_S，VT_S 零电压开通。该时间段内电感电流 i_{Lr} 线性下降，i_s 线性增大。t_5 时刻，i_{Lr} 下降到等于 I_i，接着 $i_{Lr}<I_i$，VT_S 导通给 I_i 提供续流通路，t_6 时刻，i_{Lr} 下降到零，i_s 达到 I_i。

(4) $t_6 \sim t_0$ 阶段，续流阶段，电流路径示意图如图 7-8(d)所示。t_6 之后，VT_S 继续导通，流过 VT_S 的电流保持 I_i 不变，直到 t_0 时，VT_S 关断，完成了一个周期。

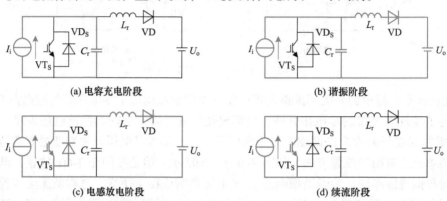

图 7-8　零电压开关准谐振 Boost 变换器工作过程分解

很明显，当 L_r 和 C_r 选定后，谐振半周期 $t_1 \sim t_4$ 时间固定(假设电容充电阶段的充电速度很快，$t_0 \sim t_1$ 这段时间可以忽略不计)。也就是说，VT_S 的关断时间固定，只能通过调节 VT_S 的导通时间来调节占空比，从而达到调节输出电压的目的。因此，零电压开关准谐振变换器是通过脉冲频率调制(PFM)来调节输出电压的。

零电压开关准谐振 Boost 变换器利用谐振过程，在开关管 VT_S 开通前，使其两端电压先降为零，消除开通过程中电压、电流的交叠，从而消除开通损耗。

采用同样的方法可构成零电压开关准谐振 Buck 变换器，其电路拓扑和主要工作波形如图 7-9 所示。

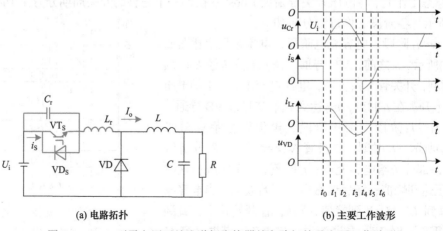

图 7-9　Buck 型零电压开关准谐振变换器的电路拓扑及主要工作波形

此外，逆变器的谐振直流环节也是属于零电压开关准谐振变换器，其电路拓扑和工作波形如图 7-10 所示。

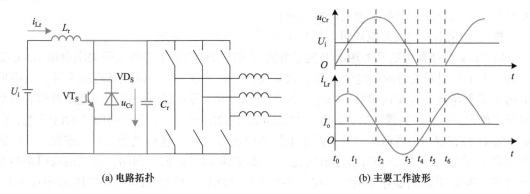

(a) 电路拓扑   (b) 主要工作波形

图 7-10 谐振直流环电路的电路拓扑及主要工作波形

逆变器的谐振直流环节一个开关周期共有 2 个工作阶段，各阶段工作过程分析如下：

(1) $t_0 \sim t_4$ 阶段，谐振阶段。t_0 之前，VT_S 导通，i_{Lr} 经 VT_S 续流，$i_{Lr} > I_o$；t_0 时刻，开关管 VT_S 关断，L_r 和 C_r 发生谐振，i_{Lr} 对 C_r 充电，C_r 上的电压上升；在 t_1 时刻，u_{Cr} 达到 U_i，i_{Lr} 达到峰值；随后 i_{Lr} 继续向 C_r 充电，直到 t_2 时刻 $i_{Lr} = I_o$，u_{Cr} 达到谐振峰值；接着，u_{Cr} 向 L_r 和 L 放电，i_{Lr} 降低，到零后反向，直到 t_3 时刻 $u_{Cr} = U_i$，i_{Lr} 达到反向谐振峰值；随即 i_{Lr} 开始衰减，u_{Cr} 继续下降，t_4 时刻，$u_{Cr} = 0$，VT_S 的反并联二极管 VD_S 导通，u_{Cr} 被钳位于零。

(2) $t_4 \sim t_6$ 阶段，电感充电阶段。$t_4 \sim t_5$ 阶段，负载电流一部分经 VD_S 续流，i_{Lr} 线性上升，VT_S 两端电压被钳位在零，在这段时间内开通 VT_S，VT_S 零电压开通；随后电流 i_{Lr} 继续线性上升，t_5 时刻，$i_{Lr} = I_o$，直到 t_6 时刻，VT_S 再次关断。$t_4 \sim t_6$ 阶段，直流母线电压被钳位成零，若这时逆变桥内开关管换相，则也是零电压开通或关断。

以上分析表明：零电压开关准谐振变换器，主要是通过谐振电容的电压半波来实现零电压开关的，其主要的缺点就是：电压谐振峰值很高，增加了对开关器件耐压的要求，另外，由于谐振周期随输入电压和负载的变化而变化，因此只能采用 PFM 调制。

*7.2.2 零电流开关准谐振变换器

以 Buck 电路为例，对零电流开关准谐振变换器进行说明。

对图 7-11(a)所示的 Buck 电路拓扑做如下假设：

(1) 所有开关管，二极管均为理想器件；

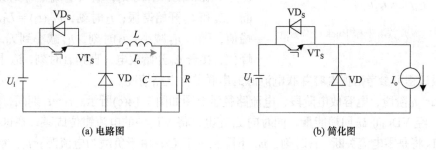

(a) 电路图   (b) 简化图

图 7-11 Buck 电路及其简化电路

(2) 所有电感，电容均为理想元件；

(3) L 足够大，在一个开关周期内，其电流基本保持不变，为 I_o，这样 L 和负载以及滤波电容 C 可以看成一个电流为 I_o 的恒流源；

根据上述假设，Buck 电路可以简化为如图 7-11(b)所示电路。

将 Buck 变换器中的开关用准谐振零电流开关代替就构成了零电流开关准谐振 Buck 变换器。为了实现开关管的零电流关断，就需要使得开关管关断前流经其电流为零，故谐振电感 L_r 需要与开关管 VT_S 串联。对于谐振元件 C_r，参考零电流开关准谐振变换器对应的基本开关单元，有两种放置方法，如图 7-12(a)和图 7-12(b)所示。但若按照图 7-12(a)放置，谐振电容 C_r 将直接与恒压源并联，其两端电压钳位在 U_i 不变，这样就无法实现谐振。所以谐振电容 C_r 放置如图 7-12(b)所示。谐振元件 L_r 和 C_r 可以组成谐振回路，利用谐振回路的谐振过程，当 i_{Lr} 下降到 0 并反向时，与开关管 VT_S 并联的二极管 VD_S 导通并将 i_{Lr} 钳位为 0。此时关断开关管 VT_S，为零电流关断。其工作波形如图 7-13 所示。

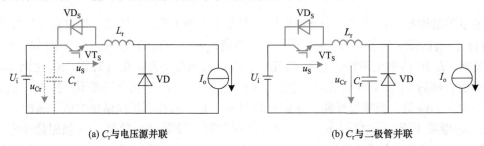

(a) C_r 与电压源并联   (b) C_r 与二极管并联

图 7-12   零电流开关准谐振 Buck 变换器的简化电路

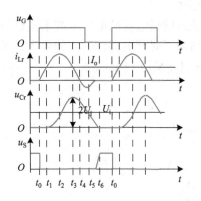

图 7-13   零电流开关准谐振 Buck 工作波形

零电流开关准谐振 Buck 变换器一个开关周期分为 4 个阶段，假定在开关管 VT_S 导通以前，负载电流经二极管 VD 续流，电容 C_r 上电压钳位到零。

(1) $t_0 \sim t_1$ 阶段，电感充电阶段，电流路径示意图如图 7-14(a)所示。t_0 之前，VT_S 不导通，输出电流 I_o 经 VD 续流，t_0 时刻，开关管 VT_S 开通，电感 L_r 充电，L_r 中的电流线性上升；在 t_1 时刻，i_{Lr} 达到 I_o，随后 i_{Lr} 分成两部分，一部分维持负载电流，一部分给谐振电容充电，二极管 VD 截止。

(2) $t_1 \sim t_4$ 阶段，谐振阶段，电流路径示意图如图 7-14(b)所示。t_1 时刻，输入电流上升到 I_o，VD 关断，L_r 和 C_r 开始谐振；t_2 时刻，$u_{Cr}(t_2) = U_i$，i_{Lr} 达到峰值，随后 i_{Lr} 减小；t_3 时刻，i_{Lr} 减小到 I_o，u_{Cr} 达到峰值；接着 C_r 开始放电，直到 t_4 时刻，i_{Lr} 下降到零。该段谐振过程可参考谐振电容并联电流源的串联谐振电路情况。

(3) $t_4 \sim t_6$ 阶段，电容放电阶段，电流路径示意图如图 7-14(c)所示。$t_4 \sim t_5$ 期间，电容电压高于 U_i，经 VD_S 向 U_i 回馈能量，同时向 L_r 充电，将 VT_S 中的电流钳位成零，在这期间关断 VT_S，VT_S 将是零电流关断。t_5 时刻，u_{Cr} 下降到等于 U_i，由于负载为电流源，u_{Cr} 继续放电，这时开关管两端的电压开始上升，直到 t_6 时刻，u_{Cr} 两端电压下降到零，u_S 上升到等于 U_i。

(4) $t_6\sim t_0$ 阶段，续流阶段，电流路径示意图如图 7-14(d)所示。t_6 时刻，u_{Cr} 放电完成，$u_{Cr}=0$，输出电流经二极管 VD 续流，直到 t_0 时刻 VT$_S$ 再次导通，进入下一工作周期。

很明显，当 L_r 和 C_r 选定后，谐振半周期 $t_1\sim t_4$ 时间固定(假设电感充电阶段的充电速度很快，$t_0\sim t_1$ 这段时间可以忽略不计)。也就是说，VT$_S$ 的导通时间固定，只能通过调节 VT$_S$ 的关断时间来调节占空比，从而达到调节输出电压的目的。因此，零电流开关准谐振变换器也是通过脉冲频率调制来调节输出电压。虽然开关管 VT$_S$ 仍然是硬开通，但利用谐振过程，关断前，使流经开关管的电流先降为零，可以消除关断过程中电压、电流的交叠，从而消除关断损耗。

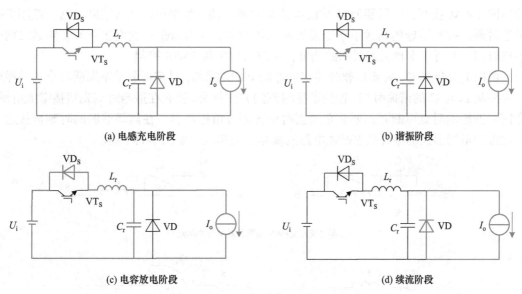

(a) 电感充电阶段　　　　　　　　　　　　　　(b) 谐振阶段

(c) 电容放电阶段　　　　　　　　　　　　　　(d) 续流阶段

图 7-14　零电流开关准谐振 Buck 变换器工作过程分解

7.3　PWM 软开关变换器

在前面介绍的准谐振 DC-DC 变换器与常规的 PWM 硬开关变换器相比，具有许多明显的优点。由于开关器件在零电压或零电流条件下完成开通与关断过程，电路的开关损耗大大降低，电磁干扰(EMI)大大减小，变换电路可以以更高的开关频率工作，相应变换器的功率密度可以大大提高等。但仍存在明显的不足，除了器件可能承受过高的电压应力和电流应力外，准谐振变换器最主要的特点就是利用 PFM(Pulse Frequency Modulation)调压，用改变开关频率来进行控制，这使得电源的输入滤波器、输出滤波器的设计复杂化，并影响系统的噪声。常规的 PWM 变换器开关频率恒定，当输入电压或负载变化时，通常靠调节开关的占空比来调节输出电压，属恒频控制，控制方法简单。若将两种拓扑的优点组合在一起，就形成一种新的软开关电路拓扑——PWM 软开关变换器。PWM 软开关变换器主要分为零开关 PWM 变换器、零转换 PWM 变换器和移相控制软开关 PWM 全桥变换器。

7.3.1　零开关 PWM 变换器

在准谐振 DC-DC 变换器中，以准谐振 Boost 变换器为例，与常规的 PWM Boost 变换器相比，电路拓扑中仅仅多了一个谐振电感和一个谐振电容。对零电压准谐振 Boost 变换器，如果没有谐振，开关管 VT_S 硬开通；增加了 L_r、C_r，可利用谐振过程，使 C_r 两端的电压为零，并通过 VD_S 给 L_r 续流使 $VT_S(C_r)$ 两端电压钳位成零，这时开通 VT_S，则 VT_S 零电压开通。

由于零电压准谐振 Boost 变换器中，其开关管关断后，即开始谐振过程，直到 u_{Cr} 被钳位在 0，开关管零电压开通。那么 VT_S 的关断时间近似等于谐振时间，一旦选定 L_r 和 C_r 后，谐振周期是固定的，那么关断时间也就固定了。若想实现输出电压可调，只能改变 VT_S 的开通时间，这样实际上改变了变换器的开关频率，是 PFM 调节方式。为了实现恒开关频率控制即 PWM 控制，就需要使得 VT_S 的关断时间可调。如果可以加入辅助电路，控制谐振发生时刻，并且谐振周期远小于变换器的工作周期，使得谐振只发生在开关管导通之前一小段时间，就可以实现关断时间的调节，也就可以实现 PWM 控制。

由以上分析可知，要实现软开关变换器的 PWM 控制，只需选取谐振周期较小的谐振电路并控制 L_r 与 C_r 的谐振时刻。控制谐振时刻的方法就是，要么在适当时刻先短接谐振电感，在需要谐振的时刻再断开；要么在适当时刻先断开谐振电容，在需要谐振的时刻再接通。由此得到不同形式的零开关 PWM 电路的基本开关单元，如图 7-15 所示。

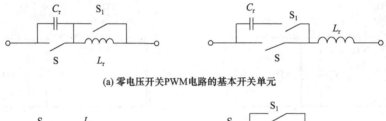

(a) 零电压开关PWM电路的基本开关单元

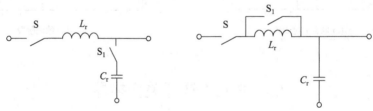

(b) 零电流开关PWM电路的基本开关单元

图 7-15 零开关 PWM 电路的基本开关单元

零开关 PWM 变换器(Zero Switching PWM Converter)可分为零电压开关 PWM 变换器(Zero Voltage Switching PWM Converter，ZVS PWM Converter)，对应的基本开关单元如图 7-15(a)所示；和零电流开关 PWM 变换器(Zero Current Switching PWM Converter，ZCS PWM Converter)，对应的基本开关单元如图 7-15(b)所示。该类变换器是在准谐振变换器的基础上，加入一个辅助开关管，来控制谐振元件的谐振过程，实现恒定频率控制，即实现 PWM 控制。与准谐振电路相比，这类电路有很多明显的优势：与准谐振变换器不同的是，谐振元件的谐振工作时间与开关周期相比很短，一般为开关周期的 1/10～1/5，损耗显著降低。电压或电流基本上是方波，只是上升沿和下降沿较缓，电路可以采用开关频率固定的 PWM 控制方式。

1) 零电压开关 PWM 变换器

以 Boost 型变换器为例，若在准谐振变换器的谐振电容上串联一个可控开关，就构成了如图 7-16(a)所示的零电压开关 PWM 变换器；若在准谐振变换器的谐振电感上并联一个可控开关则构成如 7-16(b)所示的零电压开关 PWM 变换器。下面以后者为例具体分析零电压开关 PWM 变换器的工作原理。

为了简化分析，对该拓扑做如下假设：

(1) 所有开关管，二极管均为理想器件；

(2) 所有电感，电容均为理想元件；

(3) L 足够大，在一个开关周期内，其电流基本保持不变，为 I_i，这样 L 和输入电压 U_i 可以看成一个电流为 I_i 的恒流源；

(4) C 足够大，在一个开关周期中，其电压基本保持不变，为 U_o，这样 C 和负载电阻 R 可以看成一个电压为 U_o 的恒压源；

(5) 辅助开关管 VT_{S1} 为 MOSFET，MOSFET 自带本体二极管，有一定的反向导电性，故需串接一个二极管避免影响电路正常工作，图中予以标示。

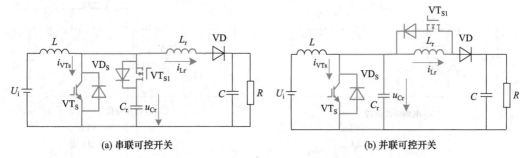

(a) 串联可控开关　　　　　　　　　　(b) 并联可控开关

图 7-16　ZVS PWM Boost 变换器拓扑

根据上述假设，ZVS PWM Boost 变换器可以简化为如图 7-17(a)所示电路，其工作波形如图 7-17(b)所示。

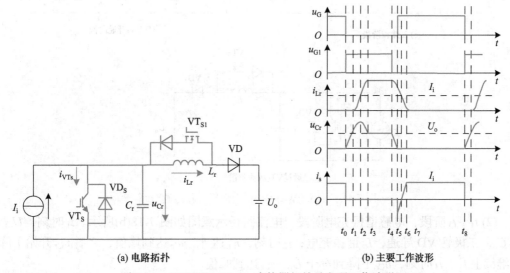

(a) 电路拓扑　　　　　　　　　　(b) 主要工作波形

图 7-17　ZVS PWM Boost 变换器拓扑及主要工作波形

ZVS PWM Boost 变换器的一个工作周期分为 7 个阶段，设电路初始状态为主开关管 VT_S 导通，辅助开关管 VT_{S1} 关断，二极管 VD 关断，输入电流 I_i 全部流过主开关管 VT_S，各阶段的工作过程分析如下：

(1) $t_0 \sim t_1$ 阶段，谐振电容充电阶段，电流路径示意图如图 7-18(a)所示。t_0 时刻，开关管 VT$_S$ 关断，输入电流 I_i 全部流经谐振电容 C_r，U_{Cr} 线性上升，在 t_1 时刻，U_{Cr} 达到 U_o，二极管 VD 导通，i_{Lr} 开始增大。

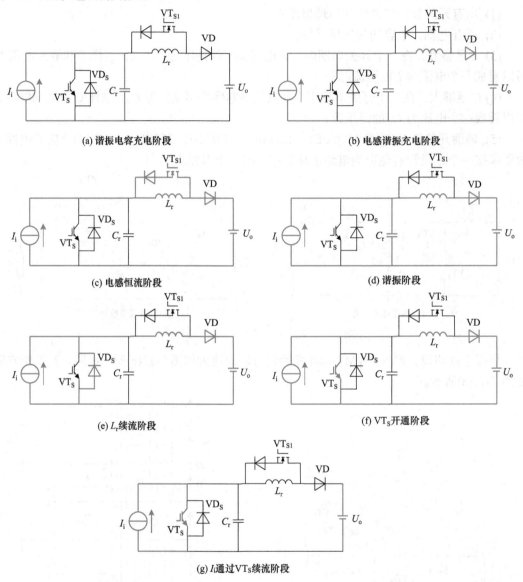

(a) 谐振电容充电阶段   (b) 电感谐振充电阶段

(c) 电感恒流阶段   (d) 谐振阶段

(e) L_r 续流阶段   (f) VT$_S$ 开通阶段

(g) I_i 通过 VT$_S$ 续流阶段

图 7-18   ZVS PWM Boost 变换器工作过程分解

(2) $t_1 \sim t_3$ 阶段，电感谐振充电阶段，电流路径示意图如图 7-18(b)所示。t_1 时刻，U_{Cr} 达到 U_o，二极管 VD 导通，L_r 谐振充电；t_2 时刻，i_{Lr} 达 I_i，u_{Cr} 达到峰值，之后 u_{Cr} 开始下降，i_{Lr} 继续上升；t_3 时刻，u_{Cr} 下降到等于 U_o，i_{Lr} 达到峰值。

(3) $t_3 \sim t_4$ 阶段，电流路径示意图如图 7-18(c)所示。t_3 时刻，当 u_{Cr} 下降到低于 U_o 时，谐振电感两端电压左负右正，此时辅助开关管 VT$_{S1}$ 导通，随后 u_{Cr} 被钳位在 U_o，i_{Lr} 维持峰值电流。直到 t_4 时刻 VT$_{S1}$ 关断。

(4) $t_4 \sim t_5$ 阶段，电感谐振放电阶段，电流路径示意图如图 7-18(d)所示。t_4 时刻，VT$_{S1}$

关断，L_r、C_r 开始谐振，i_{Lr}、u_{Cr} 均开始下降，t_5 时刻，u_{Cr} 下降到零，这时 VD_S 导通流过反向电流，谐振电容 C_r 被旁路，谐振过程结束。

(5) $t_5 \sim t_7$ 阶段，电感继续放电，电流路径示意图如图 7-18(e)、(f)所示。t_5 时刻，如图 7-18(e)所示，u_{Cr} 下降到零并被钳位在 0，i_{Lr} 通过二极管 VD_S 续流。t_6 时刻，如图 7-18(f)所示，i_{Lr} 下降到 I_i，通过二极管 VD_S 电流为 0，此时主开关管开通，VT_S 零电压导通。VT_S 导通后，电流 i_S 上升直到 I_i，同时 i_{Lr} 继续下降直到为 0。

(6) $t_7 \sim t_8$ 阶段，电流路径示意图如图 7-18(g)所示，电流源和开关管构成闭合回路直到 VT_S 再次被关断开始下一个工作周期。

ZVS 准谐振 Boost 变换器中，L_r、C_r 的谐振回路进入谐振后，其谐振过程连续，不会被打断。而 ZVS PWM Boost 变换器中，使用谐振周期较小的 L_r、C_r 参数，并引入辅助开关管 VT_{S1}，辅助开关 VT_{S1} 关断时，L_r、C_r 的谐振回路开始谐振；直到 C_r 的电压下降为 0，VD_S 导通，L_r 通过 VD_S 续流，将 U_{Cr} 钳位在 0，可以实现 VT_S 零电压开通。通过控制 VT_{S1} 的开通时刻来调节 VT_S 在一个固定工作周期内的导通时间，也就调节了固定工作周期内开关的占空比，可以实现 PWM 控制。

然而，ZVS Boost 变换器中，L_r 串联在主电路中，需要流过主功率电流，该电流最大可达 $2I_i$，谐振电感电流较大，需要使用较大额定电流的电感，电感成本较高、损耗较大；此外，L_r 两端产生的感应电势与负载电压叠加，增加了开关器件的电压应力。

*2) 零电流开关 PWM 变换器

利用相同的方法在 ZCS 准谐振变换器的谐振电容上串接或在谐振电感上并接一个可控开关，就构成了零电流开关 PWM 变换器。以 Buck 型变换器为例，若在谐振电容上串接一个可控开关则构成如图 7-19 所示的零电流开关 PWM 变换器。加入辅助开关管 VT_{S1} 后，谐振电容 C_r 的放电受到控制，只有当 VT_{S1} 导通时，

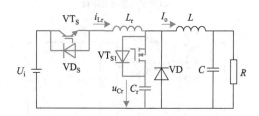

图 7-19 ZCS PWM Buck 变换器拓扑

C_r 才能放电，它与 L_r 谐振，使 L_r 电流反向，VD_S 导通，开关管 VT_S 中电流被钳位成零，此时关断 VT_S，主开关管零电流关断。

对该拓扑做如下假设：

(1) 所有开关管，二极管均为理想器件；

(2) 所有电感，电容均为理想元件；

(3) L 足够大，在一个开关周期内，其电流基本保持不变，为 I_o，这样 L 和 C 以及负载 R 可以看成一个电流为 I_o 的恒流源。

根据上述假设，ZCS PWM Buck 变换器可以简化为如图 7-20(a)所示电路，其工作波形如图 7-20(b)所示。

ZCS PWM Buck 变换器的一个工作周期分为 7 个阶段。设电路初始状态为主开关管 VT_S 关断，辅助开关管 VT_{S1} 关断，续流二极管 VD 导通，输出电流 I_o 全部流经续流二极管 VD 续流，谐振电感电流 $i_{Lr}=0$，谐振电容电压 $u_{Cr}=0$，各阶段的工作过程分析如下：

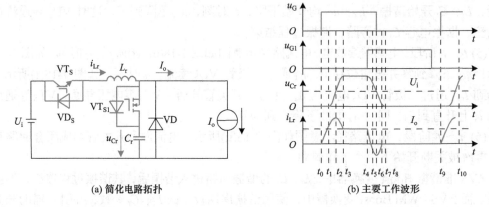

(a) 简化电路拓扑   (b) 主要工作波形

图 7-20　ZCS PWM Buck 变换器简化拓扑及主要工作波形

(1) $t_0 \sim t_1$ 阶段，谐振电感充电阶段，电流路径示意图如图 7-21(a)所示。t_0 时刻，开关管

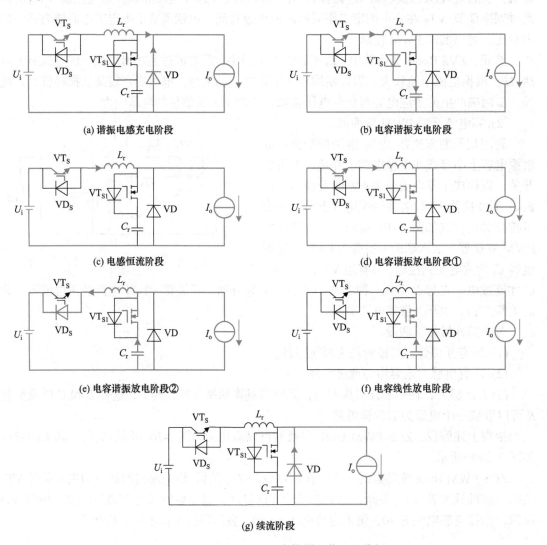

(a) 谐振电感充电阶段   (b) 电容谐振充电阶段

(c) 电感恒流阶段   (d) 电容谐振放电阶段①

(e) 电容谐振放电阶段②   (f) 电容线性放电阶段

(g) 续流阶段

图 7-21　ZCS PWM Buck 变换器工作过程分解

VT$_S$ 导通，由于 VD 导通，输入电压 U_i 全部加在谐振电感 L_r 上，i_{Lr} 线性上升；t_1 时刻，i_{Lr} 达到 I_o，二极管 VD 关断，MOSFET 本体二极管导通，u_{Cr} 开始增大。

(2) $t_1\sim t_3$ 阶段，电容谐振充电阶段，电流路径示意图如图 7-21(b)所示。t_1 时刻，i_{Lr} 达到 I_o，二极管 VD 关断，L_r、C_r 开始谐振，i_{Lr} 一部分维持负载电流，一部分给电容充电；t_2 时刻，u_{Cr} 达到 U_i，i_{Lr} 达到峰值，之后 i_{Lr} 开始下降，u_{Cr} 继续上升；t_3 时刻，i_{Lr} 下降到 I_o，u_{Cr} 达到峰值。

(3) $t_3\sim t_4$ 阶段，电感恒流阶段，电流路径示意图如图 7-21(c)所示。t_3 时刻，i_{Lr} 下降到 I_o，u_{Cr} 达到峰值，此时电容电流没有反向通路，i_{Lr} 维持在 I_o，u_{Cr} 维持峰值电压，直到 t_4 时刻 VT$_{S1}$ 导通。

(4) $t_4\sim t_5$ 阶段，电容谐振放电阶段①，电流路径示意图如图 7-21(d)所示。t_4 时刻，VT$_{S1}$ 导通，L_r、C_r 开始继续谐振，i_{Lr}、u_{Cr} 均开始下降，某个时刻 i_{Lr} 下降到零并开始反向增大；t_5 时刻，i_{Lr} 下降到零。

(5) $t_5\sim t_7$ 阶段，电容谐振放电阶段②，电流路径示意图如图 7-21(e)所示。t_5 时刻，i_{Lr} 下降到零，随后开始经 VD$_S$ 反向增大；t_6 时刻，u_{Cr} 等于 U_i，i_{Lr} 到反向峰值，之后开始下降；t_7 时刻，i_{Lr} 再次下降到零。在这一阶段关断 VT$_S$，则 VT$_S$ 零电流关断。

(6) $t_7\sim t_8$ 阶段，电容线性放电阶段，电流路径示意图如图 7-21(f)所示。t_7 时刻，i_{Lr} 反向下降到零，谐振电容在负载电流 I_o 的作用下线性放电；t_8 时刻，$u_{Cr}=0$，VD 导通。

(7) $t_8\sim t_{10}$ 阶段，续流阶段，电流路径示意图如图 7-21(g)所示。该阶段负载电流通过 VD 续流，t_9 时刻，VT$_{S1}$ 零电流关断；t_{10} 时刻，VT$_S$ 再次导通，进入下一个工作周期。

ZCS 准谐振 Buck 变换器中，L_r、C_r 的谐振回路进入谐振后，其谐振过程连续，不会被打断。而 ZCS PWM Buck 变换器中，引入辅助开关 VT$_{S1}$。i_{Lr} 达到 I_o，二极管 VD 关断即开始谐振，谐振开始后 i_{Lr} 先上升后下降，当 i_{Lr} 下降到 I_o 时，此时由于电容电流没有反向通路，谐振中止。之后控制辅助开关 VT$_{S1}$ 的导通，给电容电流提供了反向通路，可以使谐振过程继续，直至与开关管 VT$_S$ 串联的 L_r 电流 i_{Lr} 下降为 0，这一阶段关断 VT$_S$ 可以实现零电流关断。通过控制 VT$_{S1}$ 的开通时刻来调节 VT$_S$ 在一个工作周期内的导通时间，也就调节了一个工作周期内开关的占空比，可以实现 PWM 控制。

然而，ZCS Buck 变换器中，L_r 串联在主电路中，需要流过主功率电流，需要使用较大额定电流的电感，电感成本和损耗较大；此外，流经开关管 VT$_S$ 的电流最大可达到 $2I_o$，增加了开关器件的电流应力。谐振电容两端电压最高可达到 $2U_i$，流经谐振电感的电流最大可达 $2I_o$，增加了谐振元件的应力。

7.3.2 零转换 PWM 变换器

前面讨论了准谐振变换器，在这类电路中，谐振电感和谐振电容一直参与能量传递，而且它们的电压和电流应力较大。在零开关 PWM 变换器中，谐振元件虽然不是一直谐振工作，但谐振电感却串联在主功率回路中，负载电流直接流经谐振电感，损耗较大。同时，开关管和谐振元件的电压应力和电流应力较大，增加了对开关器件和谐振元件耐压、耐流的要求。为了克服这些缺陷，相关文献中提出了零转换 PWM 变换器的概念。

虽然零转换 PWM 变换器也是采用对谐振时刻进行控制来实现 PWM 控制，但与零开关变换器相比具有更突出的优点：①辅助电路只是在开关管开关时工作(而零开关变换器中的谐振电感则全程工作)，其他时候不工作，同时，辅助电路不是串联在主功率回路中，而是与主功率回路相并联，从而减小了辅助电路的损耗，使得电路效率有了进一步提高；②辅助电路的工作不会增加主开关管的电压和电流应力，主开关管的电压和电流应力很小，与常规的 PWM 变换器的电压和电流应力一样；③由于辅助谐振电路与主开关并联，因此输入电压和负载电流对电路的谐振过程的影响很小，电路在很宽的输入电压范围内并从零负载到满载都能工作在软开关状态。这是它与零开关 PWM 变换器的根本区别，这也使得软开关技术在中、大功率变换器中的应用成为可能。这类变换器是软开关技术的又一个飞跃。

零转换 PWM 变换器(Zero Transition PWM Converter)它可分为零电压转换 PWM 变换器 (Zero Voltage Transition PWM Converter, ZVT PWM Converter)，对应的基本开关单元如图 7-22(a)所示；和零电流转换 PWM 变换器(Zero Current Transition PWM Converter, ZCT PWM Converter)，对应的基本开关单元如图 7-22(b)所示。

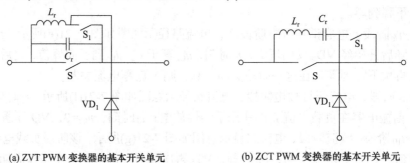

(a) ZVT PWM 变换器的基本开关单元　　　　　(b) ZCT PWM 变换器的基本开关单元

图 7-22　零转换 PWM 电路的基本开关单元

1) 零电压转换 PWM 变换器

零电压转换 PWM 变换器，它利用谐振网络并联在开关上，使得电路中的有源开关(开关管)和无源开关(二极管)二者都实现零电压开关，而且不增加器件的电压、电流耐量。

以零电压开关 PWM Boost 变换器为例，针对零开关 PWM 变换器存在的问题，将谐振电感并联于回路中，可避免谐振电感流经负载电流，从而降低损耗；同时能使电容峰值电压钳位于输出电压，从而降低电压应力。为实现 PWM 控制，需要在电感支路引入辅助开关调节主开关管关断时间。需要注意的是，此时谐振电感 L_r 和谐振电容 C_r 是并联状态，如果辅助开关管再与谐振电感并联就会短路谐振电容。那么只能将辅助开关管串联在谐振电感支路。辅助开关管断开时，为保证电感电流不会突变，需要引入一个二极管作为续流通路。零电压转换 PWM Boost 变换器的电路拓扑如图 7-23(a)所示，理论上说，只要在基本的 DC-DC 变换器的开关上并联可控的并联谐振环节就能得到相应的零电压转换 PWM 变换器。

以零电压转换 PWM Boost 变换器为例来分析零电压转换 PWM 变换器的工作原理。

为了简化分析，对图 7-23(a)拓扑做如下假设：

(1) 所有开关管，二极管均为理想器件；

(2) 所有电感，电容均为理想元件；

(3) L 足够大，在一个开关周期内，其电流基本保持不变，为 I_i，这样 L 和输入电压 U_i 可以看成一个电流为 I_i 的恒流源；

(4) C 足够大，在一个开关周期中，其电压基本保持不变，为 U_o，这样 C 和负载电阻 R 可以看成一个电压为 U_o 的恒压源。

根据上述假设，零电压转换 PWM Boost 变换器可以简化为如图 7-23(b)所示电路。

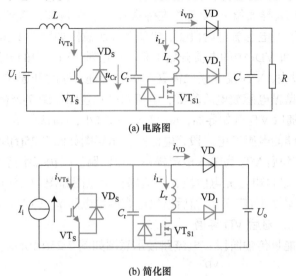

(a) 电路图

(b) 简化图

图 7-23　ZVT PWM Boost 变换器的电路及其简化拓扑

零电压转换 PWM Boost 变换器一个开关周期内存在 8 个不同的工作阶段，其主要工作波形如图 7-24 所示，各阶段工作过程分析如下：

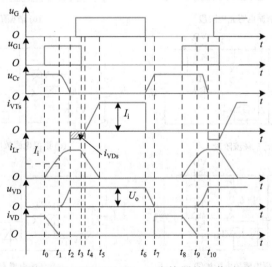

图 7-24　ZVT PWM Boost 变换器的工作波形

(1) $t_0 \sim t_1$ 阶段，谐振电感充电阶段，电流路径示意图如图 7-25(a)所示。t_0 以前，主开关管 VT_S 和辅助开关管 VT_{S1} 断态，二极管 VD 导通。t_0 时刻，VT_{S1} 导通，电感 L_r 中电流线性上升，VD 中的电流线性减小，VD 将电容电压钳位在 U_o，所以此时仍无法谐振，t_1 时刻 i_{Lr} 达到 I_i，VD 中的电流下降到零，VD 在软开关下关断。

(2) $t_1 \sim t_2$ 阶段，谐振阶段，电流路径示意图如图 7-25(b)所示。t_1 时刻，i_{Lr} 达到 I_i，VD 中的电流下降到零，VD 关断，L_r、C_r 开始谐振，C_r 中的能量开始向 L_r 转移，i_{Lr} 继续增大，u_{Cr} 开始下降；t_2 时刻，i_{Lr} 达到峰值，u_{Cr} 下降到零。

(3) $t_2 \sim t_3$ 阶段，i_{Lr} 续流阶段，电流路径示意图如图 7-25(c)所示。t_2 时刻，i_{Lr} 达到峰值，u_{Cr} 下降到零，随后 VD$_S$ 导通给 i_{Lr} 续流并维持峰值，u_{Cr} 维持零，直到 t_3 时刻 VT$_{S1}$ 关断。

(4) $t_3 \sim t_4$ 阶段，谐振电感放电阶段①，电流路径示意图如图 7-25(d)所示。t_3 时刻，VT$_{S1}$ 关断，VD$_1$ 导通，i_{Lr} 和 VD$_S$ 中的电流开始下降，t_4 时刻，VD$_S$ 中的电流下降到零，第 4 阶段结束。$t_2 \sim t_4$ 时间段内，VT$_S$ 反并联二极管 VD$_S$ 在导通，这时开通 VT$_S$，VT$_S$ 零电压导通。

(5) $t_4 \sim t_5$ 阶段，谐振电感放电阶段②，电流路径示意图如图 7-25(e)所示。t_4 时刻，VD$_S$ 中的电流下降到零，随后 VT$_S$ 开始导通，i_{VTs} 增大，i_{Lr} 减小；t_5 时刻，i_{VTs} 等于 I_i，i_{Lr} 下降到零。

(6) $t_5 \sim t_6$ 阶段，储能电感充电阶段，电流路径示意图如图 7-25(f)所示。t_5 时刻，i_{Lr} 下降到零，i_{VTs} 上升到 I_i，随后 VT$_S$ 为输入电流提供续流回路。该状态维持到 t_6 时刻，VT$_S$ 关断。

(7) $t_6 \sim t_7$ 阶段，谐振电容充电阶段，电流路径示意图如图 7-25(g)所示。t_6 时刻，VT$_S$ 在谐振电容的作用下软关断(广义)，随后谐振电容两端电压 u_{Cr} 即 VT$_S$ 两端电压线性上升；t_7 时刻，u_{Cr} 上升至 U_o，随后 VD 导通。

(8) $t_7 \sim t_8$ 阶段，能量传输阶段，电流路径示意图如图 7-25(h)所示。t_7 时刻，VD 导通，

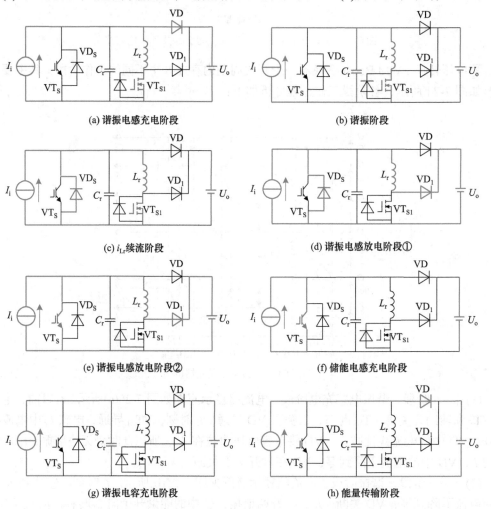

图 7-25　ZVT PWM Boost 变换器工作过程分解

u_{Cr} 电压被钳位在 U_o，直到 t_8 时刻，VT_{S1} 导通，进入下一个工作周期。

零电压转换 PWM boost 变换器，整个工作过程中仅在开关管开通前一段时间才发生谐振。它的谐振发生时刻取决于辅助开关管 VT_{S1} 的开通时刻。开通 VT_{S1} 一段时间后，i_{Lr} 线性上升直到 $i_{Lr}=I_i$，VD 电流下降为零后关断，谐振开始。i_{Lr} 上升达到峰值，u_{Cr} 下降到零，VD_S 导通给 i_{Lr} 续流并维持峰值，u_{Cr} 维持零，主开关管 VT 可以实现零电压开通。零电压转换 PWM boost 变换器中，即便谐振电容电压达到 U_o，仍然需要通过控制 VT_{S1} 的导通，使得谐振电感有电流且 VD 关断，从而开始谐振。这样的过程可以使得一个工作周期中的 VT 导通与关断时间可调，也就实现了 PWM 控制。

*2) 零电流转换 PWM 变换器

零电流转换(ZCT)PWM 变换器，它利用谐振网络并联在开关上，使得电路中的有源开关(开关管)和无源开关(二极管)二者都实现零电流开关，而且不增加器件的电压、电流耐量。

理论上说，只要在基本的 DC-DC 变换器的开关上并联可控的串联谐振环节就能得到相应的零电流转换 PWM 变换器。

零电流转换 PWM Boost 变换器的电路拓扑如图 7-26(a)所示。

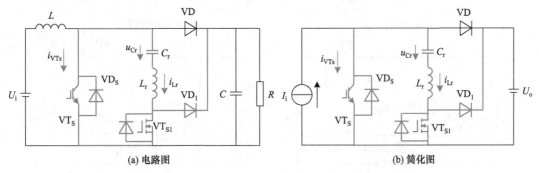

(a) 电路图　　　　　　　　　　　　(b) 简化图

图 7-26　ZCT PWM Boost 变换器的电路及其简化拓扑

为了简化分析，对该拓扑做如下假设：

(1) 所有开关管，二极管均为理想器件；

(2) 所有电感，电容均为理想元件；

(3) L 足够大，在一个开关周期内，其电流基本保持不变，为 I_i，这样 L 和输入电压 U_i 可以看成一个电流为 I_i 的恒流源；

(4) C 足够大，在一个开关周期中，其电压基本保持不变，为 U_o，这样 C 和负载电阻 R 可以看成一个电压为 U_o 的恒压源。

根据上述假设，ZCT PWM Boost 变换器可以简化为如图 7-26(b)所示电路，其主要工作波形如图 7-27 所示。

ZCT PWM Boost 变换器一个开关周期内存在 7 个不同的工作阶段，各阶段工作过程分析如下：

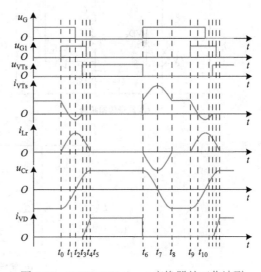

图 7-27　ZCT PWM Boost 变换器的工作波形

(1) $t_0\sim t_1$ 阶段，谐振阶段①，电流路径示意图如图 7-28(a)所示。t_0 以前，主开关 VT_S 通态、辅助开关 VT_{S1} 断态，二极管 VD 断态，$u_{Cr}=-U_o$；t_0 时刻，VT_{S1} 导通，C_r、L_r 谐振，i_{Lr} 上升，u_{Cr} 反向减小，同时 i_{VTs} 减小；t_1 时刻，i_{VTs} 减小到零。

(2) $t_1\sim t_3$ 阶段，谐振阶段②，电流路径示意图如图 7-28(b)所示。t_1 时刻，i_{VTs} 减小到零，随后 VT_S 的反并联二极管导通；t_2 时刻，i_{Lr} 达到最大值，u_{Cr} 反向下降到零，接着 i_{Lr} 减小，u_{Cr} 正向增大，流过 VT_S 的反并联二极管中的电流减小；t_3 时刻，VD_S 中的电流下降到零，i_{Lr} 下降到 I_i，随后 VD 开始导通。若 VT_S 在 $t_1\sim t_3$ 期间关断，VT_S 为零电流关断。

(3) $t_3\sim t_4$ 阶段，谐振阶段③，电流路径示意图如图 7-28(c)所示。t_3 时刻，VD_S 中的电流

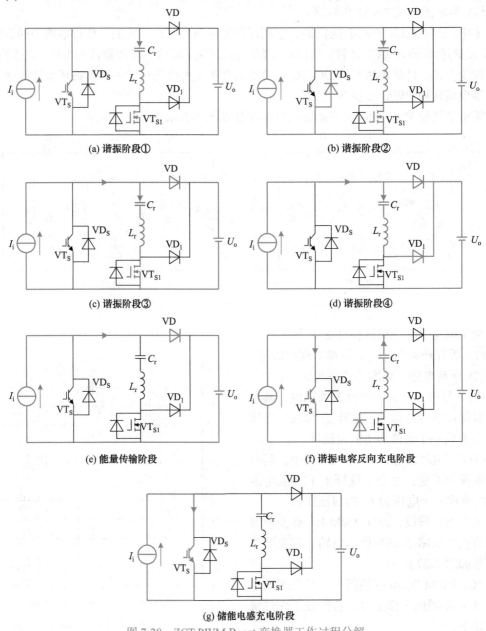

图 7-28　ZCT PWM Boost 变换器工作过程分解

下降到零，VD 开始导通，i_{VD} 开始增大，直到 t_4 时刻，VT_{S1} 关断。

(4) $t_4 \sim t_5$ 阶段，谐振阶段④，电流路径示意图如图 7-28(d)所示。t_4 时刻，VT_{S1} 关断，VD_1 导通，C_r、L_r 通过 VD_1 构成回路继续谐振，i_{Lr} 继续下降，u_{Cr} 继续增大；t_5 时刻，i_{Lr} 下降到零，i_{VD} 上升到 I_i，u_{Cr} 上升到最大值(U_o)。

(5) $t_5 \sim t_6$ 阶段，能量传输阶段，电流路径示意图如图 7-28(e)所示。t_5 时刻，i_{Lr} 下降到零，i_{VD} 上升到 I_i，由于 i_{Lr} 没有反向流动的通路，C_r、L_r 停止谐振。随后 C_r 两端电压保持不变，该状态维持到 t_6 时刻，VT_S 导通。

(6) $t_6 \sim t_8$ 阶段，谐振电容反向充电阶段，电流路径示意图如图 7-28 (f)所示。t_6 时刻，VT_S 导通，C_r、L_r 通过 VT_S 构成回路谐振，i_{Lr} 反向增大，i_{VTs} 正向增大；t_7 时刻，u_{Cr} 谐振到零，i_{Lr} 谐振到最大值，i_{VTs} 也达到最大值；t_8 时刻，i_{Lr} 反方向降到零，u_{Cr} 达到负的最大值($-U_o$)，i_{VTs} 回到 I_i。

(7) $t_8 \sim t_9$ 阶段，储能电感充电阶段，电流路径示意图如图 7-28(g)所示。t_8 时刻，i_{Lr} 反方向降到零，u_{Cr} 达到负的最大值($-U_o$)，i_{VTs} 回到 I_i，VT_{S1} 的反并联二极管关断，VT_S 继续导通为输入电流 I_i 提供续流回路。直到 t_9 时刻 VT_{S1} 导通，电路进入下一个工作周期。

零电流转换 PWM Boost 变换器，整个工作过程中辅助电路仅在开关管开关时才工作。为实现主开关管的零电流关断，当辅助开关管 VT_{S1} 开通时，电路便开始谐振，i_{Lr} 上升，开关管电流 i_{VTs} 下降，当 i_{Lr} 等于 I_i 时，i_{VTs} 为 0，后 i_{Lr} 继续上升，VD_S 导通，这段过程中关断 VT_S 可以实现零电流关断；零电流转换 PWM Boost 变换器中，可以控制辅助开关管 VT_{S1} 的开通时刻，使得一个工作周期中的 VT 导通与关断时间可调，也就实现了 PWM 控制。

7.4　软开关全桥变换器

本章第 7.2 节和 7.3 节以单管直流变换器为例，介绍了软开关技术的基本原理。而在更大功率场合，桥式变换器应用更加广泛。本节以隔离型全桥变换器拓扑为例，介绍移相控制软开关 PWM 全桥变换器和 LLC 谐振全桥变换器两种常见的软开关全桥变换器拓扑及其工作原理。

7.4.1　移相控制软开关 PWM 全桥变换器

移相控制软开关 PWM 全桥变换器是谐振变换技术与 PWM 变换技术的结合。移相控制软开关 PWM 全桥变换器利用开关管的结电容和高频变压器的漏电感作为谐振元件，使得全桥变换器的四个开关管在零电压下开关，实现零电压软开关(ZVS)，从而降低电路的开关损耗。

1) 移相控制 ZVS PWM 全桥变换器的工作原理

移相控制 ZVS PWM 全桥变换器电路拓扑如图 7-29 所示，图中 VT_1、VT_2 的控制信号分别超前 VT_4、VT_3 的控制信号一个相位角φ，VT_1、VT_2 构成的桥臂称超前桥臂，VT_4、VT_3 构成的桥臂称滞后桥臂。

为了分析方便，假设：

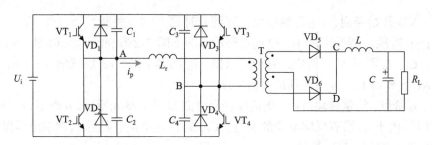

图 7-29　移相控制 ZVS PWM 全桥变换器的主电路拓扑

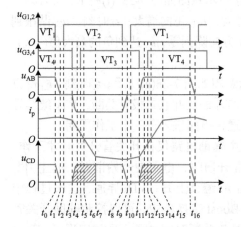

图 7-30　移相控制 ZVS PWM 全桥变换器
主要工作波形

(1) 所有开关管、二极管均为理想器件；

(2) 所有电感、电容和变压器均为理想元件；

(3) $C_1=C_2=C_3=C_4=C$；

(4) $L \gg L_r/n^2$，n 为变压器原副边匝比。

在一个开关周期中，移相控制 ZVS PWM 全桥变换器有 12 个工作阶段，图 7-30 给出该变换器的工作波形，图 7-31 给出半开关周期各阶段电流路径示意图。各阶段工作过程分析如下：

(1) $t_0 \sim t_1$ 阶段，超前臂谐振阶段，电流路径示意图如图 7-31(a)所示。t_0 之前，VT_1、VT_4 导通，u_{AB} 为$+U_i$；t_0 时刻，VT_1 关断，变压器原边电流 i_p 从 VT_1 转移到 C_1、C_2 支路，这时 L_r 与 L(注意：折算到原边的值为 n^2L)串联和 C_1、C_2 开始谐振，由于 n^2L 足够大，i_p 基本不变，因此谐振过程 C_1 两端电压线性增大，C_2 两端电压线性减小，直到 t_1 时刻，C_1 两端电压增大到 U_i，C_2 两端电压减小到零，VD_2 导通，谐振过程结束。

(2) $t_1 \sim t_3$ 阶段，续流阶段，电流路径示意图如图 7-31(b)所示。t_1 时刻，C_1 两端电压增

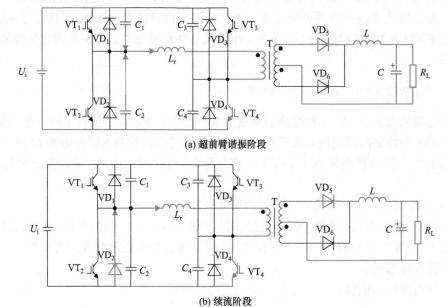

(a) 超前臂谐振阶段

(b) 续流阶段

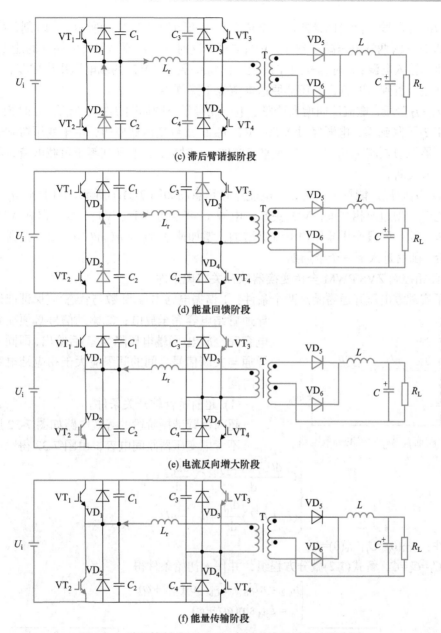

(c) 滞后臂谐振阶段

(d) 能量回馈阶段

(e) 电流反向增大阶段

(f) 能量传输阶段

图 7-31　移相控制 ZVS PWM 全桥变换器工作过程分解

大到 U_i，C_2 两端电压减小到零，VD_2 导通，将 VT_2 两端电压钳位成零电压；t_2 时刻开通 VT_2，此时 VT_2 为零电压开通，由负载电流(恒流)折算到变压器原边的电流 i_p 经 VT_4、VD_2 续流，u_{AB} 为零，变压器副边电流路径不变，直到 t_3 时刻，VT_4 关断。

(3) $t_3 \sim t_4$ 阶段，滞后臂谐振阶段，电流路径示意图如图 7-31(c)所示。t_3 时刻，VT_4 关断，变压器原边电流 i_p 从 VT_4 转移到 C_3、C_4 支路，这时 L_r 和 C_3、C_4 开始谐振，谐振过程 C_4 两端电压增大，C_3 两端电压减小，由于 VT_4 的关断，使得变压器原边电流下降，副边 VD_5、VD_6 将开始换相，变压器副边相当于短路，因此 L 不参与谐振。直到 t_4 时刻，C_4 两端电压增大到 U_i，C_3 两端电压减小到零，VD_3 导通，谐振过程结束。

(4) $t_4 \sim t_6$ 阶段，能量回馈阶段，电流路径示意图如图 7-31(d) 所示。t_4 时刻，C_4 两端电压增大到 U_i，C_3 两端电压减小到零，VD_3 导通，这时变压器原边漏抗中储存的能量经 VD_2、VD_3 回馈到输入电源；t_5 时刻开通 VT_3，由于 VD_3 导通将 VT_3 两端电压钳位成零，因此 VT_3 零电压开通，直到 t_6 时刻，变压器原边电流 i_p 下降到零。

(5) $t_6 \sim t_7$ 阶段，电流反向增大阶段，电流路径示意图如图 7-31(e) 所示。t_6 时刻，变压器原边电流 i_p 下降到零，电源经过 VT_3、VT_2 将 U_i 加到变压器原边，由于变压器副边换相短路，变压器原边电流 i_p 将以 U_i/L_r 的速率增加；t_7 时刻，i_p 上升到等于负载电流，副边换相结束，VD_5 关断。

(6) $t_7 \sim t_8$ 阶段，能量传输阶段，电流路径示意图如图 7-31(f) 所示。t_7 时刻，i_p 上升到等于负载电流，副边换相结束，VD_5 关断，电源 U_i 将经过 VT_3、VT_2、变压器和 VD_6 向负载传输能量，这一阶段变压器原边电流仍增加，增加速率为 $(U_i-nU_o)/(L_r+n^2L)$，直到 t_8 时刻，VT_2 关断，随后进入下一个半周期。

2) 移相控制 ZVS PWM 全桥变换器软开关实现条件

为了实现零电压开通需满足两个条件：①谐振电路本身(参数与状态)应保证能通过谐振导通管结电容完全放电；②驱动信号必须在导通管结电容完全放电(两端电压降为零)后给出，即同一桥臂的导通与关断信号之间的间隔应大于相应结电容的充放电时间。

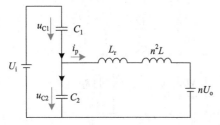

图 7-32　超前臂谐振阶段的等效电路

(1) 超前桥臂软开关条件。

超前桥臂谐振阶段的等效电路如图 7-32 所示。

不考虑变压器匝间电容，由图 7-32 得

$$\begin{cases} C_1 \dfrac{\mathrm{d}(U_i - u_{C2})}{\mathrm{d}t} - C_2 \dfrac{\mathrm{d}u_{C2}}{\mathrm{d}t} = i_p \\ (L_r + n^2L) \dfrac{\mathrm{d}i_p}{\mathrm{d}t} = u_{C2} - nU_o \end{cases} \tag{7-2}$$

初始条件：$u_{C2}(0)=U_i$，$i_p(0)=I_p$。

若 $C_1=C_2=C$，解式(7-2)微分方程组，并代入初始条件得

$$\begin{cases} u_{C2} = nU_o + U_{CM}\cos(\omega_1 t + \varphi) \\ i_p = I_{pM}\sin(\omega_1 t + \varphi) \end{cases} \tag{7-3}$$

式中，$\omega_1 = 1/\sqrt{2(L_r + n^2L)C}$ 为谐振角频率；$U_{CM} = \sqrt{(U_i - nU_o)^2 + I_p^2 Z_1^2}$；$I_{pM} = \sqrt{(U_i - nU_o)^2/Z_1^2 + I_p^2}$；$\varphi = \arctan(I_p Z_1/(U_i - nU_o))$；$Z_1 = \sqrt{(L_r + n^2L)/(2C)}$。

若考虑到滤波电感很大，在超前臂谐振过程中变压器原边电流近似不变，即 $i_p=I_p=I_o/n$，则 u_{C2} 可近似认为是线性下降，即

$$u_{C2} = U_i - \frac{I_o}{2nC}t \tag{7-4}$$

这一阶段的持续时间为

$$t_{01} = \frac{2nCU_i}{I_o} \tag{7-5}$$

根据式(7-3)，若要满足条件①，保证通过谐振导通管结电容完全放电，必须满足 $U_{CM} > nU_o$，即

$$\sqrt{(U_i - nU_0)^2 + I_p^2 Z_1^2} > nU_o$$

整理得

$$(L_r + n^2 L)I_p^2 > 2CU_i^2 (2D - 1) \tag{7-6}$$

若要满足条件②，则有

$$t_d > 2nCU_i / I_o \tag{7-7}$$

(2) 滞后桥臂软开关条件。

滞后桥臂谐振阶段的等效电路如图 7-33 所示。

不考虑变压器匝间电容，根据图 7-33 得到

$$\begin{cases} C_4 \dfrac{\mathrm{d}u_{C4}}{\mathrm{d}t} - C_3 \dfrac{\mathrm{d}(U_i - u_{C4})}{\mathrm{d}t} = i_p \\ L_r \dfrac{\mathrm{d}i_p}{\mathrm{d}t} = -u_{C4} \end{cases} \tag{7-8}$$

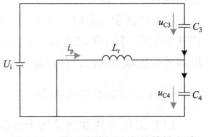

图 7-33　滞后臂谐振阶段的等效电路

初始条件：$u_{C4}(0)=0$，$i_p(0)=I_2$。

若 $C_3 = C_4 = C$，解微分方程组(7-8)，并代入初始条件得

$$\begin{cases} u_{C3} = U_i - I_2 Z_2 \sin \omega_2 t \\ u_{C4} = I_2 Z_2 \sin \omega_2 t \\ i_p = I_2 \cos \omega_2 t \end{cases} \tag{7-9}$$

式中，$\omega_2 = 1/\sqrt{2L_r C}$ 为谐振角频率，$Z_2 = \sqrt{L_r/(2C)}$。

根据式(7-9)，若要满足条件①，保证通过谐振导通管结电容完全放电，必须满足 $I_2 Z_2 \geqslant U_i$。整理得

$$L_r I_2^2 > 2CU_i^2 \tag{7-10}$$

若要满足条件②，则上下开关管的逻辑延时时间必须大于 1/4 谐振周期，即

$$t_d \geqslant T/4 = \pi\sqrt{2L_r C}/2 \tag{7-11}$$

3) 移相全桥 ZVS PWM 变换器的占空比丢失

在晶闸管整流电路中曾讨论过交流侧电抗或变压器漏抗对整流电路的影响，对单相双半波或单相桥式可控整流电路在换相过程中直流侧电压为零，并且变压器漏抗越大换相重叠角 γ[对应的换相时间为 $\gamma/(2\pi)$]也越大。对于移相控制 ZVS PWM 全桥变换器，其副边的整流环节相当于单相双半波或单相桥式整流电路，在变压器副边的整流二极管换相时同样存在着换相重叠，在换相重叠期间直流侧电压为零，通常在移相控制 ZVS PWM 全桥变换器中称之为占空比丢失，如图 7-30 所示的阴影部分，同样变压器漏抗越大，占空比丢失越多。

如图 7-30 所示，假设，$i_p(t_3) = I_1$，$i_p(t_7) = -I_2$，占空比丢失为 ΔD，则

$$\frac{I_1 + I_2}{\Delta D T_s / 2} \approx \frac{U_i}{L_r}$$

整理得

$$\Delta D \approx \frac{2L_r(I_1 + I_2)}{U_i T_s} \tag{7-12}$$

考虑滤波电感足够大，滤波电感中的电流纹波可以忽略，则 $I_1 = I_2 = I_0/n$，代入式(7-12)得

$$\Delta D \approx \frac{4L_r f_s I_0}{nU_i} \tag{7-13}$$

4) 移相控制 ZVS PWM 全桥变换器的优、缺点分析

与常规的 PWM 全桥变换器相比，移相控制 ZVS PWM 全桥变换器具有明显的优势。后者取消了缓冲电路，利用变压器漏感与开关管结电容谐振。在不增加额外元器件的情况下，通过移相控制方式，使开关管实现零电压导通，减小开关损耗；降低开关噪声，提高整机效率，减小了整机的体积与重量；保持了恒频控制，且开关管的电压电流应力与常规的 PWM 全桥变换器基本相同。其主要缺点为：滞后臂开关管在轻载下将失去零电压开关功能；原边有较大环流，增加了系统通态损耗；存在着占空比丢失；输出整流二极管为硬开关，开关损耗较大。

7.4.2　LLC 谐振全桥变换器

LLC 谐振全桥变换器属于谐振型变换器的一种，其拓扑如图 7-34 所示，采用了 LLC 电路作为谐振网络，实现一次侧全桥开关管的 ZVS 和二次侧整流二极管的 ZCS，此外在较宽的输入电压和负载变化范围内都具有良好的电压调节特性。LLC 谐振全桥变换器可以利用变压器的励磁电感和漏感作为谐振网络的两个谐振元件，从而提高了功率密度。

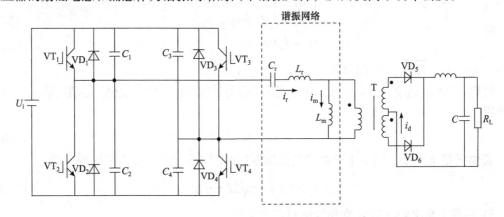

图 7-34　LLC 谐振全桥变换器的主电路拓扑

其中，谐振电感 L_r 与谐振电容 C_r 构成串联谐振，其谐振频率记为 f_0；谐振电感 L_r、谐振电容 C_r 与励磁电感 L_m 构成串并联谐振，其谐振频率记为 f_p。两个谐振频率的表达式如下：

$$f_0 = \frac{1}{2\pi\sqrt{L_r C_r}} \tag{7-14}$$

$$f_p = \frac{1}{2\pi\sqrt{(L_r + L_m)C_r}} \tag{7-15}$$

LLC 谐振全桥变换器通常采用调频控制，即一次侧全桥开关管工作在固定占空比下(一般 50%)，将输入的直流电压转换成频率为开关频率 f_s 的方波，由于谐振网络具有较强的选频特性，故可以通过调节开关频率来改变方波频率，从而实现输出电压的调节。

根据开关频率 f_s 与上述两个谐振频率之间的关系，可以将变换器分为三种工作模式：① $f_p < f_s < f_0$，② $f_s = f_0$，③ $f_s > f_0$。通常，LLC 谐振全桥变换器的开关频率 f_s 小于串联谐振频率 f_0，让谐振回路中产生滞后于基波电压的基波电流，从而在全桥开关管的开通时刻使得电流流过其反并联二极管(将功率器件两端电压钳位为零)，实现原边开关管的零电压开通(ZVS)；此外，为了实现副边二极管的零电流关断(ZCS)，还需要让开关频率大于 LLC 谐振网络的串并联谐振频率。下面以工作模式①为例，分析 LLC 全桥变换器的工作原理。此时电路主要工作波形如图 7-35 所示，在一个开关周期中，LLC 全桥变换器有 8 个工作阶段，各工作过程分析如下。

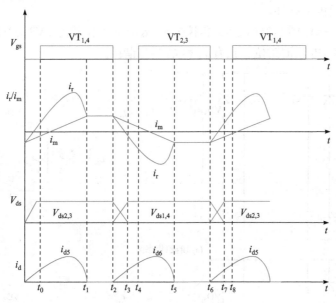

图 7-35　LLC 谐振全桥变换器的主要工作波形

(1) 阶段 1($t_0 \sim t_1$)：图 7-36(a)为变换器在 $t_0 \sim t_1$ 时的工作状态。在 $t=t_0$ 时刻之前，VT_1、VT_4 的体二极管 VD_1、VD_4 已经导通，因此，在 $t=t_0$ 时刻，VT_1、VT_4 实现零电压开通。VD_5 导通，VD_6 截止。励磁电感 L_m 的两端电压钳位在 nV_o，不参与谐振过程，只有谐振电感 L_r 和谐振电容 C_r 发生谐振，当谐振电流 i_r 和励磁电流 i_m 相等时，VD_5 关断，阶段 1 结束。

(2) 阶段 2($t_1 \sim t_2$)：图 7-36(b)为变换器在 $t_1 \sim t_2$ 时的工作状态。当 $t=t_1$ 时，i_r 与 i_m 相等，VD_5 没有反向恢复过程，实现零电流关断。VD_5 和 VD_6 的电流为零，励磁电感 L_m 不再被钳位，与 L_r、C_r 一起发生谐振。因 $L_m \gg L_r$，可认为 i_r 保持不变。此时 i_r 继续对 C_r 充电。在 t_2 时刻，VT_1、VT_4 关断，阶段 2 结束。

(3) 阶段 3($t_2 \sim t_3$)：图 7-36(c)为变换器在 $t_2 \sim t_3$ 时的工作状态。当 $t=t_2$ 时，VT_1、VT_4 关断，谐振电流 i_r 对结电容 C_1 和 C_4 充电，并对结电容 C_2 和 C_3 放电，当 $t=t_3$ 时，C_2 和 C_3 上电压降为零，阶段 3 结束。

(4) 阶段 4($t_3 \sim t_4$)：图 7-36(d)为变换器在 $t_3 \sim t_4$ 时的工作状态。当 $t=t_3$ 时，VD_2、VD_3 导通，为 VT_2 和 VT_3 的零电压开通提供了条件。此时 VT_1、VT_4 仍是关断状态，变压器原边承受反向电压，VD_6 导通，VD_5 截止，励磁电感 L_m 电压被钳位，参与谐振的只有 L_r 和 C_r。

当 $t=t_4$ 时，VT$_2$ 和 VT$_3$ 导通，阶段 4 结束。

(5) 阶段 5($t_4 \sim t_5$)：图 7-36(e)为变换器在 $t_4 \sim t_5$ 时的工作状态。当 $t=t_4$ 时，VT$_2$ 和 VT$_3$ 导通，VD$_6$ 仍然导通，在 $t=t_5$ 时，i_r 与 i_m 相等，输出侧与谐振回路脱离，VD$_6$ 实现零电流关断，阶段 5 结束。

(6) 阶段 6($t_5 \sim t_6$)：图 7-36(f)为变换器在 $t_5 \sim t_6$ 时的工作状态。当 $t=t_5$ 时，VD$_6$ 零电流关断，励磁电感 L_m 电压不再被钳位，与 L_r 和 C_r 一起发生谐振。

(7) 阶段 7($t_6 \sim t_7$)：图 7-36(g)为变换器在 $t_6 \sim t_7$ 时的工作状态。当 $t=t_6$ 时，开关管 VT$_2$ 和 VT$_3$ 关断，谐振电流对结电容 C_1、C_4 放电。当 $t=t_7$ 时，VD$_1$、VD$_4$ 导通，为 VT$_1$、VT$_4$ 实现零电压导通提供了条件。

(8) 阶段 8($t_7 \sim t_8$)：图 7-36(h)为变换器在 $t_7 \sim t_8$ 时的工作状态。VT$_1$、VT$_4$ 依然关断，VD$_5$ 导通。励磁电感 L_m 电压被钳位，只有 L_r 和 C_r 参与谐振。

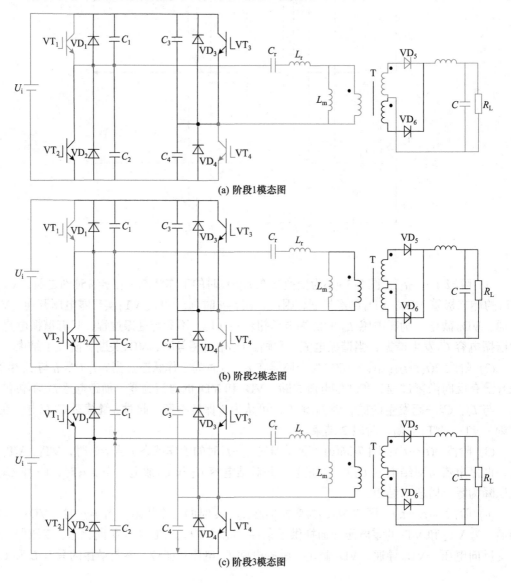

(a) 阶段1模态图

(b) 阶段2模态图

(c) 阶段3模态图

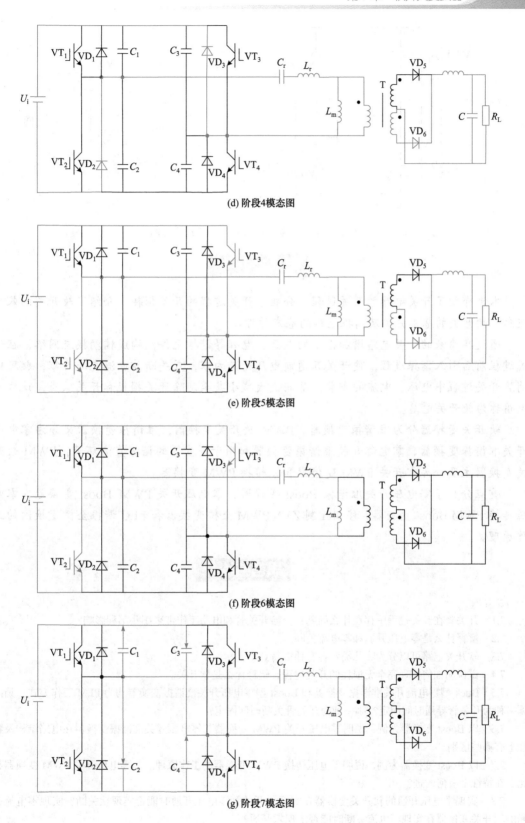

(d) 阶段4模态图

(e) 阶段5模态图

(f) 阶段6模态图

(g) 阶段7模态图

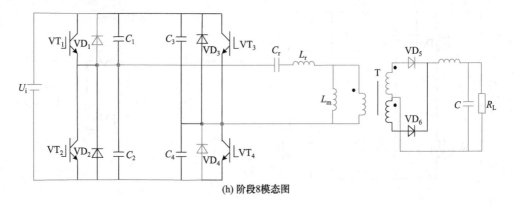

(h) 阶段8模态图

图 7-36   LLC 谐振全桥变换器工作过程分解

本 章 小 结

本章介绍了开关电路的开关过程，分析了开关过程的开关损耗，介绍了软开关的基本概念、软开关的基本分类及谐振电路的基本原理。

通过在原来的开关电路增加很小的电感、电容等谐振元件，构成辅助换流网络，在开关过程前后引入谐振过程，使开关开通前电压先降为零，或关断前电流先降为零，就可以消除开关过程中电压、电流的重叠，从而大大减小甚至消除开关损耗和开关噪声，这样的电路称为软开关电路。

软开关变换器分为准谐振变换器、PWM 软开关变换器，准谐振变换器又分为零电压开关准谐振变换器、零电流开关准谐振变换器和用于逆变器的谐振直流环节，PWM 软开关变换器主要分为零开关 PWM 变换器和零转换 PWM 变换器。

重点分析了零电压开关准谐振 Boost 变换器、零电压开关 PWM Boost 变换器、零电压转换 PWM Boost 变换器、移相控制 ZVS PWM 全桥变换器和 LLC 谐振全桥变换器的工作原理。

思考与练习

简答题

7.1   开关管在开关过程中存在什么问题？会给开关管和电路工作带来哪些不利影响？

7.2   解释什么是零电压开通和零电流关断。

7.3   软开关电路可以分为哪几类？各有什么特点？

7.4   试说明如何实现完全无损耗的开关过程，解释什么是软开关。

7.5   Buck 型零电流开关准谐振变换器和 Boost 型零电压开关准谐振变换器均为 PFM 工作方式，请问哪一种为开关管导通时间固定？哪一种为开关管关断时间固定？

7.6   以 Boost 变换器为例，说明零电压开关 PWM 变换器与零电压开关准谐振变换器在电路结构及特性上有哪些区别。

7.7   以 Boost 变换器为例，说明零电压转换 PWM 变换器的工作原理。与零电压开关 PWM 变换器相比，在特性上有何改进？

7.8   实现零电压开通的软开关变换器在实现主开关管零电压开通时能否实现软关断？实现零电流关断的软开关变换器在实现零电流关断时能否实现软开通？

7.9　试分析移相控制 ZVS PWM 全桥变换器的工作原理和实现软开关的条件。并作出流过变压器原边的电流波形和变压器原边电压波形以及变压器副边整流电压的波形。

7.10　移相控制 ZVS PWM 全桥变换器实现零电压开通时超前桥臂和滞后桥臂开关过程相同吗？为什么？

7.11　零电流关断 PWM 变换器与零电流关断准谐振变换器在电路结构上有什么区别？特性上有哪些改进？零电压开通 PWM 变换器与零电压开通准谐振变换器呢？

7.12　在移相控制 ZVS PWM 全桥变换器中，如果没有谐振电感 L_r，变换器的工作状态将发生哪些变化？哪些开关仍是软开关？哪些开关将成为硬开关？

计算题

7.13　在某一开关电源中，开关管导通时管压降为 2V，流过的电流为 20A，关断时两端承受的电压为 300V，开通时间为 100ns，关断时间为 200ns，开关频率为 50kHz，占空比为 0.6，试分别计算出开关管的通态损耗与开关损耗。

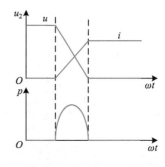

7.14　如题 7.14 图所示的硬开关开通波形示意图中，设开关过程中开关两端电压、电流近似呈线性变化，开通前开关承受电压为 100V，开通后流过电流为 10A，开关频率为 100kHz，开关时间 1μs，求开关器件由开通过程所造成的功率损耗。

题 7.14 图

设计题

7.15　储能系统在现代的电力系统中所起的作用越来越大，如何高效地对储能电池进行充电是电力电子技术需要解决的问题。以一台 3kW 充电机为例，对其进行软开关电路设计。该充电机主要用于蓄电池充电，是一个充电电源，要求输出电流可调。为了提高能源转换效率，要求效率>90%，需要在尽可能大的负载范围内实现软开关。充电机的额定输入为工频三相 380V 交流电，输出的充电电压在 200～280V 范围内连续可调，输出的充电电流在 0～10A 范围内连续可调。

主要技术指标如下：

输出电压范围：200～280V	额定输出电流：10A
输出恒流范围：20%～100%	稳压精度：≤±0.5%
稳流精度：≤±1%	效率：≥90%
开关频率 69kHz	最大输出电流 11A，最大输出功率 3kW

该充电机拓扑结构如题 7.15 图所示。

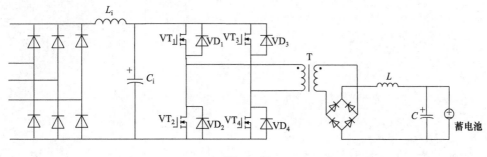

题 7.15 图

其中，输入部分三相整流桥采用 IXYS 公司的 VUO36-16NO8；滤波电容 $C_i = 390\mu F$，耐压值 900V；滤波电感 $L_i = 7.2mH$；主功率变换部分为全桥 PWM 电路，输出部分包括高频变压器副边整流电路，输出滤波电容和输出滤波电感。其中主开关管选用 MOSFET，型号为 IXYS 公司的 IXFK27N80Q；开关频率

69kHz；高频变压器原边匝数 $N_\mathrm{P}=18$ ，副边匝数 $N_\mathrm{S}=15$ 。变压器副边整流桥采用 APT 公司的 APT30D100BG；滤波电容使用两只 100μF/350V 的电解电容并联；滤波电感 L=330μH。

题 7.15 图所示为全桥变换器拓扑，但此时开关管为硬开关，开关损耗在高频应用场合显得尤为明显。因此，需要设计软开关电路以降低开关损耗。要求：

(1) 计算在输出电压 280V、输出电流 10A 时全桥电路的开关损耗；

(2) 设计合理的软开关电路，使得全桥电路开关损耗减少 30%以上；

(3) 分析计算所设计的软开关电路中元器件的参数。

参 考 文 献

蔡宣三, 龚少文, 2009. 高频功率电子学. 北京: 中国水利水电出版社.

陈国呈, 2007. PWM 逆变技术及应用. 北京: 中国电力出版社.

陈坚, 康勇, 2011. 电力电子学: 电力电子变换和控制技术. 3 版. 北京: 高等教育出版社.

李先允, 陈刚, 2007. 电力电子技术习题集. 北京: 中国电力出版社.

林渭勋, 2006. 现代电力电子技术. 北京: 机械工业出版社.

刘凤君, 2002. 正弦波逆变器. 北京: 科学出版社.

刘志刚, 叶斌, 梁晖, 2004. 电力电子学. 北京: 清华大学出版社, 北京交通大学出版社.

阮新波, 2012. 脉宽调制 DC/DC 全桥变换器的软开关技术. 2 版. 北京: 科学出版社.

阮毅, 杨影, 陈伯时, 2016. 电力拖动自动控制系统: 运动控制系统. 5 版. 北京: 机械工业出版社.

孙凯, 周大宁, 梅杨, 2007. 矩阵式变换器技术及其应用. 北京: 机械工业出版社.

王聪, 2000. 软开关功率变换器及其应用. 北京: 科学出版社.

王维平, 2001. 现代电力电子技术及应用. 南京: 东南大学出版社.

王孝武, 2013. 现代控制理论基础. 北京: 机械工业出版社.

王兆安, 刘进军, 2009. 电力电子技术. 5 版. 北京: 机械工业出版社.

王兆安, 张明勋, 2009. 电力电子设备设计和应用手册. 3 版. 北京: 机械工业出版社.

刑岩, 蔡宣三, 2005. 高频功率开关变换技术. 北京: 机械工业出版社.

徐德鸿, 马皓, 汪槐生, 2006. 电力电子技术. 北京: 科学出版社.

叶慧贞, 杨兴洲, 1999. 新颖开关稳压电源. 北京: 国防工业出版社.

张卫平, 2001. 绿色电源: 现代电能变换技术及应用. 北京: 科学出版社.

张兴, 2011. 高等电力电子技术. 北京: 机械工业出版社.

张兴, 张崇巍, 2012. PWM 整流器及其控制. 北京: 机械工业出版社.

AGRAWAL J P, 2001. Power electronic systems: theory and design. Upper Saddle River: Prentice Hall.

BOSE B K, 2006. Power electronics and motor drives-advances and trends. Amsterdam : Elsevier.

ERICKSON R W, MAKSIMOVIC D, 2001. Fundamentals of Power Electronics. 2nd ed. New York: Kluwer Academic Publishers.